设计攻略

设计基本原理与案例应用解析

DESIGN PRINCIPLES AND CASE STUDY ANALYSIS

张鑫

著

STRATEGY

U0750168

文案转换

字体设计

行动力+执行力

海报设计

软件基础

客户需求

设计流程

导视设计

合作流程

素材选择

实战案例

挖掘客户

注意事项

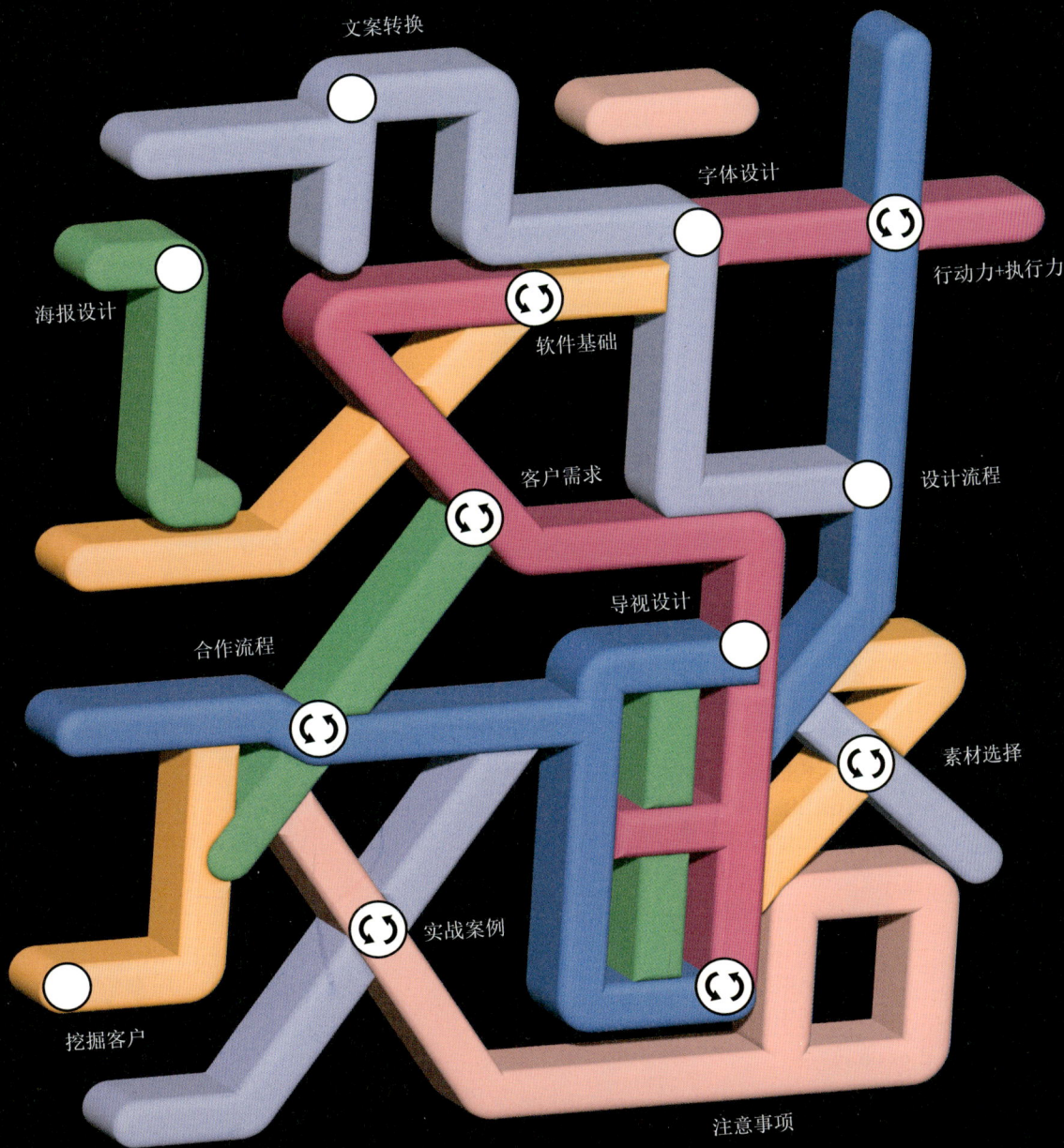

电子工业出版社

Publishing House of Electronics Industry

北京·BEIJING

图书在版编目（CIP）数据

设计攻略：设计基本原理与案例应用解析 / 张鑫著.
北京：电子工业出版社, 2025. 6. -- ISBN 978-7-121
-50341-2

Ⅰ. J06

中国国家版本馆CIP数据核字第2025V26G93号

责任编辑：王薪茜　特约编辑：马　鑫
印　　　刷：天津市银博印刷集团有限公司
装　　　订：天津市银博印刷集团有限公司
出版发行：电子工业出版社
　　　　　北京市海淀区万寿路 173 信箱　　　邮编：100036
开　　本：787×1092 1/16　　印张：20　字数：640 千字
版　　次：2025 年 6 月第 1 版
印　　次：2025 年 6 月第 1 次印刷
定　　价：98.00 元

凡所购买电子工业出版社图书有缺损问题，请向购买书店调换。若书店售缺，请与本
社发行部联系，联系及邮购电话：（010）88254888，88258888。

质量投诉请发邮件至 zlts@phei.com.cn，盗版侵权举报请发邮件至 dbqq@phei.com.cn。

本书咨询联系方式：（010）88254161 ～ 88254167 转 1897。

在未翻阅《设计攻略：设计基本原理与案例应用解析》之前，甲乙双方常常陷入激烈的攻守拉锯态势，而这本书成功化解了这一世纪难题。本书并非一本传统意义上的工具书，它更像是一台精准有效的"灭火器"，亦是设计从业者与甲方达成和谐合作的"和平协议"。

———丁成

诗人、艺术家

在当下这个展览视觉冲击往往先于展览本身抵达观众的时代，张鑫凭借《设计攻略：设计基本原理与案例应用解析》一书，为我们呈现了一份既具实用性又具前瞻性的视觉设计指南。此书的每一页都值得读者反复研读与传阅。

———曲闵民

国际设计联盟（AGI）会员
出版人、设计师

张鑫在《设计攻略：设计基本原理与案例应用解析》一书中，不仅系统总结了展览视觉设计的实用路径，更创新性提出了契合当代艺术语境的设计判断力构建方法。这是一本源自实践现场，亦通向未来设计领域的佳作。

———林书传

策展人，南京艺术学院美术馆副馆长

推荐语

（按姓氏笔画排序）

攻略之道，最忌浅尝辄止、略知皮毛，却贸然出击难以达成目标。《设计攻略：设计基本原理与案例应用解析》则不然，作者凭借多年深耕美术馆设计领域所积累的深厚经验，辅以精准且切合实际的专业案例，构建出一条从实战中汲取经验，又回归实战应用的系统路径。本书以令人信服的方式有力证明：设计攻略绝非"纸上谈兵"之举，而是秉持"知行合一"理念的智慧结晶——唯有切实解决实际问题，方为真正意义上的设计。

——孟尧

跨文化研究者、艺术策划人，《画刊》杂志主编

这本书所呈现的，远不止于设计方法本身，更蕴含着作者与艺术现场长期磨合后所沉淀出的敏锐判断力与深刻体感。《设计攻略：设计基本原理与案例应用解析》堪称一本真诚之作，它将我们平日里无暇言说的事，条分缕析地讲了个明白。

——潘焰荣

国际设计联盟（AGI）会员

南京艺术学院硕士生导师

推尘设计（T-Change Design）创始人兼创作总监

挪威白菜出版社合伙人兼设计总监

在这个视觉文化蓬勃发展的时代，设计已悄然融入我们生活的每一个角落。从日常触手可及的手机界面，到街头巷尾引人注目的广告牌；从展览中精心设计的海报，到书籍封面上独具匠心的装帧，设计不仅塑造着我们的审美体验，更在潜移默化中深刻影响着我们的行为与感知。

然而，设计的魅力远不止于表面的视觉享受。它是一门融合了艺术、科技与人文的综合性专业学科，蕴含着丰富而复杂的内在逻辑与外在策略。本书旨在揭开设计的神秘面纱，通过理论与实践的紧密结合，为读者提供了一条通往卓越设计的清晰路径，让设计不再是可望而不可即的幻影，而是能够切实掌握并运用于实际创作的技能。

当然，设计的学习与实践之路往往充满挑战。对于初学者而言，掌握诸如平衡、对比、对齐、重复和邻近等基础设计原理并非难事。然而，如何将这些理论知识灵活且巧妙地运用于实际项目之中，却常常令人望而却步，感到无从下手。我希望通过系统化的内容规划，帮助读者深入理解设计的底层逻辑，并学会在真实场景中灵活运用这些知识，助力每一位有志于设计事业的人，都能创作出既美观又实用的作品。

本书的内容结构经过深思熟虑、精心规划，分为两大核心部分："设计基础原理"与"案例应用解析"。在原理部分，我们深入剖析了设计的核心要素，细致入微地阐述了每一种原则的定义、作用以及常见误区。例如，如何通过对比来增强视觉层次感？如何利用对齐原则来打造整洁有序的布局？这些问题的答案都将在书中一一揭晓。而在案例部分，我们精选了多个来自设计领域的实战项目。通过对这些案例的深入拆解，读者将目睹专业设计师如何将理论知识转化为实践成果，如何根据客户需求灵活调整设计策略，以及如何在提案中充分展现设计的价值。

此外，本书还特别关注设计的实用性与流程优化。从如何准确理解客户需求，到构建高效的工作流程，再

前

言

到将文案信息巧妙转化为视觉语言，我们试图为读者提供一套完整的设计方法论。例如，在与客户合作的章节中，我们探讨了如何建立有效的沟通机制，确保设计成果既能满足客户的期望，又能保留创作者的个性与专业特色。而在技术层面，我们也介绍了诸如RGB色彩模式、出血设置、印刷输出等实用知识，帮助读者在实际操作中少走弯路，提高设计效率。

本书的目标读者群体广泛，既包括设计专业的学生与初学者，也涵盖希望提升技能的从业者，以及对设计感兴趣的非专业人士。对于初学者而言，本书是通往设计世界的入门钥匙，引领他们逐步探索设计的奥秘；对于专业人士而言，本书则是一个回顾基础、激发灵感的宝贵工具，助力他们在设计道路上不断前行。我们相信，设计不仅是创造美的过程，更是一种解决问题的思维方式。通过本书的学习，读者将逐渐掌握设计的语言，学会用视觉的力量传递信息、解决问题。

设计是一场永无止境的探索之旅，它需要我们不断学习、实践与反思。本书不仅是一本实用的指南，更是一份诚挚的邀请——邀请大家一同走进设计的广阔天地，感受理论与实践碰撞的火花，体验从概念构思到成品呈现的成就感。无论你是刚刚起步的设计爱好者，还是经验丰富的行业专家，我们都希望本书能为你带来启发与动力，助你在设计的道路上走得更远、更稳。

期待大家翻开这本书，开启属于自己的设计之旅！

张鑫

目录

01

设计师们最关注的问题

02

与客户沟通的方法与技巧

03

设计必备的基础技能

04

设计项目实战技法

05

设计案例解析

06

设计后期输出

01

设计师们最关注的问题

1.1 成为视觉设计师的必备条件

想要成为一名视觉设计师，就好比想成为一名司机。为了更贴切地说明这一点，我们不妨将一位优秀的视觉设计师比作一位驾轻就熟的司机。对于司机而言，他们精湛的驾驶技术离不开"四懂"：懂车、懂路、懂交通规则、懂乘客需求。同样地，视觉设计师也需要掌握他们的"四懂"：懂计算机（即熟练运用各类设计软件）、懂行（深入了解行业动态与趋势）、懂规（严格遵守设计规范）、懂人（能够准确把握并满足用户需求）。

1. 懂计算机

正如司机视车为重要的出行工具，视觉设计师则将计算机视为核心的创作工具。在视觉设计的世界里，"车"便是计算机的代名词。这台计算机无须追求奢华品牌或高昂价位，但必须恪守"工欲善其事，必先利其器"的准则，确保其运行流畅、性能稳定。

- 屏幕尺寸适中，分辨率卓越：屏幕，作为视觉设计师创作与呈现作品的窗口，其重要性不言而喻。建议设计师根据个人的工作需求与实际情况，灵活选择合适的屏幕尺寸。无论是便携轻巧的笔记本电脑，还是尺寸较大的台式机显示屏，都应保证具备高分辨率，至少应达到 1920×1080，这样才能为设计师营造一个清晰锐利的视觉环境，助力其高效完成工作任务。

- CPU 性能出众：在现代处理器中，英特尔 i3 及以上级别的 CPU 性能已足够强大，能够全面满足设计工作的全流程需求，确保各项设计任务能够迅速且顺利地完成。

- 内存充裕：鉴于多数设计软件在运行过程中会占用较大的内存空间，因此建议设计师选择标准配置的内存至少应达到 4GB。然而，为了获得更加流畅、得心应手的设计体验，推荐内存配置在 8GB 以上。这样一来，设计师便能在设计过程中实现各种操作的无缝衔接与高效执行。

- 显卡选择灵活：对于设计而言，高端独立显卡并非必需之选。在设计、服装设计等领域的工作中，集成显卡已经能够满足基本的设计需求。当然，若选择配备独立显卡，则能进一步释放系统内存的压力，从而为设计师提供更加稳定、可靠的工作环境。

2. 懂行

"懂路"即"懂行"。设计师应当如同经验丰富的司机，心中装有一张详尽的"地图"。起步于何处，何时该转弯，坡道、桥梁位于何方，哪些路是单行道，这些都要了如指掌。若设计师心中缺乏这样的"地图"，即便坐在顶级配置的计算机前，也会不知所措，无从下手。这张"地图"实际上包含了对各种设计元素的深刻理解。例如，在面对特定标题设计或图形处理任务时，设计师应能迅速反应，选出最合适的软件和使用方法，以实现工作效率与设计效果的完美平衡。

3. 懂规

规则，如同我们日常生活中的交通法规，无处不在，且与我们息息相关。设计师在创作过程中，同样需要心中有一套明确的规则。以下是设计师应遵循的 20 条核心规则。

- 创意至上：设计的起点始终是创意，无创意，不设计。

- 表达为王：设计必须传递信息，没有内容的表达，即是失败的设计，毫无价值。

- 视觉统一：每件作品都应在统一的视觉语言下呈现，混乱无序的视觉元素，是设计之大忌。

- 字体简约：字体种类不宜超过两种，通过字重、粗细、斜体等变化来区分，避免花哨和杂乱。

- 层次清晰：主要内容、次要内容和辅助内容应分明，主题突出，避免混乱无章。

- 色彩按需：每种色彩都有其独特意义，应根据主题和内容来选择，不可随意搭配。

- 简约至上：设计应精简，避免冗余，因受众接收信息的能力有限，多则无益。

- 留白之美：懂得适当留白，不要过度填充。

- 文字图像化：在视觉设计中，文字应被视为图像来处理。

- 信息为本：设计的核心是传递信息，而非单纯追求美观。

- 生动鲜活：设计元素应富有活力，避免死板堆砌，要展现生机与灵气。

- 明暗对比：善用明暗关系，通过对比，烘托画面氛围。

- 明确表述：避免模棱两可，设计应坚定、明确。

- 图像处理：不要直接用原始图像，要处理至符合设计需求。

- 独立思考：不要盲目跟风，要保持自己的设计风格，坚持独立思考。

- 严肃对待设计：设计既是艺术也是科学，需要以严谨专注的态度完成。

4. 懂人

设计，其核心目的在于更有效地传播信息。每一份设计作品都不可避免地需要与不同的人群进行对话：首先是甲方，其次是大众。与这两者的交流既非全然对立，也非完全统一。如何深入研究并平衡这两者的需求，成为设计师不可或缺的技能。

面对甲方的四大原则。

- 服务至上：设计师在面对甲方时，应避免陷入纯粹的艺术创作思维。设计，本质上是服务于甲方的需求，而非单纯的自我表达。

- 专业分工，平等交流：尽管设计具有服务性质，但设计师无须过分卑微。对于甲方的意见，应基于专业角度进行筛选与判断，在坚持专业立场的同时，以平和的态度进行沟通。

- 精进沟通技巧：在与甲方的交流中，设计师应学会避免无谓的争执、盲目的顺从、过度的自我陶醉以及消极的放弃态度。

- 效果为王，喜好为辅：在选择设计方案时，设计师的个人喜好应让位于实际效果。重要的是如何在满足甲方需求的同时，保持设计的专业性与效果最大化。

面对大众的四大原则。

- 视觉吸引，创造氛围：设计应首先通过视觉元素吸引大众的注意力，营造与主题相符的氛围。

- 突出重点，明确核心：设计作品中应有明确的视觉焦点，帮助大众快速理解设计的主题与意图。

- 合理安排视觉动线：通过巧妙的布局引导大众的视线，确保信息能够按照设计师预设的顺序被有效接收。

- 借助文案，强化传播：精心设计的文案能够与设计元素相辅相成，共同提升信息的传播效果。

1.2 如何提高行动力和执行力

设计师提升行动力与执行力的六大策略。

1 身为设计师，首要任务是锤炼专注力。这意味着在设计过程中，我们必须全神贯注、心无旁骛，克服懒散与拖延的恶习，抵御外界因素的纷扰，确保自己能够沉浸式地投入到每一个项目中去。其次，果断力也不可或缺。设计师需要培养迅速决策的能力，避免犹豫不决、拖沓不前或陷入迷茫的漩涡。在项目推进中，以雷厉风行之势，当机立断，确保项目顺利高效推进。

6 有了想法就立即行动，要抓住时机，趁热打铁。切忌犹豫不决，反复在"想清楚"的泥潭中挣扎。很多时候，等你终于厘清思路，原本的激情和兴奋点早已消退，此时再勉强行事，只会得到鸡肋般的结果——食之无味，弃之可惜。因此，要迅速行动，让你的每一步都紧跟思维的火花，将想法转化为切实的行动。

5 在多数情况下，击败设计师的并非才华的匮乏，而是拖延症的阻挠。因此，确立并坚守"今日事，今日毕"的原则至关重要。通过这一原则强制自己克服拖延症，久而久之，这种自律将转化为习惯，你的工作效率也会在潜移默化中得到显著提升。

2

身为一名设计师，应当秉持方法论行事。在面对设计项目时，应制定合理的作息与计划，并持之以恒地保持每日进步的态势。更为关键的是，我们需要将目标、短期计划与长期规划相统一，始终聚焦于既定目标。通过短期计划的逐步实施，分解并推进长期规划，直至最终顺利完成预设的计划。

3

身为一名设计师，在执行设计项目时，必须遵循清晰的步骤和稳健的节奏。我们要对任务的轻重缓急有深刻的把握，绝不能盲目行事，左冲右突。同时，自律也是必不可少的品质，我们要时刻保持自我约束，不断提醒自己，以确保设计项目能够有条不紊地推进。

4

身为一名设计师，为自己打造一个舒适且宁静的工作环境至关重要。这包括妥善处理如窗口强烈的日光照射等问题，以及调整夜晚灯光至最佳舒适度。同时，座椅与办公桌的舒适度也不容忽视。一个理想的环境不仅能为你提供舒适的休息空间，还能让你在劳逸结合中保持最佳状态，有效提升工作效率。

1.3 高效的工作流程

任何一项工作，都有科学合理的工作流程。作为设计师，当然也有自己的工作流程。

接到设计任务，和甲方签订设计合同

设计任务来源：各种机构、朋友、中间人或其他人推荐。

▼

确认收到设计所必需的信息

- 产品或活动、展示设计所需的信息，包括主题、Logo、文案内容、相关照片、交稿时间以及其他设计要求等。
- 如果设计师发现任务信息中有缺失但又是必须了解的内容，应立即联系相关负责人进行沟通，索要相关信息。
- 当单位时间内设计任务过多时，应根据优先级来安排设计工作（优先级通常根据交稿时间的先后顺序来确定）。

设计工作

▼

- 标准化设计：严格按照标准、要求、相关规定进行，不要随意更改设计字体、格式、版式、风格等。
- 创意类设计：先出创意草图，并对创意进行详细备注说明，与甲方沟通。经过微调或修改后，双方达成高度一致后再进行深化设计，避免做无用功。

▼

完稿审核

设计完稿后，自己先进行初步审核，一定要避免错别字、文字缺失、重要信息差错等低级错误的发生。然后，由甲方进行审核验收。

▼

甲方对设计稿的态度

若甲方对设计不满意，甲方需要提出相应修改意见，根据意见重新调整设计（通常调整不超过 2 次）；若甲方对设计满意，则任务完成。

▼

甲方付尾款，发源文件给甲方

1.4 如何与客户达成良好的合作共识

与其说是与客户达成良好的合作共识，不如说是让客户对你这位设计师留下良好的印象，并激发他们与你合作的强烈意愿。为实现这一目标，可以遵循以下七点建议。

1 倾听 做一个倾听者。与客户洽谈时，做到少说多听，耐心倾听。客户表达越充分，对你的设计工作越有帮助。

做一个认同者。没有人喜欢处处与自己看法相悖者。虽然客户不一定句句说得都对，但只要客户说出正确的意见，你就应该表达认同。**认同 2**

3 赞美 做一个赞美者。你可以赞美与对方相关的项目、活动、展览等，迅速拉近彼此距离。赞美有助于建立客户对你的信赖感。

做一个专业者。这里的"专业"并非单指你对设计的专业素养，更是指你对客户所在行业的深入认知。例如，你是一位专业的艺术展览视觉设计者，那么你就应对近年来行业内的重要展览、大师级展览，以及行业内著名机构、知名策展人所策划的展览了如指掌。这将迅速提升你在客户心目中的专业形象。**专业 4**

5 形象 注意衣着。在客户对你的专业能力认可之前，你的形象给他们留下的印象尤为重要。作为设计师，着装一定要保持干净、得体、有品位。最好是选择那些富有设计感的衣物，这样更容易让客户对你产生好感。

做一个拥有优秀作品的设计师。这些作品可以是参赛的获奖佳作，也可以是重要客户的关键项目的设计。总之，拥有令人瞩目的成功案例，来充分证明你的设计实力。**案例 6**

7 积累 做一个拥有成熟大客户的设计师。当你展示出一系列曾经服务过的重要客户名单时，你在新客户心中的信任度和认同感会得到极大的提升。

1.5 如何筛选优质客户

符合优质客户的标准如下。

- **有实力**：客户的经济实力雄厚，则有利于设计的后期进度推动。

- **有信誉**：言而有信与财富同样重要。

- **讲究效率**：务实的工作态度非常关键，要避免与虚浮不实、逻辑混乱或反复无常的客户合作。客户决策迅速可以让设计工作更加顺畅进行。

- **能长期合作**：能够长期合作的客户通常都符合以上三条标准。若遇到此类客户，无疑是值得庆幸的，应好好珍惜并竭尽全力进行合作。

若客户完全符合以上四项标准，那无疑是你的"黄金客户"。

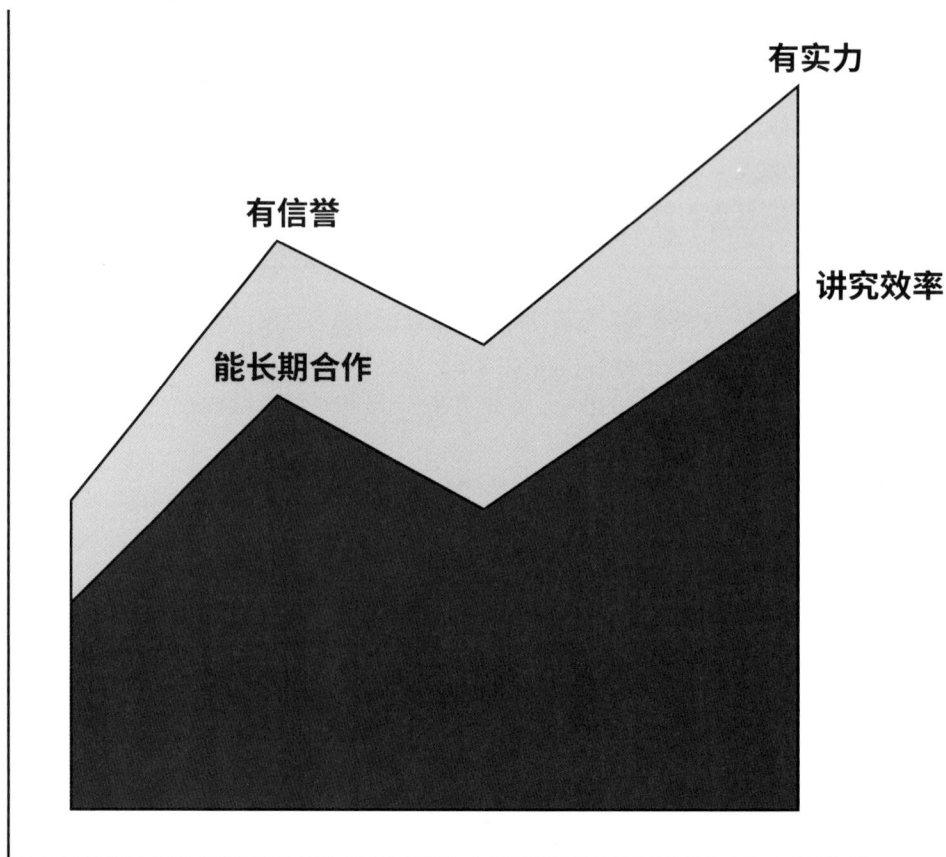

1.6 如何挖掘客户真正的需求

在当今互联网时代，众多企业、机构和展览纷纷进军网络空间。因此，作为一名设计师，必须敏锐地捕捉到设计需求的普遍性。无论是企业、机构，还是各类展览，甚至每一位艺术家，都对设计有着真切的需求。那么，如何深入挖掘客户的这些真实需求呢？我们可以从中医的"望闻问切"四诊法中汲取灵感，将这四种方法巧妙地运用于设计师探寻客户需求的过程中。

- **望，即观察**。学会观察是设计师的基本素质之一。设计师需要观察客户对委托设计项目的重视程度，深入洞察与此项目相关的人、事、物，以及他们对项目的预期。例如，杭州即将举办国际艺术双年展，其参照对象是威尼斯艺术双年展。作为设计师，若能敏锐地观察到这一点，发现其参照对象，将对设计工作产生重要的指导意义。

- **闻，即听闻**。设计师应学会善于倾听，因为客户间的对话，甚至是不经意的玩笑，都可能透露出他们对委托设计项目的预期或想法。同时，也要留意行业间的信息交流，因为许多有价值的信息往往隐藏在各种场合的对话中。例如，当你接到为某位艺术家设计新画册的任务时，若听闻该艺术家的上一本画册荣获了"世界最美图书"称号，那么你是否会考虑去探究其背后的设计师及设计风格，以便更好地完成当前的设计任务？

- **问，即询问**。作为设计师，不仅要敢于开口问，更要问得恰当、问得精准。面对具体的设计任务，设计师应在设计开始之前，就充分地向各相关人员询问，尽可能多地获取信息，以便准确把握客户的真实需求。

- **切，即把脉**。设计师应在第一时间、第一现场对客户的过往项目、审美品位等进行深入的了解和把握。对客户过往项目的了解越深入，设计师就越容易为当前的设计任务找到准确的定位。

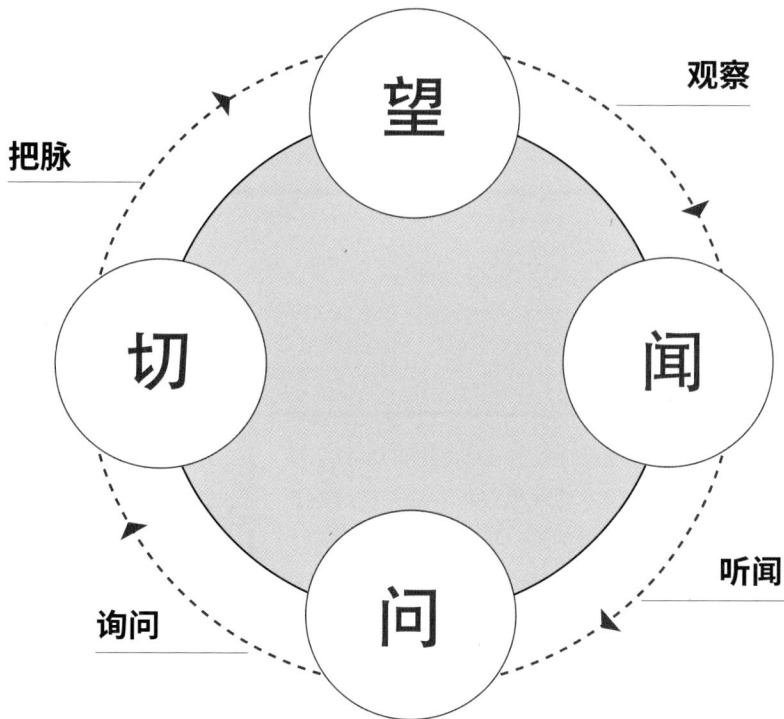

1.7 如何将文案转换为设计稿

所有的设计工作，首要面临的问题就是将文案转换为设计稿，即将文字思维转换为视觉思维。在此过程中，我们需要始终运用图像逻辑去处理文字材料。通常，将文案转换为设计稿有黄金八法。

1 主题引领画面，即将文案内容直接转译为视觉图像，无须额外发挥创意。

这种方法适用于说明性强的设计，例如名片、展笺等。通过直观的图像呈现文案内容，使信息更加清晰易懂。

2 文案质量有优劣之别，但设计师不应受其影响，而应超越文案的局限，充分展现设计的力量。

要记住，没有绝对糟糕的文案，只有不够出色的设计。

6 仔细研读文案，确保深入理解其含义，并在设计中充分传达文案信息，避免遗漏。同时，要关注文案中的故事素材，善于挖掘和利用。若文案中提及典故或特定梗，设计师需要敏锐捕捉，主动搜索、查询完整故事背景，并选用恰当的图像、图形或符号进行视觉呈现，以增强设计的表现力和吸引力。

7 优秀的设计师应具备将设计视为小说创作的素养与能力，这意味着设计师应主动采用叙事手法来构建视觉空间。通过与文案内容的互文关系，设计与文案能够相互补充和说明，从而最大限度地发挥设计在信息传达方面的优势和作用。这种手法有助于创造出引人入胜的视觉故事，提升设计的吸引力和影响力。

3 善用文案中的叙事逻辑，打造富有弹性的视觉空间。

若文案中包含了时间、地点、人物，或者事件的起因、经过、结果等叙事元素，设计师便可依据这些要素，巧妙地组合并演绎出一个图像化的视觉空间。通过合理安排这些叙事因子，不仅能维持空间视觉的灵活性，还能让设计作品更具吸引力和故事感。

5 深入剖析文案的情感倾向，无论是感性的抒发还是理性的阐述，无论是平实的说明还是创意的展现，无论是冷静的基调还是热情的氛围，都应在设计中得到精准体现。在色彩选择、图形设计等视觉表达上，要与文案的情感因素相契合，通过细腻的视觉手法，充分展现文案所要传达的情感内核。

4 创造性地运用文案的节奏，营造视觉上的律动感。

设计师应敏锐捕捉文案中所蕴含的内容节奏，并将其巧妙地转化为视觉元素。通过色彩的变化、图像的大小调整以及明暗的对比等手法，可以在视觉层面上呈现出与文案相呼应的节奏感，从而打造出富有律动感和吸引力的设计作品。

8 设计师在面对文案时，必须展现出创造力和主动性，避免机械地套用模板或进行简单的元素排列。设计的核心价值在于其独特性和创新性，这依赖于设计师的丰富想象力和创意才华。在紧扣文案主题和内容的基础上，设计师应勇于坚持并展现自己的设计特色，只要不偏离主题，就可以自由发挥，创造出别具一格的设计作品。

1.8 提案时需要注意什么

提案是向客户展示设计成果并争取认可的关键环节。即使设计再出色，若提案表现不佳，也可能导致整个设计项目的失败。相反，一次精彩的提案则能有效地说服客户，使设计成果顺利获得认可。以下是设计师在提案时可以采取的十大诀窍。

营造一种独特的场景与氛围，让客户在潜移默化中与你共度愉悦时光，从而自然而然地接纳你的设计理念。

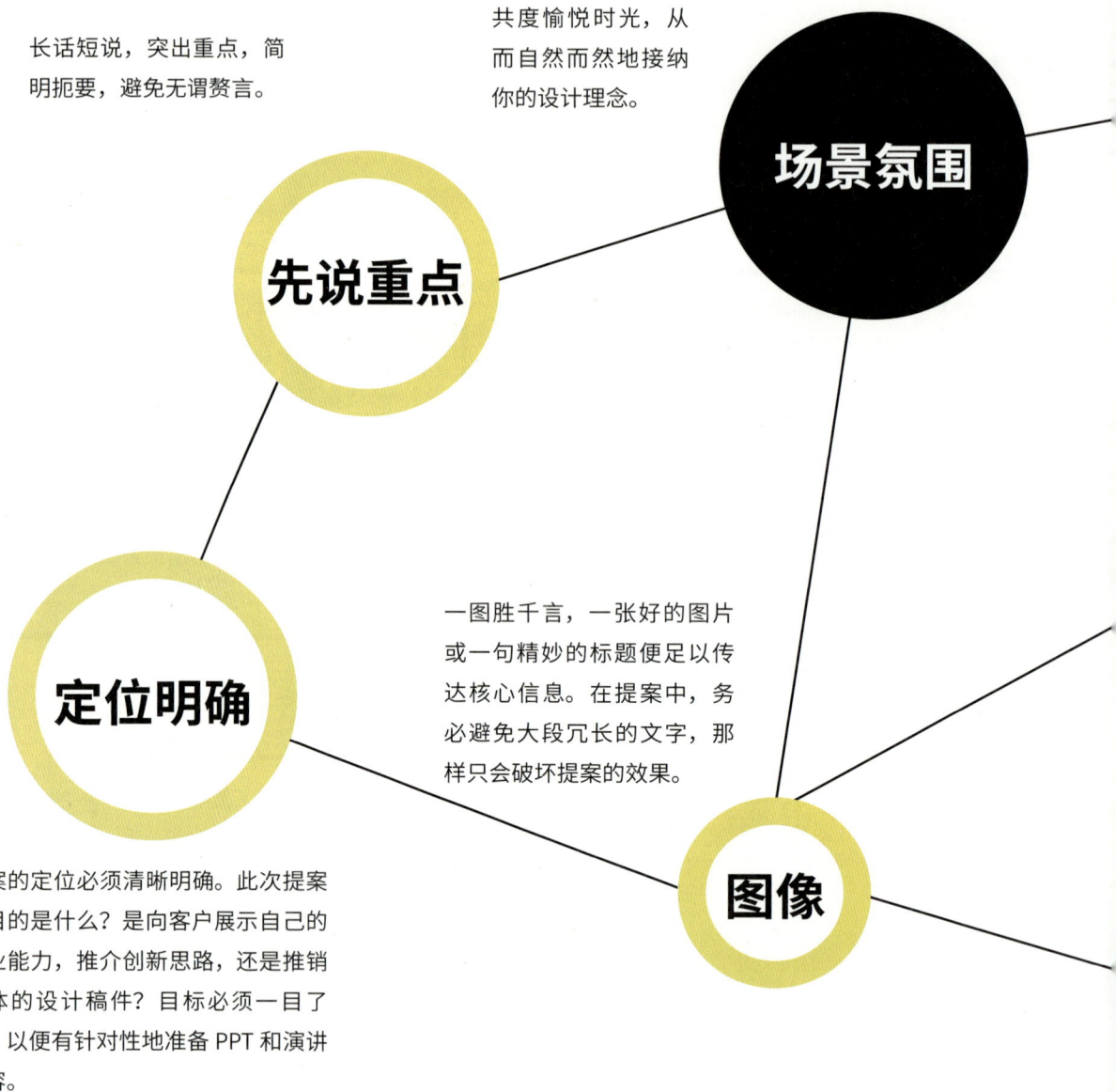

长话短说，突出重点，简明扼要，避免无谓赘言。

场景氛围

先说重点

一图胜千言，一张好的图片或一句精妙的标题便足以传达核心信息。在提案中，务必避免大段冗长的文字，那样只会破坏提案的效果。

定位明确

图像

提案的定位必须清晰明确。此次提案的目的是什么？是向客户展示自己的专业能力，推介创新思路，还是推销具体的设计稿件？目标必须一目了然，以便有针对性地准备 PPT 和演讲内容。

提案前的准备工作至关重要，务必进行反复练习，确保万无一失。要时刻铭记"台上一分钟，台下十年功"的道理，用充分的准备来换取客户的认可与信任。

在提案过程中，要始终注视客户，与他们进行眼神交流，而不是只盯着 PPT 或电脑屏幕。客户期望与一个有血有肉的设计师沟通，而非面对一台冷冰冰的阅读机器。

注视

练习

学会运用比喻和讲故事的方式，巧妙地将枯燥的数据和技术术语融入其中，以轻松自然的口吻表达出来。切忌缺乏故事情节，避免直接生硬地阐述技术和数据，以免让客户感到枯燥乏味。

好奇心

讲故事

精心准备一段开场白至关重要，毕竟好的开始是成功的基石。开场白需要巧妙地设置悬念，以此作为诱饵，充分激发客户的好奇心和期待感。

自信

互动

互动！互动！互动！提案过程中一定要有充分的互动环节。切忌生硬刻板，要持续与客户进行互动交流，这是确保提案成功的重要手段。

无论你是经验丰富的设计师还是行业新手，都应保持精神抖擞，满怀自信。如果设计师自己都缺乏自信，又怎能赢得客户的信任呢？

02

与客户沟通的
方法与技巧

2.1 了解客户需求

了解客户需求主要通过两个方面：一是与客户进行深入沟通；二是主动利用互联网收集、分析和研究相关资料。

- 与客户沟通方面，设计师在开始设计项目之前，应该与客户充分交流，深入了解其需求和期望，切实掌握客户的设计目标、预算约束、时间安排以及审美偏好等核心信息。

- 在主动搜集与分析资料时，设计师需要擅长运用互联网资源，广泛收集客户的相关资料，例如客户以往的设计作品、品牌形象素材，以及目标受众的群体特性等。深入研究这些信息，有助于设计师更全面地了解客户，从而使设计作品更贴合客户需求。

- 分析目标受众也至关重要，因为设计的最终目的是更好地传递信息。设计师应主动剖析客户的目标受众，深入了解其年龄层、性别比例、文化背景和兴趣偏好等特征，以创作出既有针对性又具实效性的设计作品。

- 设计师在设计过程中应持续与客户保持双向沟通，及时反馈设计进度，并认真倾听客户的反馈。根据客户的要求和建议，适时调整和完善设计方案，以确保最终作品能够满足客户的实际需求。正所谓"勤沟通，多反馈"，这是确保设计项目顺利进行的关键。

2.1.1 专业有效沟通的技巧

在与客户进行沟通时，运用科学合理的沟通技巧能大大提高效率，事半功倍。根据我多年的设计经验，总结出六条实用的沟通口诀：懂你、想你、开放、避免、监控、留底。

- 懂你：古人云："知己知彼，百战不殆"此言诚为至理。在与客户沟通前，设计师应尽可能全面、深入地了解客户信息。这些信息不仅涵盖客户的需求和资金预算，还需要掌握客户所属的行业背景、目标受众等情况。

- 想你：在面对客户时，要展现出对客户需求的深刻洞察与预见。这不仅要考虑到客户已明确提出的问题，更要预见客户可能尚未意识到的潜在需求。同时，设计师应主动与客户分享创意和思路，凭借专业的设计能力、独到的见解和清晰的逻辑，赢得客户的信任与认可。

- 开放：要保持开放的心态，持续与客户保持沟通，及时了解客户的最新动态、想法和意见。依据客户的反馈，及时调整设计方案或服务内容，确保设计或服务能够精准契合客户的实际需求。

- 避免：要避免产生误解。在与客户沟通的过程中，双方理解出现偏差是最为棘手的情况。因此，设计师应尽可能清晰、准确地表达自己的观点，同时精准地理解客户的意图，务必杜绝任何可能的误解。

- 监控：对设计项目的全流程进度进行严格把控，既要保证设计质量，又要确保工作量和时效性，务必按时完成项目。

- 留底：对设计稿的每一次修改和变动都要进行详细记录，并保存相应的文件。记录内容应包括修改的原因、具体修改内容，以及这些修改是基于客户在何时提出的要求等信息。这样做的目的是，在未来工作中若出现问题或争议，能有明确的记录作为依据，避免双方产生纠纷和误解。

2.1.2 挖掘客户深层次的需求

提及"挖掘"和"深层次"这些词汇，可能初听会让人觉得有些深奥。然而，只需遵循"5 个了解，3 个 W"的原则，你便能轻松洞悉客户的深层次需求。实践这一原则的关键在于综合运用 4 种能力：用嘴去询问，用手去搜寻，用眼去观察，用脑去思考。许多设计师之所以未能成功，原因各异，或许是因为缺乏沟通技巧，或许是观察力不足，又或者是思考能力欠缺。而对于成功的设计师而言，这 4 种能力则是缺一不可的。

5 个了解

(1) 了解行业背景。

(2) 了解公司文化。

(3) 了解企业愿景。

(4) 了解核心价值观。

(5) 了解目标受众。

3 个 W

(1) WHY：客户为何要进行这次设计？

(2) WHAT：客户期望通过这次设计实现何种效果？

(3) WHO：这次设计的主要受众是谁？即客户委托的设计最终是面向哪些人群？

WHY ?

WHAT?

WHO?

2.1.3 提炼客户需求与问题并进一步确认

作为设计师，及时确认客户需求和解答不清楚的问题至关重要。这一环节不仅是设计构思和确定有效设计思路的基础，还有助于节约时间成本、提升设计品质，并减少不必要的弯路。通过提炼和进一步确认客户需求，设计师能更清晰地把握客户的期望，进而高效地进行正确的设计工作。

这里必须强调一点：确认！确认！再确认！绝不要为一个模糊的目标或任务急于开始设计工作。那样做不仅浪费自己的时间，更会损害客户对你的信任，甚至耽误客户的时间。因此，与客户确认需求和问题具有极其重要的意义。在确认之后再展开工作，有助于你更准确地预测客户的期望，促进与客户之间的顺畅沟通，从而提升设计作品的质量，加速设计进度，甚至增强客户对你的信赖。

2.2 合作的流程及注意事项

设计师在与客户开展合作时，必须高度重视将合作过程流程化、规范化。切不可工作毫无条理。流程化对于设计师而言，具有多方面的好处。

(1) 流程化能够显著提升设计师的服务质量和工作效率，同时降低沟通成本，进而提高客户满意度。具体而言，规范的工作流程让设计师在与客户沟通、设计方案制定等环节有章可循，避免了因沟通不畅或工作重复导致的效率低下问题，能以更高效的方式为客户提供优质服务，让客户切实感受到专业与用心。

(2) 流程化有助于增强客户对设计师的信任和忠诚度，有利于在设计师和客户之间建立起稳固的合作关系。当客户看到设计师按照清晰、有序的流程推进工作，会对设计师的专业能力更有信心，也更愿意长期与设计师合作。

(3) 通过实施一套科学、合理且规范的客户工作流程，双方的合作效率将得到大幅提升。这不仅优化了设计师个人的工作效率，还提高了整体运营的效率。在规范的流程下，各个环节紧密衔接，减少了不必要的等待和延误，使整个项目能够更顺畅地推进。

(4) 更为重要的是，这样的流程使设计师能够更全面、更深入地了解客户的需求。在流程化的合作过程中，设计师有更多的机会与客户进行深入交流，从而精准把握客户的期望和偏好，为客户提供更加及时、有效的设计支持，进一步促进设计师与客户之间的紧密合作。

2.2.1 关于工作流程

设计师和客户合作流程总结下来就是：十步。即便小到一个 LOGO，大到一套 VI 系统，都离不开这十步。

客户和设计师沟通

客户提出具体需求后，设计师负责收集并整理这些需求，同时接收客户提供的设计素材、文案等相关内容。
在此过程中，设计师与客户进行深入沟通，明确双方的预期目标，以确保设计方向与客户期望保持一致。

▼

设计师提出设计思路

根据客户的需求，设计师会提出相应的设计框架。这个框架涵盖了设计风格、设计内容、规格尺寸以及制作材质等多个方面，
以确保设计方案能够全面满足客户的期望和要求。

▼

客户确认并签订委托合同

合同内容包括设计周期、交稿日期、报酬金额以及付款方式等各项细节。

▼

客户支付首次定金

通常是将合同总款项的 50% 作为首次定金，当然具体金额也可以根据双方的具体情况和协商结果来确定。

▼

设计师进行初步设计

根据设计框架的指导，设计师开始进行初步设计，包括拟定设计理念、构思整体布局，并制作出初步的设计稿件。

▼

客户初次审稿

在设计过程中，若客户有修改意见，设计师应详细记录并保留底稿。
同时，要确保客户的每一条修改意见都得到其确认，以保障设计修改的准确性和客户满意度。

▼

修改

设计师会根据客户的修改意见进行相应的设计调整。

▼

客户再次审稿

客户再次审稿后，双方对修改后的设计进行最终确认。

▼

制作设计稿

▼

客户支付尾款

客户支付尾款后，设计项目即告完成，双方进行结项。

2.2.2 合同签署前的准备工作

(1) 设计师需要向客户提供清晰明确的设计思路，并详细阐述设计方案的优势，以便客户全面了解和评估设计的价值与效果。

(2) 与客户深入讨论项目预算、周期安排、具体工作内容以及交付时间等合同关键细节，确保双方对项目要求达成共识。

(3) 在与客户沟通的过程中，深入了解其实际需求，并将这些需求明确、详细地写入合同，以确保双方对项目的期望和要求有清晰的认识。

(4) 在合同中，应明确双方的权利和义务，并对设计师所提供的设计服务、服务内容以及最终交付的作品进行详尽的阐述和说明，以确保合同的明确性和可执行性。

(5) 在合同中明确确认付款方式以及具体的付款时间，以确保交易过程的透明和顺畅。

(6) 在合同中明确制定合同纠纷的解决机制，以便在出现问题时能够迅速、有效地解决争议，保障双方的权益。

(7) 为确保合同的灵活性和双方的权益，应制定明确的合同退出机制。这一机制应详细规定在何种情况下可以解除合同，以及解除合同的具体流程和责任划分，从而为双方提供一个合理且公平的退出方案。

(8) 在与客户达成合作意向后，双方应签署正式的合同文件。这一步至关重要，它不仅确保了双方合作关系的合法性，还为双方提供了法律保障，有助于维护各自的权益。

2.2.3 合同签署的注意事项

明确双方的权利与义务

在合同中，需要确认合同双方当事人身份，详细阐述所提供的服务内容，明确服务的价格及支付方式，
规定服务应达到的质量标准，以及确定服务的具体期限等关键条款。

确定保密条款

为确保客户与设计师之间的信息安全，防止不必要的信息泄露，合同中必须明确约定双方保密的具体范围和期限。同时，应规定在保密期限结束后，
双方仍需继续承担对客户所提供资料和信息的保密义务。这一条款的设立旨在保护双方的商业利益，确保合作过程的顺利进行。

明确知识产权

为保护设计师的作品及其知识产权，合同中应详细阐明双方对知识产权的归属和使用权限。
特别需要明确授予客户在特定范围内使用设计师作品的权利，以确保双方的权益得到充分保障。

明确客户的责任

客户有责任确保向设计师提供的所有资料和信息的真实无误，并对其安全性承担全部责任，以防止任何可能的泄漏或滥用。
这一规定旨在保护设计过程的准确性和双方利益的安全。

明确合同金额、付款方式、设计周期

2.2.4 设计过程中的注意事项

(1) 设计师应严格按照客户的要求，遵循专业设计原则，准确理解和把握设计的核心要素，对细节进行精细打磨。

(2) 设计师需要熟练掌握相关技术，能够灵活运用各类设计软件，以达成客户的期望效果。

(3) 在设计过程中，设计师必须熟悉并遵守国家、行业及企业的相关法律法规，确保设计的合规性。

(4) 设计师还应结合市场实际需求，进行综合性的考量和创新性的设计，以提升作品的实用性和市场竞争力。

2.2.5 交稿后的注意事项

(1) 稿件核对：请客户仔细核对最终稿件的内容和视觉效果，确保其准确无误。如有必要，可以建议客户印刷出原稿以便进一步核对和确认。

(2) 参数保障：设计师应确保最终稿件的尺寸、分辨率等参数，充分满足客户的实际需求。

(3) 及时反馈：要求客户在收到稿件后尽快进行确认，并及时向设计师提供反馈。若客户对稿件有任何疑问或需要进一步的讨论，要尽快与客户取得联系以便及时解决。

(4) 修改沟通：如果客户希望对设计稿件进行修改，请客户尽量准确、清晰地表达修改需求，并及时将相关信息提供给设计师，以确保修改工作的高效进行。

(5) 版权核查：在最终交付稿件之前，务必进行版权核查，以保障所有设计元素均为原创或已获得合法使用授权。

(6) 稿件备份：建议客户对最终稿件进行备份保存，并确保持有可供未来使用的源文件。这一措施将有助于防范数据丢失风险，并确保在必要时能够轻松获取和使用原始设计文件。

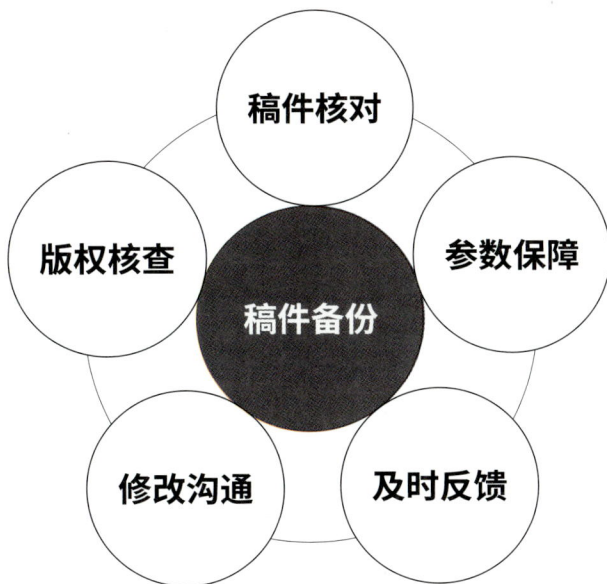

03

设计必备的基础技能

3.1 设计软件攻略

"工欲善其事，必先利其器"，这一道理在设计领域同样适用。因此，在设计工作开始之前，选择一款方便实用的设计软件至关重要。接下来，将为大家介绍 4 款在设计师群体中广泛应用的软件，帮助大家提升设计效率，实现更多创意。

Adobe Illustrator，简称"AI"，是 Adobe 公司推出的一款功能强大的矢量图形工具。其应用范围广泛，在设计和插画制作等领域扮演着举足轻重的角色。此外，Adobe Illustrator 还适用于各种规模和难度的视觉项目创作，并能为设计者提供高精度的线稿。可以说，几乎所有从事视觉设计行业的设计师都需要熟练掌握和运用这款软件。

Adobe Photoshop，简称"PS"，是由 Adobe 公司开发的一款功能强大的图像处理软件。它主要用于处理由像素构成的数字图像，并配备了强大的编修与绘图工具，使用户能够高效地进行图片编辑和创作工作。Adobe Photoshop 在图形图像处理、摄影后期、视频制作及出版印刷等多个领域均有广泛应用，是设计师和创意工作者不可或缺的工具。

Adobe InDesign 是一款领先的版面和页面设计软件，广泛应用于印刷和数字媒体领域。它支持导入顶级字体公司的印刷字体和各种图像，助力设计师创作出精美的设计作品。同时，Adobe InDesign 还提供了快速共享 PDF 中内容和反馈的功能，极大提升了设计工作的效率。此外，该软件还配备了创建和发布书籍、数字杂志、电子书、海报以及交互式 PDF 等所需的全套工具，满足设计师多样化的创作需求。

"字由"是一款简易实用且功能全面的字体管理软件。其软件库内汇聚了众多美观大方的字体，能够在设计过程中为设计师节省大量寻找合适字体的时间，从而提升设计效率。

3.1.1 Adobe Illustrator 常用工具及新建文档的方法

1. 常用工具

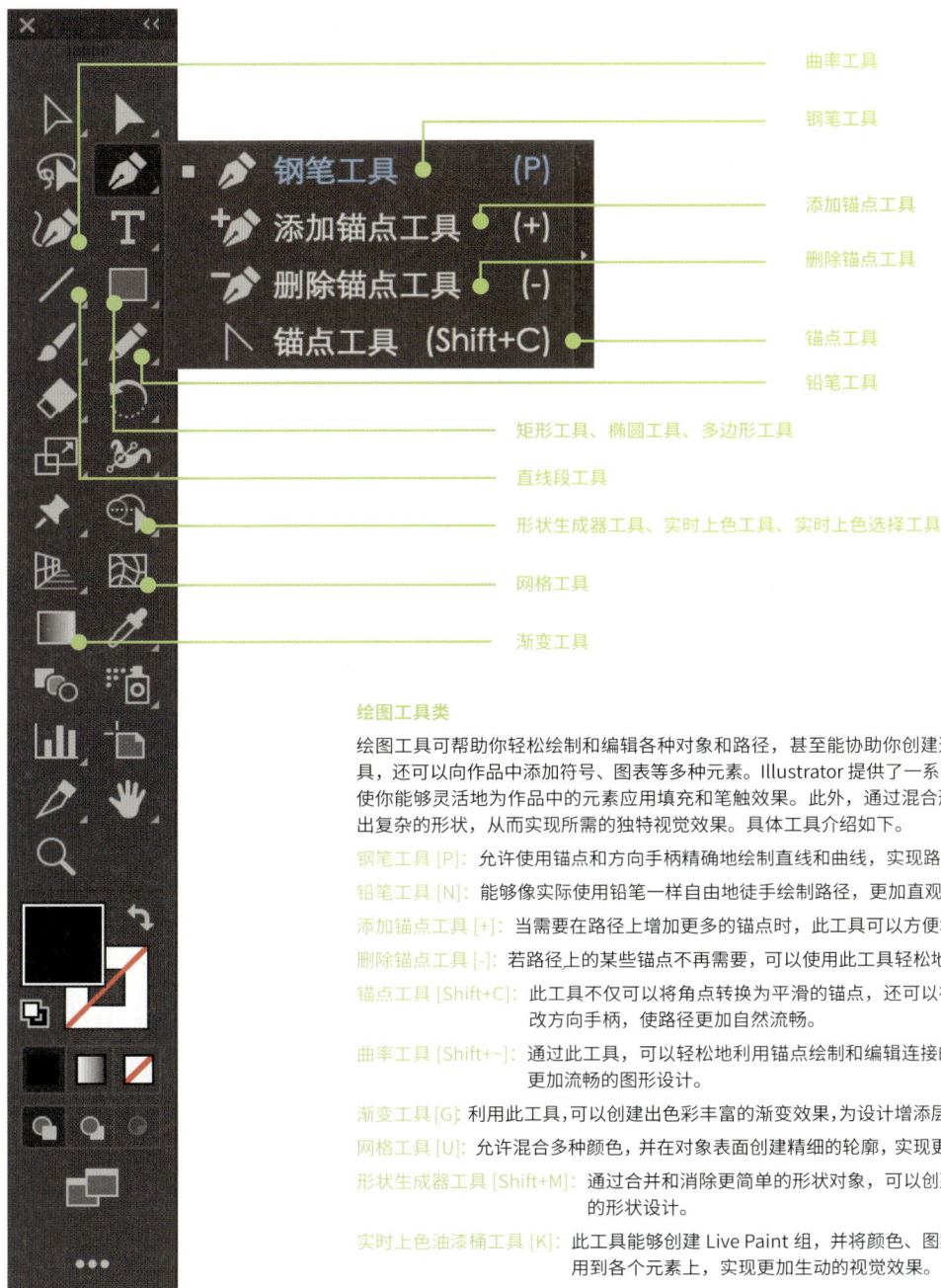

绘图工具类

绘图工具可帮助你轻松绘制和编辑各种对象和路径，甚至能协助你创建透视图。利用这些工具，还可以向作品中添加符号、图表等多种元素。Illustrator 提供了一系列精美的矢量画笔，使你能够灵活地为作品中的元素应用填充和笔触效果。此外，通过混合形状功能，可以构建出复杂的形状，从而实现所需的独特视觉效果。具体工具介绍如下。

钢笔工具 [P]：允许使用锚点和方向手柄精确地绘制直线和曲线，实现路径的精细连接。

铅笔工具 [N]：能够像实际使用铅笔一样自由地徒手绘制路径，更加直观和灵活。

添加锚点工具 [+]：当需要在路径上增加更多的锚点时，此工具可以方便地沿路径添加锚点。

删除锚点工具 [-]：若路径上的某些锚点不再需要，可以使用此工具轻松地从路径中删除它们。

锚点工具 [Shift+C]：此工具不仅可以将角点转换为平滑的锚点，还可以在平滑调整过程中修改方向手柄，使路径更加自然流畅。

曲率工具 [Shift+~]：通过此工具，可以轻松地利用锚点绘制和编辑连接的直线和曲线，实现更加流畅的图形设计。

渐变工具 [G]：利用此工具，可以创建出色彩丰富的渐变效果，为设计增添层次感和视觉冲击力。

网格工具 [U]：允许混合多种颜色，并在对象表面创建精细的轮廓，实现更为复杂的色彩表现。

形状生成器工具 [Shift+M]：通过合并和消除更简单的形状对象，可以创建出复杂且富有创意的形状设计。

实时上色油漆桶工具 [K]：此工具能够创建 Live Paint 组，并将颜色、图案或渐变效果灵活应用到各个元素上，实现更加生动的视觉效果。

实时上色选择工具 [Shift+L]：当需要对 Live Paint 组中的特定元素进行选择时，此工具将提供极大的便利。

椭圆工具 [L]：利用此工具，可以轻松地在图稿中创建出标准的椭圆和圆形形状。

矩形工具 [M]：此工具能够快速地绘制出标准的矩形和正方形，满足各种设计需求。

多边形工具：通过此工具，可以自由地创建出多边形和三角形等多种形状，为设计带来更多的可能性。

直线段工具 [\]：当需要在图稿中绘制直线时，直线段工具是最佳选择，它可以让你在任何方向上轻松地绘制出标准的直线。

选择工具

直接选择工具

套索工具

旋转视图工具

导航工具类

导航工具可帮助你聚焦于图稿的特定区域，便于进行精细操作。通过这些工具，可以轻松执行诸如放大、缩小、旋转视图、拖动图稿等基本操作，并可在画布上添加网格以辅助作图。

抓手工具 [H]：此工具允许通过移动画布来查看作品的不同部分，便于全面审视和调整图稿。

旋转视图工具 [Shift+H]：利用该工具，可以将画布旋转至特定角度，从而更好地适应不同的作图需求和视觉习惯。

缩放工具 [Z]：通过此工具，可以轻松放大或缩小画布，以便细致观察图稿的每一处细节或整体效果。

画板工具

抓手工具

缩放工具

选择工具类

在处理作品之前，选择合适的工具来选择、移动、旋转、缩放和变换作品中的元素至关重要。这些选择工具不仅能帮助精确地选中目标对象，还能让你以不同的精确度对作品进行各种操作。

选择工具 [V]：此工具可以让你轻松地选择一个或多个对象进行移动、调整大小等操作，是作品编辑过程中最常用的工具。

直接选择工具 [A]：如果需要更精细的操作，比如选择锚点和路径段来重塑对象，那么此工具将是你的得力助手。

套索工具 [Q]：当需要选择特定形状或区域内的元素时，此工具能让你通过拖动鼠标指针围绕目标元素绘制选择形状，实现精确选择。

画板工具 [Shift+O]：此工具允许你在画布上灵活选择、创建和调整画板，以适应不同的设计需求和展示效果。

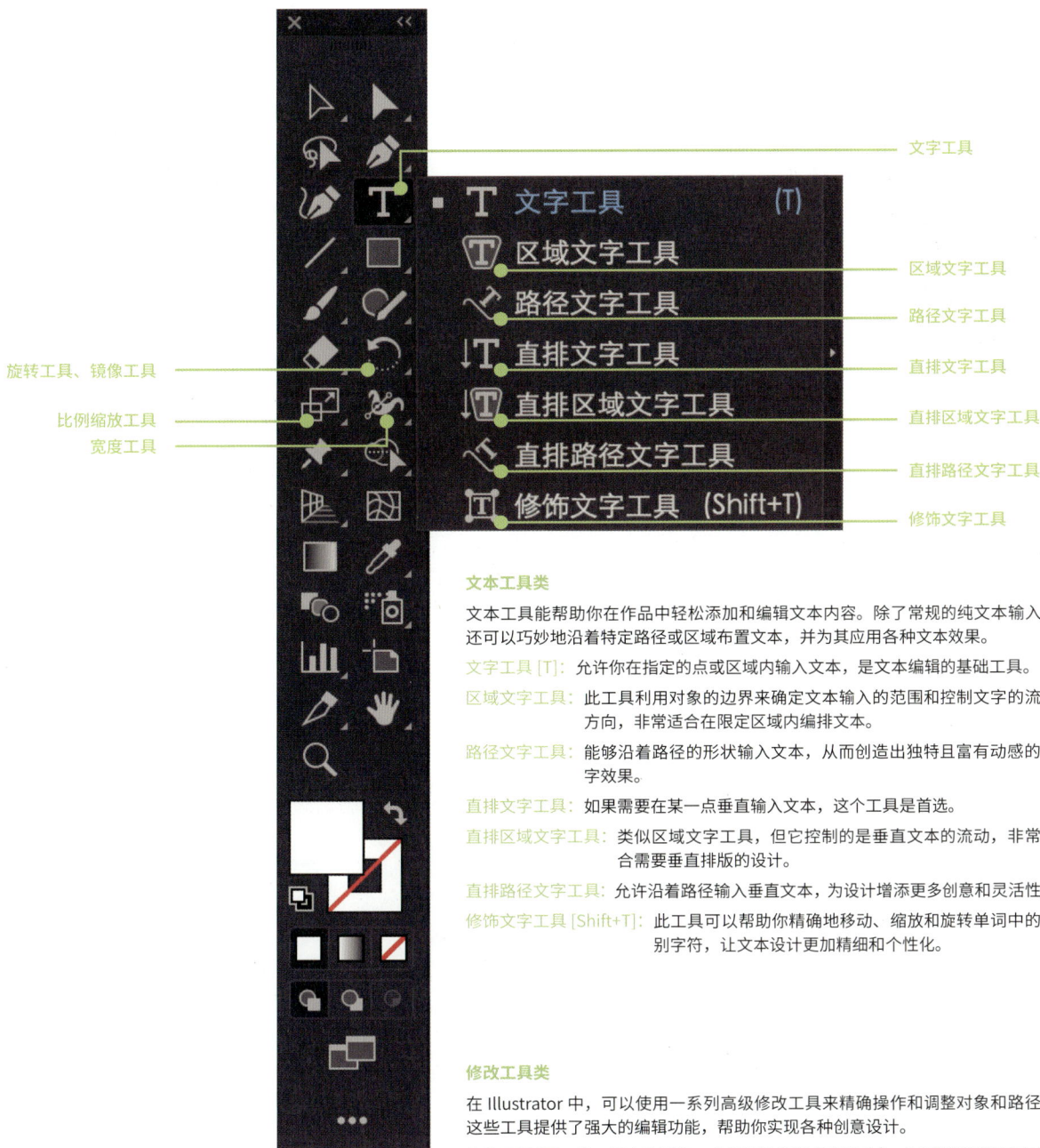

文字工具

· T 文字工具　　　(T)

区域文字工具 ——— 区域文字工具

路径文字工具 ——— 路径文字工具

直排文字工具 ——— 直排文字工具

直排区域文字工具 ——— 直排区域文字工具

直排路径文字工具 ——— 直排路径文字工具

修饰文字工具 (Shift+T) ——— 修饰文字工具

旋转工具、镜像工具

比例缩放工具

宽度工具

文本工具类

文本工具能帮助你在作品中轻松添加和编辑文本内容。除了常规的纯文本输入，还可以巧妙地沿着特定路径或区域布置文本，并为其应用各种文本效果。

文字工具 [T]：允许你在指定的点或区域内输入文本，是文本编辑的基础工具。

区域文字工具：此工具利用对象的边界来确定文本输入的范围和控制文字的流动方向，非常适合在限定区域内编排文本。

路径文字工具：能够沿着路径的形状输入文本，从而创造出独特且富有动感的文字效果。

直排文字工具：如果需要在某一点垂直输入文本，这个工具是首选。

直排区域文字工具：类似区域文字工具，但它控制的是垂直文本的流动，非常适合需要垂直排版的设计。

直排路径文字工具：允许沿着路径输入垂直文本，为设计增添更多创意和灵活性。

修饰文字工具 [Shift+T]：此工具可以帮助你精确地移动、缩放和旋转单词中的个别字符，让文本设计更加精细和个性化。

修改工具类

在 Illustrator 中，可以使用一系列高级修改工具来精确操作和调整对象和路径。这些工具提供了强大的编辑功能，帮助你实现各种创意设计。

旋转工具 [R]：此工具允许围绕一个指定的参考点旋转对象，从而轻松调整其方向。

镜像工具 [O]：通过此工具，可以相对于某个参考点将对象进行水平或垂直翻转，实现镜像效果。

比例缩放工具 [S]：利用此工具，可以根据参考点按比例调整对象的大小，无论是放大还是缩小，都能保持对象的比例不变。

宽度工具 [Shift+W]：此工具允许直接更改路径或笔触的粗细，为作品增添更多细节和变化。

2. 新建文档

在 Illustrator 中创建文档时，可以选择预设的画板尺寸和配置。若项目包含多个设计元素，可以添加或创建多个画板来容纳它们。此外，根据具体需求，还可以灵活调整每个画板的大小，对画板进行重命名、复制或删除操作，以满足多样化的设计需求。

在已创建的页面上，根据设计需求开始进行创作。

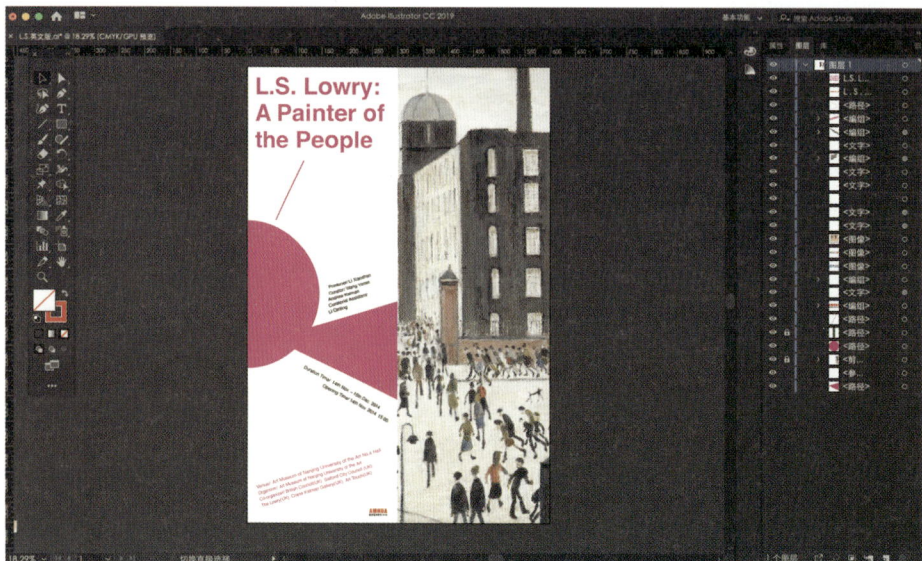

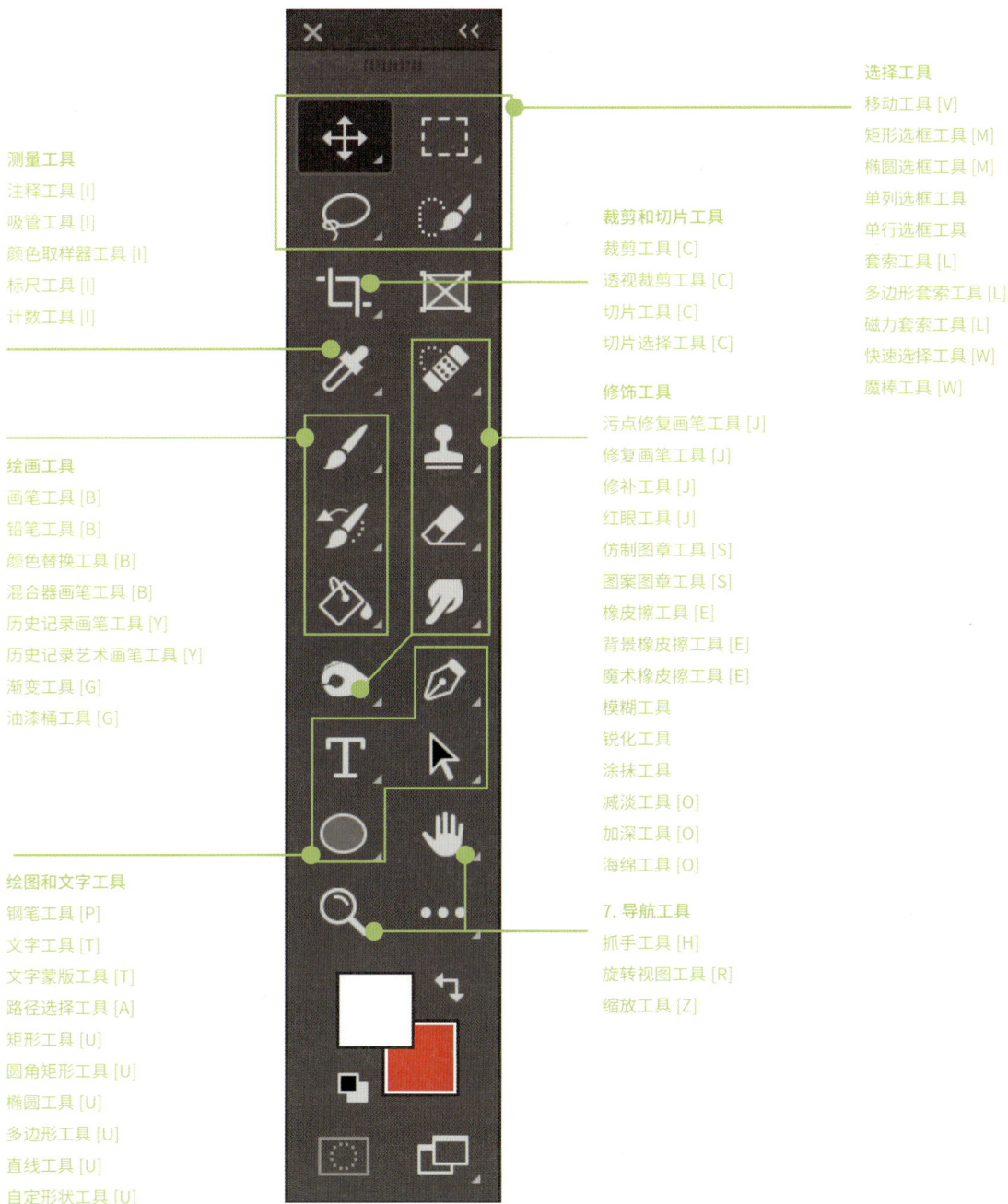

3.1.2 Photoshop 常用工具及新建文档的方法

1. 常用工具

选择工具
移动工具 [V]
矩形选框工具 [M]
椭圆选框工具 [M]
单列选框工具
单行选框工具
套索工具 [L]
多边形套索工具 [L]
磁力套索工具 [L]
快速选择工具 [W]
魔棒工具 [W]

测量工具
注释工具 [I]
吸管工具 [I]
颜色取样器工具 [I]
标尺工具 [I]
计数工具 [I]

裁剪和切片工具
裁剪工具 [C]
透视裁剪工具 [C]
切片工具 [C]
切片选择工具 [C]

修饰工具
污点修复画笔工具 [J]
修复画笔工具 [J]
修补工具 [J]
红眼工具 [J]
仿制图章工具 [S]
图案图章工具 [S]
橡皮擦工具 [E]
背景橡皮擦工具 [E]
魔术橡皮擦工具 [E]
模糊工具
锐化工具
涂抹工具
减淡工具 [O]
加深工具 [O]
海绵工具 [O]

绘画工具
画笔工具 [B]
铅笔工具 [B]
颜色替换工具 [B]
混合器画笔工具 [B]
历史记录画笔工具 [Y]
历史记录艺术画笔工具 [Y]
渐变工具 [G]
油漆桶工具 [G]

7. 导航工具
抓手工具 [H]
旋转视图工具 [R]
缩放工具 [Z]

绘图和文字工具
钢笔工具 [P]
文字工具 [T]
文字蒙版工具 [T]
路径选择工具 [A]
矩形工具 [U]
圆角矩形工具 [U]
椭圆工具 [U]
多边形工具 [U]
直线工具 [U]
自定形状工具 [U]

选择工具

移动工具 [V]：可以移动选区、图层和参考线。

矩形选框工具 [M]：可以建立矩形选区。

椭圆选框工具 [M]：可以建立椭圆选区。

单列选框工具：可以建立单列选区。

单行选框工具：可以建立单行选区。

套索工具 [L]：可以建立手绘图选区。

多边形套索工具 [L]：可以建立多边形（直边）选区。

磁力套索工具 [L]：可以建立磁性（紧贴）选区。

快速选择工具 [W]：使用可以调整的圆形画笔笔尖快速建立选区。

魔棒工具 [W]：可以选择着色相近的区域。

裁剪和切片工具

裁剪工具 [C]：可以裁切图像。

透视裁剪工具 [C]：当图片扭曲变形或倾斜透视有问题时，可以使用该工具来裁剪、拉正图像。

切片工具 [K]：可以创建切片。

切片选择工具 [K]：可以选择切片。

测量工具

注释工具 [I]：可以为图像添加注释。

吸管工具 [I]：可以提取图像的色样。

颜色取样器工具 [I]：最多可以显示 4 个区域的颜色值。

标尺工具 [I]：可以测量距离、位置和角度。

计数工具 [I]：可以统计图像中对象的个数。

修饰工具

污点修复画笔工具 [J]：可以移去污点和对象。

修复画笔工具 [J]：可以利用样本或图案修复图像中不理想的部分。

修补工具 [J]：可以利用样本或图案修复所选图像区域中不理想的部分。

红眼工具 [J]：可以移去由闪光灯导致的红色反光。

仿制图章工具 [S]：可以利用图像的样本来绘画。

图案图章工具 [S]：可以使用图像的一部分作为图案来绘画。

橡皮擦工具 [E]：可以抹除像素，并将图像的局部恢复到以前存储的状态。

背景橡皮擦工具 [E]：可以通过拖动将区域擦抹为透明区域。

魔术橡皮擦工具 [E]：只需单击一次即可将纯色区域擦抹为透明区域。

模糊工具：可以对图像中的边缘进行模糊处理。

锐化工具：可以锐化图像。

涂抹工具：可以涂抹图像中的数据。

减淡工具 [O]：可以使图像中的区域变亮。

加深工具 [O]：可以使图像中的区域变暗。

海绵工具 [O]：可以更改区域的颜色饱和度。

绘画工具

画笔工具 [B]：可以绘制画笔描边。

铅笔工具 [B]：可以绘制硬边描边。

颜色替换工具 [B]：可以将选定颜色替换为新颜色。

混合器画笔工具 [B]：可以模拟真实的绘画技术（例如混合画布颜色和使用不同的绘画湿度）。

历史记录画笔工具 [Y]：可以将选定状态或快照的副本绘制到当前图像窗口中。

历史记录艺术画笔工具 [Y]：可以使用选定状态或快照，采用模拟不同绘画风格的风格化描边进行绘画。

渐变工具 [G]：可以创建直线形、放射形、斜角形、反射形和菱形的颜色混合效果。

油漆桶工具 [G]：可以使用前景色填充着色相近的区域。

绘图和文字工具

钢笔工具 [P]：可以绘制边缘平滑的路径。

横排文字工具 [T] 和直排文字工具 [T]：可以在图像上创建文字。

横排文字蒙版工具 [T] 和直排文字蒙版工具 [T]：可以创建文字形状的选区。

路径选择工具 [A] 和直接选择工具 [A]：可以选择路径。

矩形工具 [U]、圆角矩形工具 [U]、椭圆工具 [U]、多边形工具 [U]、直线工具 [U]、自定形状工具 [U]：可以创建不同的形状和路径。

导航工具

抓手工具 [H]：可以在图像窗口内移动图像。

旋转视图工具 [R]：可以在不破坏原图像的前提下旋转画布。

缩放工具 [Z]：可以放大和缩小图像视图。

2. 新建文档

启动 Photoshop 后可显示主屏幕。执行"文件"→"新建"命令，在弹出的"新建文档"对话框中，可以选择众多预设模板来轻松创建文档，满足不同的设计需求。

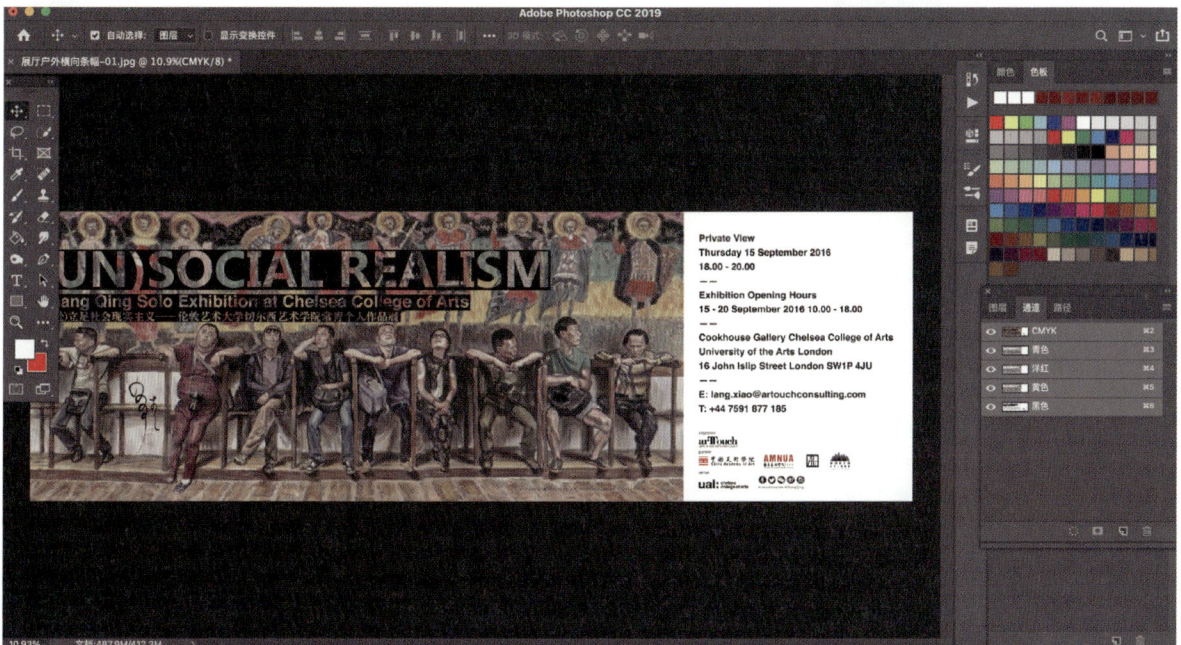

3.1.3 InDesign 软件界面、常用工具及新建文档的方法

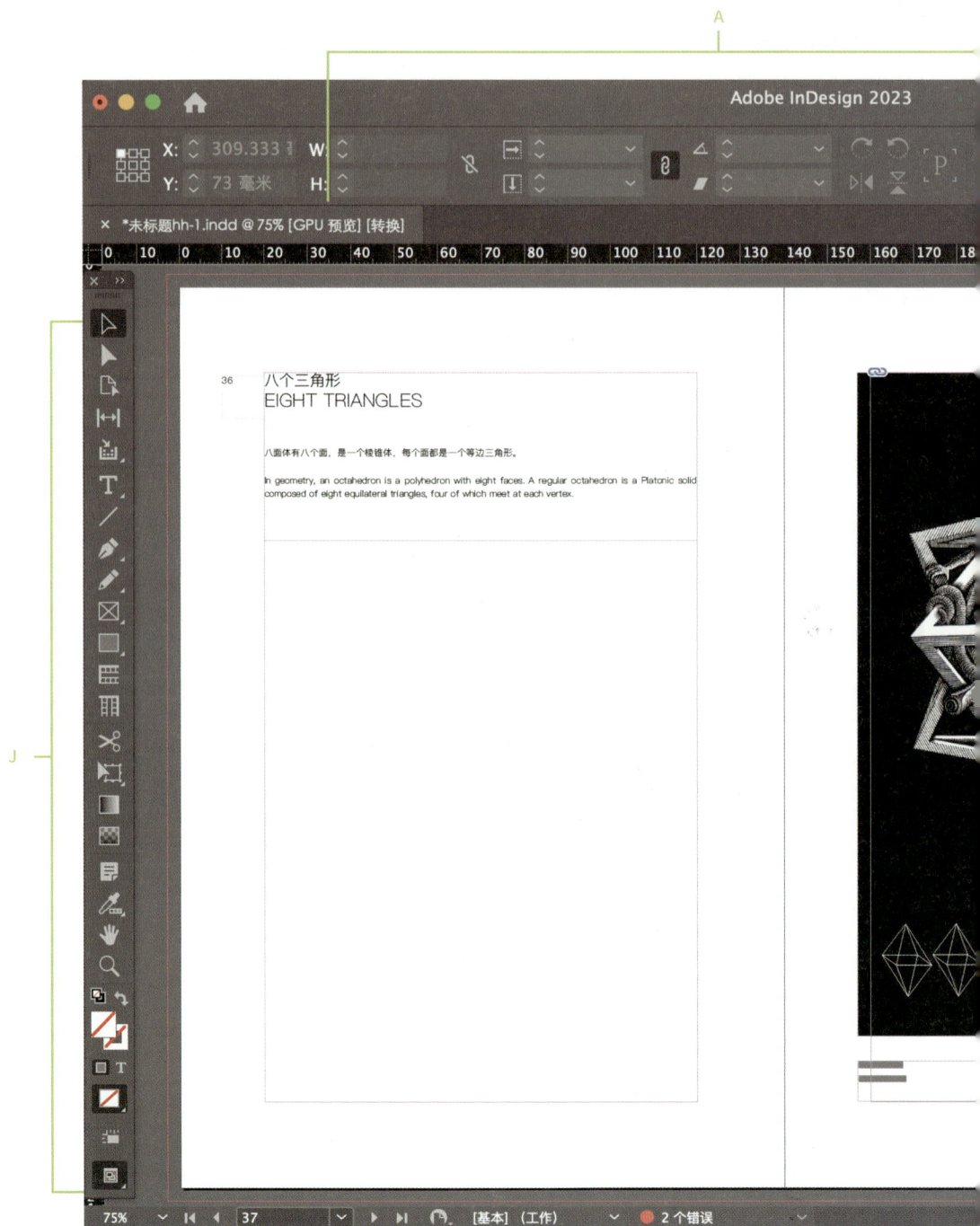

A

Adobe InDesign 2023

X: 309.333   W:
Y: 73 毫米   H:

× *未标题hh-1.indd @75% [GPU 预览] [转换]

0 10 20 30 40 50 60 70 80 90 100 110 120 130 140 150 160 170 18

36 八个三角形
EIGHT TRIANGLES

八面体有八个面，是一个棱锥体，每个面都是一个等边三角形。

In geometry, an octahedron is a polyhedron with eight faces. A regular octahedron is a Platonic solid composed of eight equilateral triangles, four of which meet at each vertex.

J

75%   ◀ ◀ ▶ ▶▶   37   ▶ ▶▶   [基本]（工作）   ● 2 个错误

1. 软件界面

InDesign 的界面由 A. 选项卡式文档窗口；B. 共享；C. 面板标题栏；D. 工作区切换器；E. 带有自动完成建议的搜索栏；F. 控制面板；G. 折叠到图标按钮；H. 垂直停靠栏中的面板组；I. 状态栏；J. 工具面板组成。

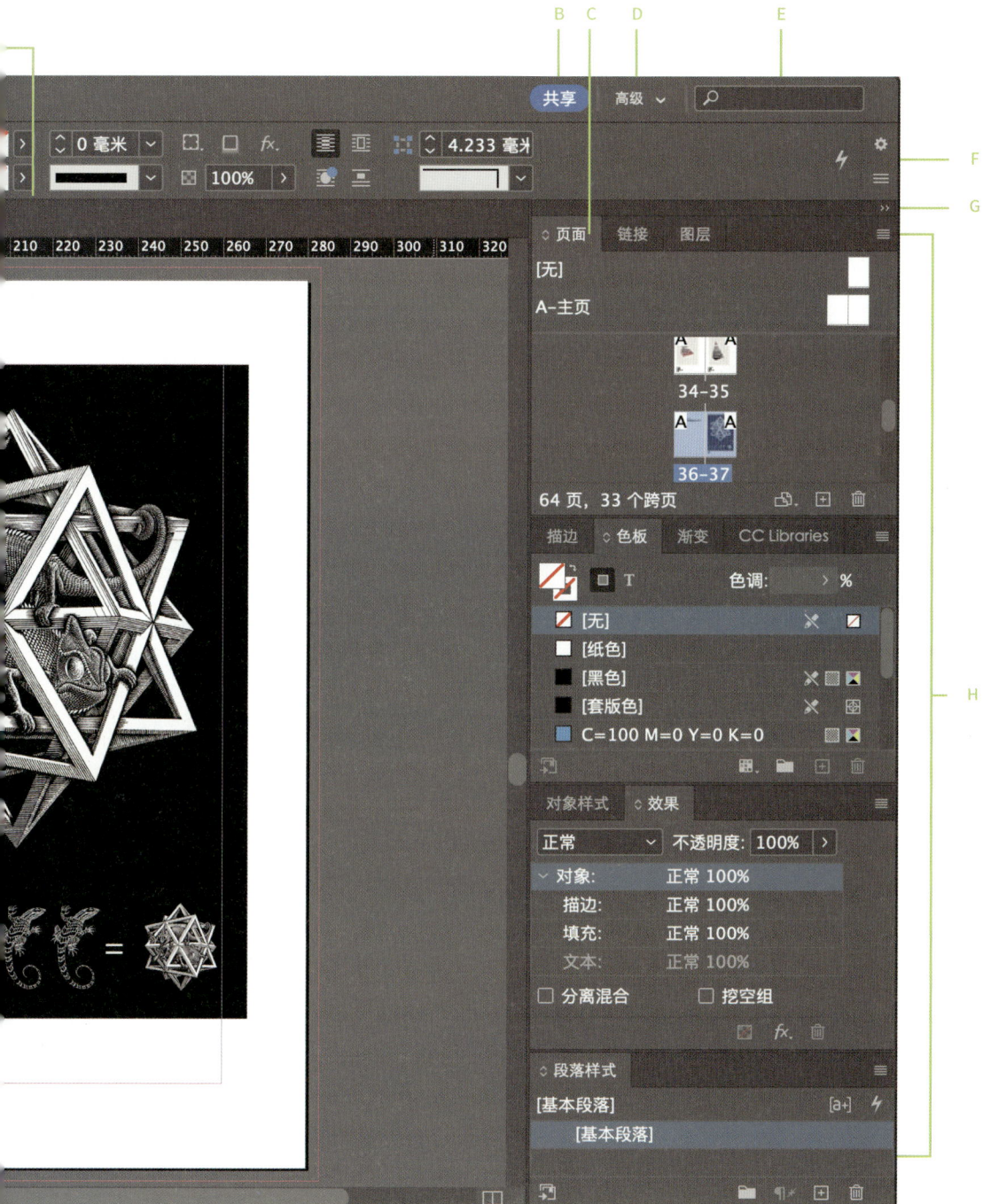

2. 常用工具

选择工具

选择工具 [V]：可以选择整个对象。

直接选择工具 [A]：可以选择路径上的点或框架内的内容。

页面工具 [Shift+P]：可以在文档中创建多种页面尺寸。

间隙工具 [U]：可以调整对象之间的空间。

绘图和文字工具

文字工具 [T]：可以创建文本框和选择文本。

路径文字工具 [Shift+T]：可以创建路径文字。

线条工具：可以绘制线段。

钢笔工具 [P]：可以绘制直线和曲线路径。

添加锚点工具：可以向路径中添加锚点。

删除锚点工具：可以从路径中删除锚点。

转换方向点工具：可以转换角点和平滑点。

铅笔工具 [N]：可以绘制自由形式的路径。

平滑工具：可以使路径变得更加平滑，移除多余的角点。

擦除工具：可以删除路径上的点。

矩形框工具 [F]：可以创建正方形或矩形框架。

椭圆框工具：可以创建圆形或椭圆形框架。

多边形框工具：可以创建多边形框架。

矩形工具 [M]：可以创建正方形或矩形图形。

椭圆工具：可以创建圆形或椭圆形图形。

多边形工具：可以创建多边形图形。

转换工具

剪刀工具 [C]：在指定点剪切路径。

自由变换工具 [E]：可以旋转、缩放或斜切对象。

旋转工具 [R]：可以围绕固定点旋转对象。

缩放工具 [S]：可以围绕固定点调整对象的大小。

倾斜工具 [O]：可以围绕固定点倾斜对象。

渐变样本工具 [G]：可以调整对象内渐变的起点、终点以及角度。

渐变羽化工具 [Shift+G]：可以将对象逐渐淡化。

修改和导航工具

注释工具：可以添加注释。

滴管工具 [I]：可以从对象中取样颜色或类型属性，并将它们应用到其他对象。

测量工具 [K]：测量两点之间的距离。

手形工具 [H]：在文档窗口中移动页面视图。

缩放工具 [Z]：增大和减小文档窗口的视图放大率。

3. 新建文档

启动 InDesign 后，在"快速开始新文件"选项区域可以选择众多预设模板来轻松创建文档，满足不同的设计需求，并在后续弹出的相应对话框中设置文档的具体参数。

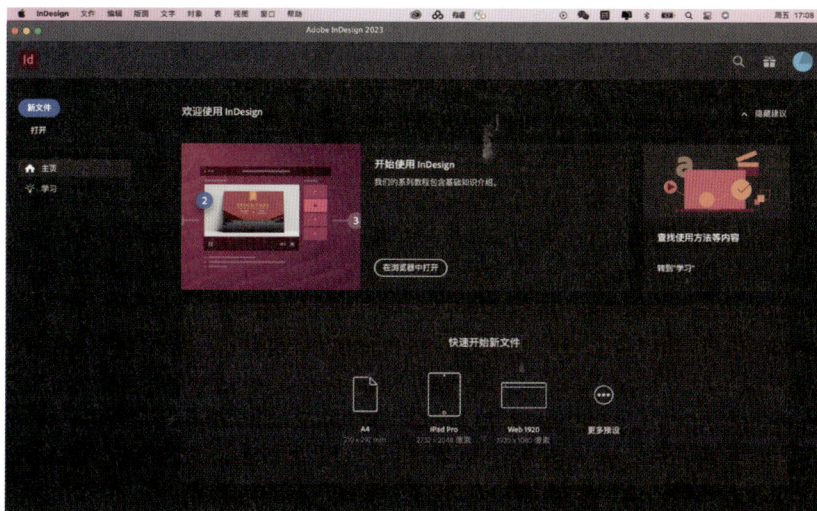

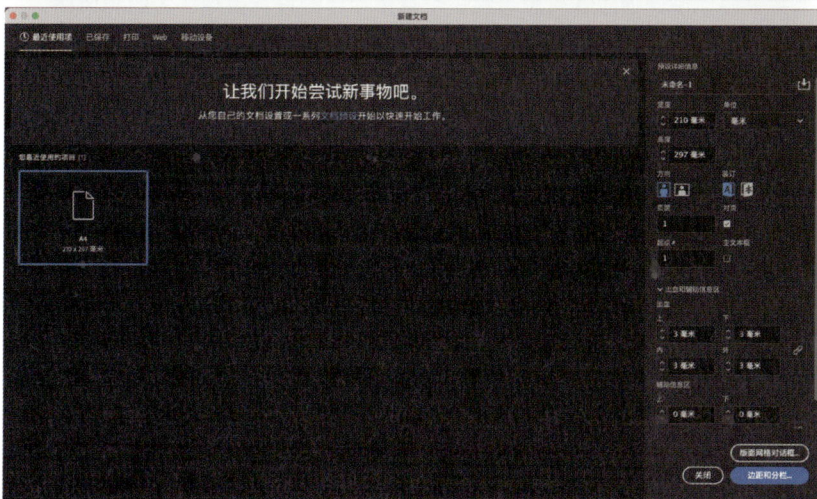

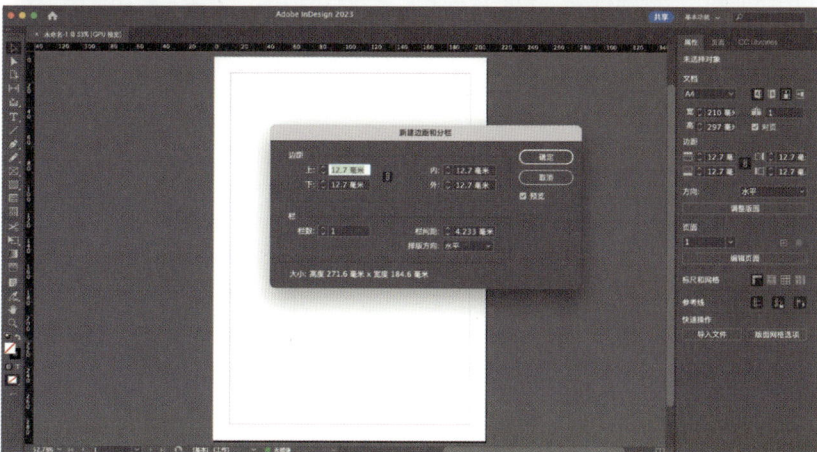

3.2 设计过程与思考

设计师在设计过程中扮演着总导演和主角的角色，他们的有效思考对于任何设计任务都至关重要。设计师必须充分调动自己的创意思维，掌握设计中的技巧，以确保思考在设计工作中能够发挥最大的效能。同时，对于设计师而言，思考是最重要的素养。出色的设计师会根据客户需求，从不同的角度和视角进行有针对性的思考，以制作出最贴切、最合适的设计，从而满足客户的需求。当然，思考是一个不断探索的过程，设计师需要持续思考，不断探索新技术，不断学习，并善于从各种来源汲取灵感，以创造出更加杰出的作品。

3.2.1 灵感从何而来

设计师的设计灵感源自多方面，可以从形状、颜色、纹理、图案、古典与现代艺术、科技、建筑、文字、照片以及自然等丰富元素中汲取。此外，设计师也善于从日常生活中寻找灵感，并不断发掘新的设计灵感源泉。作者总结出以下"六多"方法来帮助设计师激发和捕捉灵感。

(1) 多看看：通过欣赏他人的优秀作品，设计师可以获得启发，学习他人的设计技巧，并为自己的作品注入新的元素。

(2) 多想想：养成勤于思考的习惯至关重要。设计师应认真思考每一个具体项目的设计目标、主题和风格，将自己的创意融入设计中，从而挖掘出新的灵感。

(3) 多变变：尝试不同的色彩组合，调整线条、形状和文字等元素，为设计增添新的可能性，进而激发新的灵感。

(4) 多走走：走出熟悉的环境，接触新鲜的事物，有助于设计师获得更多灵感，并丰富自己的设计思维。

(5) 多搜搜：广泛收集各种素材，包括跨地域、行业、学科和物种的素材，有助于打开视野，发掘更多潜在的设计灵感。

(6) 多试试：勇于尝试新的设计理念，挑战传统和自己惯用的设计思维，以获得新的灵感。

对于有追求的设计师来说，在践行上述"六多"方法的同时，若想更上一层楼，还应积极与他人交流。与同行、同事进行专业探讨，分享关于设计的新思考、新想法和新发现，讨论设计中的疑难问题，以期从中找到创新灵感。同时，要随时准备好记录本，捕捉并记录下每一个灵感，逐渐形成自己的素材库，以备将来之用。此外，设计师还应培养一双善于发现的眼睛，从日常生活中捕捉新鲜元素，并创造性地将它们融入设计中。最后，定期整理和厘清自己的设计作品和思维，集中精力朝一个方向发展，有助于摆脱灵感枯竭的困境，重新点燃创意的火花。

多变变

多试试

多看看

多想想

多搜搜

多走走

3.2.2 文案处理与提炼

文案对设计师而言至关重要！它不仅塑造了设计的整体视觉效果，更是引领设计工作的核心目标和任务。一个杰出的设计师，必须具备出色的文案处理和提炼能力。通过精湛的文案处理技巧，设计师能够构建出引人入胜的叙述，从而帮助消费者深刻领会设计的原始意图。文案还能协助设计师将创意转化为鲜明的视觉元素，突出设计的重点，为作品赋予更深层次的意义。此外，精准的文案能够助力设计师更高效地传递信息，使之更为清晰且富有深意。综上所述，文案在设计中扮演着举足轻重的角色，它能够帮助设计师精准地表达客户的愿景，并赋予设计作品更高的价值和深远的意义。

为了更直观地理解，此处将文案的处理与提炼细分为两大部分：首先是理解文案，其次是处理文案。接下来，将通过 9 个具体建议来阐明实施的方法和路径。

理解文案

1. 设计师需要细致阅读文案，明确其大致内容及核心要点，确保对文案有整体把握。

2. 设计师应准确捕捉文案主题，并从中提炼出核心信息和各项基本要素，以便在设计中精准表达。

3. 结合文案内容和预设受众，设计师需要构思出能够完整且清晰地传达文案信息的设计方案，确保信息传达的有效性。

4. 设计师应善于利用文案作为线索，通过"顺藤摸瓜"的方式，广泛查阅与文案相关的背景资料和信息，从而获取更多的设计思路和灵感来源，丰富设计内涵。

文案处理与提炼

处理文案

1. 设计师需要准确把握文案要求，明确设计方向和重点，确保设计与文案高度契合。

2. 将文案信息通过图片、文字等视觉元素进行表现，实现文案内容的可视化转化。

3. 结合文案内容，设计师应使设计与文案相互统一，形成和谐的整体视觉效果。

4. 在设计过程中，设计师应深入挖掘文案内涵，并力求在设计中得以充分体现，提升设计的深度和层次感。

5. 设计师需要注意文案设计的美观性和可读性，确保整体设计既美观大方又易于理解，从而保障信息传递的顺畅性和设计作品的完整性。

3.2.3 提炼重要的宣传点

设计师提炼文案中的重要宣传点，意义在于使文案的宣传目的更为直接、明显、突出和清晰。这样一来，目标受众能够轻松捕捉到文案想要传达的核心信息，让更多人能够一目了然地理解宣传内容，进而提升信息的关注度。通过提炼文案的重要宣传点，可以确保文案在传播过程中更高效，使宣传内容更深入人心，从而实现宣传效果的最大化。

为了有效地从文案中提炼出关键宣传点，设计师可以从以下 4 个角度进行思考。

(1) 从产品特性出发：深入研究产品的独特性、功能优势以及用户体验，将这些特点融入设计中，突出产品的与众不同。

(2) 从受众需求出发：明确目标受众的需求和兴趣点，找到他们所关注的话题，结合产品特性，设计出既吸引人又易于理解的文案。

(3) 考虑媒介特点：不同的传播媒介需要不同的文案内容。设计师应根据媒介特性来调整文案，以确保信息能够更有效地传达给受众，从而提升宣传效果。

(4) 对接营销战略：理解并融入客户的营销战略，使设计更具针对性，从而助力实现营销目标。通过这样的综合考量，设计师可以创作出既符合产品特性，又能吸引目标受众，同时贴合媒介特性和营销战略的优秀文案。

(5) 综合安排文案结构：合理的文案结构也是关键，它能让信息条理清晰，引导读者的阅读节奏，使宣传效果更加出色。

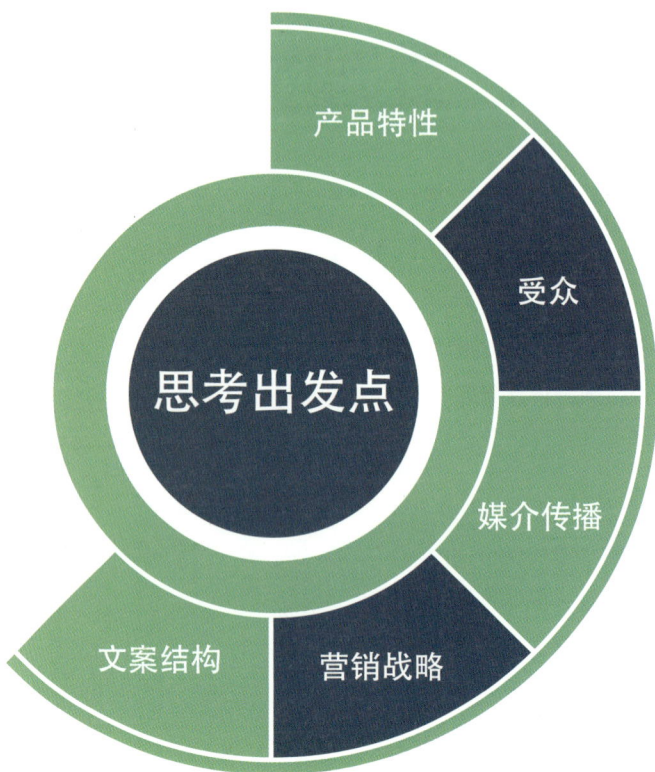

接下来，将从设计方法的角度对文案内容中的重点宣传点进行提炼、强化和凸显。以下是作者总结的十条实操经验。

(1) 图形表现：通过设计图形与色彩的巧妙结合，生动展现文案的宣传点。

(2) 突出醒目：利用醒目的字体和颜色等设计元素，使文案宣传点脱颖而出。

(3) 图片支撑：为宣传点添加具有冲击力的图片，增强其说服力。

(4) 简洁修改：精炼文案，使其更加简洁有力，突出核心信息。

(5) 联想设计：紧扣宣传点，通过文字引发的图形联想，充分表达文案的重点信息。

(6) 多元表达：运用图形、符号、文字变换（如放大、加粗、换色）等方式，灵活呈现文案宣传点。

(7) 中心放置：将重要宣传点及相关内容置于设计中心，有效吸引读者注意力。

(8) 视觉强化：运用对比、比喻、夸张等设计手法，提升视觉吸引力，进一步凸显宣传点。

(9) 空间利用：合理规划空间布局，突出宣传点，便于读者快速捕捉重点。

(10) 文字动感：通过改变个别文字的方向，增加设计动感，突出重要宣传点，使整体更加生动有趣。

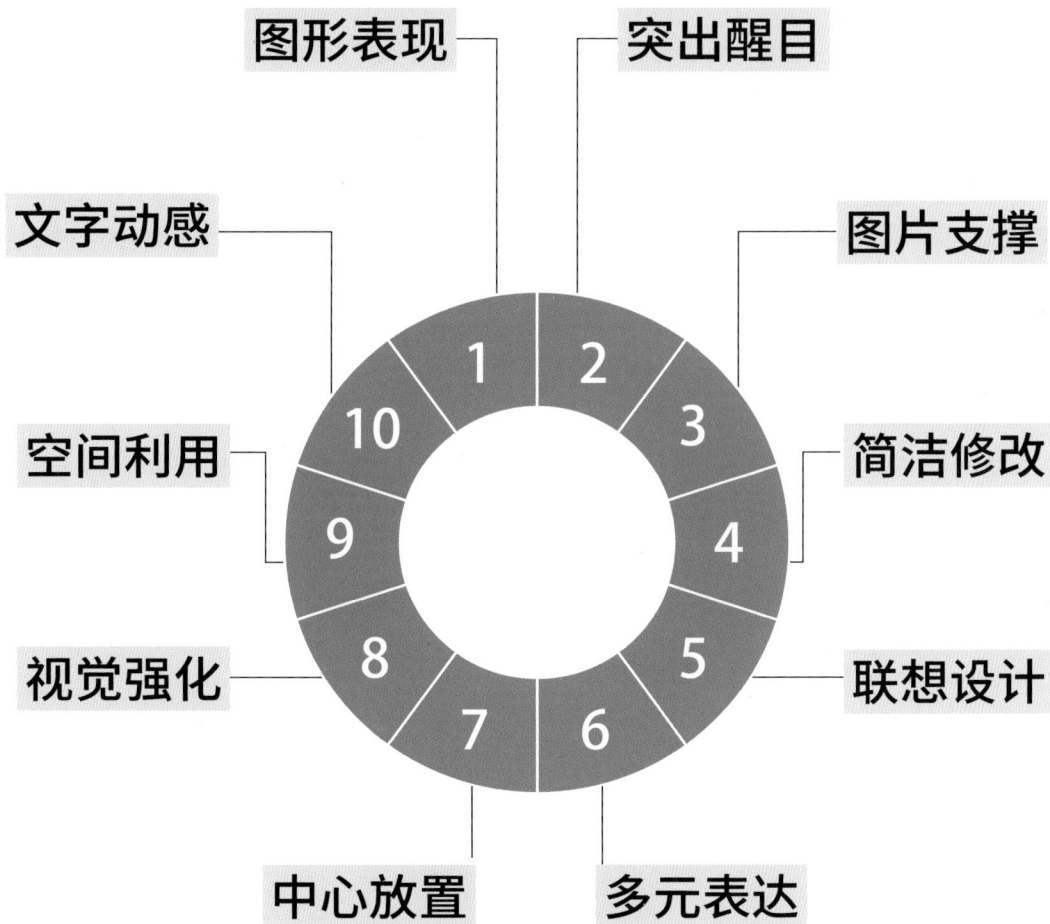

3.2.4 信息层次与视觉引导

在设计中，观者通常仅能在短时间内浏览版面，这就要求设计师必须科学合理地安排信息的展示顺序以及视觉焦点的设置。信息层次决定了信息的重要程度排序与阅读先后顺序，而视觉引导则借助布局、色彩以及图形元素等手段，引导观者的视线按照特定路径流动。将信息层次与视觉引导有效结合，既能使设计作品富有美感，又能快速且精准地传递核心信息。

为便于理解，下面将信息层次与视觉引导能力的运用拆解为两个部分：一是理解信息层次；二是善用视觉引导，并从六个方面详细阐述具体做法与实施路径。

1. 理解信息层次

- 明确主次关系：清晰地区分核心信息、辅助信息和背景信息，确保核心信息能够得到突出呈现。例如，在一则广告海报设计中，产品名称、主要卖点等属于核心信息，应置于显眼位置；产品的规格参数、使用说明等为辅助信息，可适当弱化处理；而背景图案、装饰性元素等作为背景信息，起到烘托氛围的作用，不能喧宾夺主。

- 运用字体区分：利用字号、字重（如加粗、常规等）以及色彩差异，构建清晰的视觉层级，方便观者迅速识别信息重点。比如，标题可采用较大字号、加粗字体以及鲜明的色彩，正文则使用较小字号、常规字体和相对柔和的色彩。

- 合理空间留白：通过恰当的留白避免版面过于拥挤，使视觉更具节奏感和呼吸感，进而提升整体美观性。例如，在书籍排版中，适当增加段落之间的行距、页边距，能让读者阅读起来更加舒适，也有助于突出重点内容。

2. 善用视觉引导

- 规划视觉动线：借助图形排列方式、线条走向以及符合人们视线自然流动的规律，规划观者的阅读顺序。例如，在信息图表设计中，按照从左到右、从上到下的顺序排列信息，或者利用箭头等线条元素引导观者的视线，使信息传递更加流畅。

- 营造视觉焦点：运用色彩对比、图片强化、动态元素（如在数字媒体设计中）等手法吸引观者的注意力，突出重点信息。比如，在网页设计中，将重要的按钮设置为与背景形成强烈对比的颜色，或者使用高清、具有吸引力的图片来突出产品特点。

- 进行模块分组：将相关信息进行归类整理，形成逻辑清晰、层次分明的版块结构，便于观者理解与记忆。例如，在一份产品手册中，将产品的功能介绍、使用方法、售后服务等信息分别划分为不同的模块，并使用不同的标题和分隔线进行区分。

信息层次与视觉引导紧密相连，是设计表达逻辑性与吸引力的核心要素。设计师应结合不同的设计任务灵活运用这两种手段，让观众在欣赏美的同时，能够高效地获取所需信息。

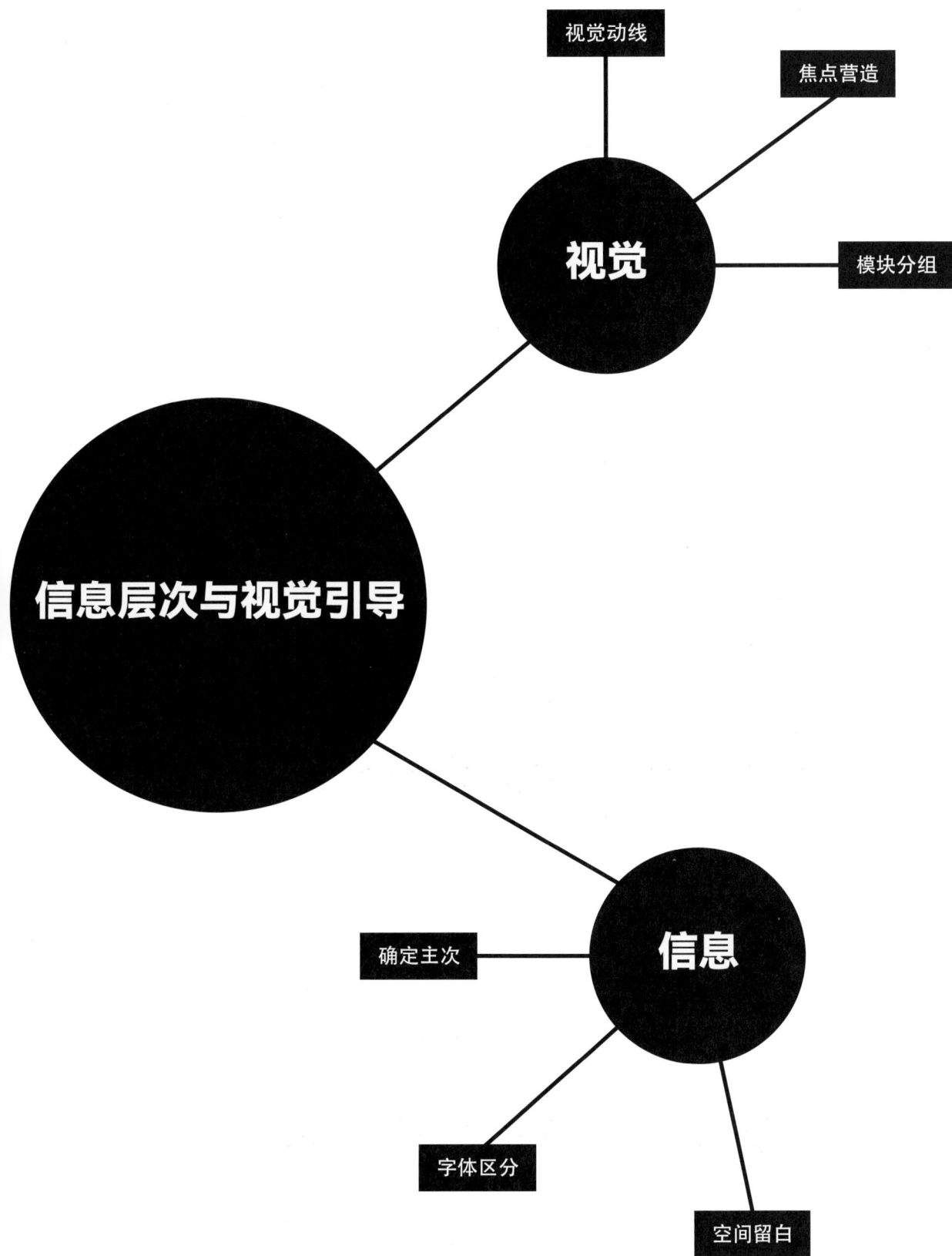

视觉动线

焦点营造

视觉

模块分组

信息层次与视觉引导

确定主次

信息

字体区分

空间留白

3.3 将文案转化为设计稿

设计师将文案转化为设计稿的意义，在于将文字所蕴含的情感与信息，通过图形的形式进行表达，同时保持原有的叙事逻辑和情感因素，确保信息的准确传达。这一过程旨在使文案的传播效果最大化。通过设计师的精心构思与有效转化，文案中的文字得以生动呈现，有助于目标受众更轻松地理解信息，从而实现信息的有效传播。这样的设计稿不仅提升了视觉效果，还增强了信息的传递效率。

3.3.1 梳理文案

梳理文案是设计师开展设计工作的首要任务，也是设计师进行设计的基础。通过认真审读文案，设计师可以更深入地理解其内容，从而创作出更优秀的作品。对文案的细致梳理和阅读，有助于设计师更好地把握文案的核心，为将文案内容转化为设计元素奠定坚实基础，并有效提高设计的效率和质量。

在审读文案时，作者总结了以下"六检查"方法供设计师参考。

(1) 语言检查：确保文案语言通顺流畅，表达意图明确，无歧义和语法错误。

(2) 格式审查：检查文案格式是否符合设计要求，包括对齐方式、段落分隔符和段落间距等是否明确且一致。

(3) 内容核实：验证文案内容的准确性，确认其与设定主题相关，并符合法律法规和社会规范。

(4) 影响评估：预判文案对设计可能产生的影响，如文字量是否适中以便于布局，文字逻辑是否清晰易懂等。

(5) 文体分析：审视文案的文体是否恰当，能否明确传达意图，并形成完整的思路框架。

(6) 信息完整性确认：检查文案中的基本信息是否完备，如时间、地点、联系方式等关键信息是否齐全。

3.3.2 利用主标题区域传达重点信息

设计师利用主标题区域传达重点信息的意义，在于能够让受众迅速捕捉到所传递的核心内容，从而激发他们的兴趣，留下深刻印象，并提升对信息的认知度。主标题区域作为传播重点信息的得力工具，不仅有助于受众快速了解活动的主旨，还能帮助设计师高效构建设计的主框架、搭建主结构，并梳理清晰的设计脉络。

在利用主标题区域传播重点信息时，设计师应熟练掌握并运用字体、位置、版式和元素这"四大法宝"。

(1) 字体：通过调整文字大小、颜色和样式来突出主标题。例如，采用醒目的颜色、加大字号，或者使用加粗、斜体等特殊样式，以强调重点信息。

(2) 位置：主标题应被放置在设计作品中最引入注目的位置，确保读者能够第一时间看到关键信息。

(3) 版式：运用排版技巧，如适当的空格、换行以及图形分割等，将主标题与其他内容明确区分，使其更加显眼。

(4) 元素：通过添加图片、背景、特定色彩或框架等元素，进一步区分主标题与其他部分，使其在视觉上更加突出。

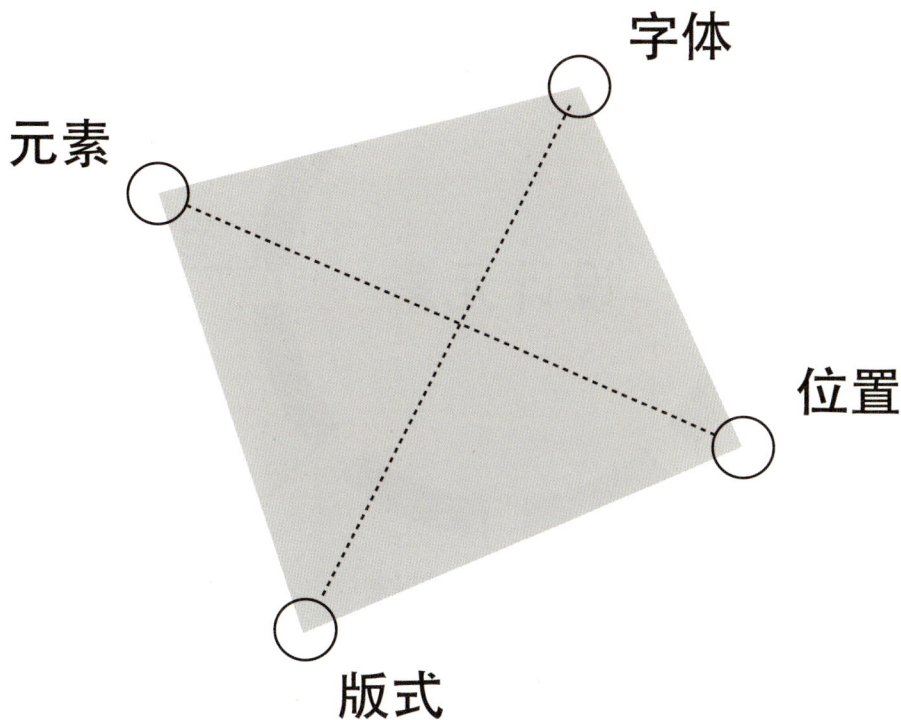

3.3.3 利用设计元素突出宣传亮点

设计师可以运用的设计元素丰富多样，主要涵盖以下八大类别及众多细分内容。

(1) 形状：包括矩形、圆形、三角形等基础形状，还有抽象形状、几何形状等创意图形。

(2) 颜色：单色、双色搭配、渐变色以及多色组合等，为设计增添丰富的视觉层次。

(3) 线条：流畅的曲线、锐利的折线以及简洁的直线，构成设计的基本框架和细节。

(4) 图形：图案、图标、符号和标志等，为设计提供直观的视觉表达。

(5) 字体：常规字体、艺术字体，以及根据设计需求自定义的字体样式，传达文字信息的同时展现设计个性。

(6) 图片：实物照片、模拟照片以及矢量图等，为设计提供真实的或创意的图像素材。

(7) 风格：简约、复古、抽象、立体、中式、超现实主义、后现代等多种风格，定义设计的整体氛围和审美取向。

(8) 元素：宇宙、自然、动物、植物、建筑等元素，为设计注入主题和情感色彩。

这些元素和类别的灵活运用，有助于设计师创造出独特且引人入胜的视觉效果。

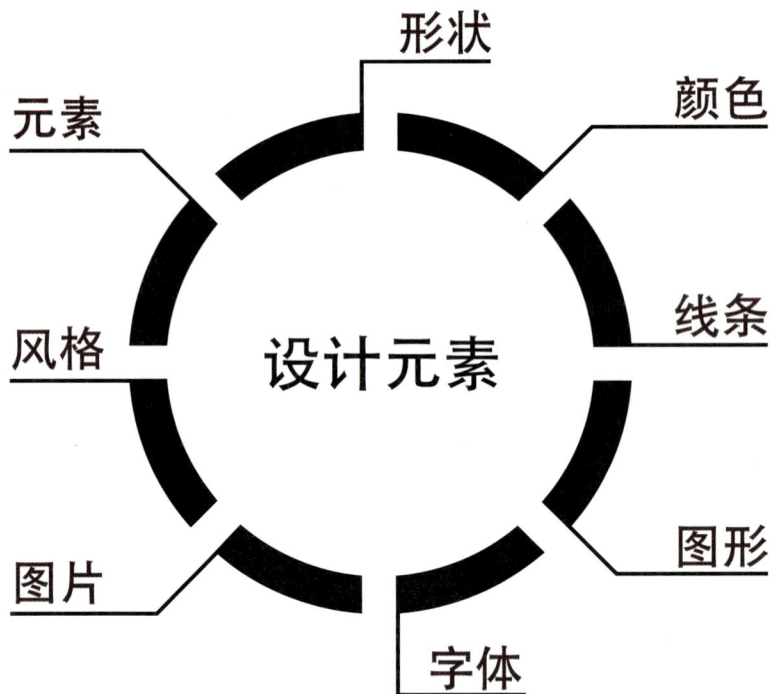

设计师熟练运用上述设计元素来突出宣传亮点的意义，在于通过对这些元素的巧妙排列、组合、搭配以及色彩的运用，能够使宣传内容变得更为生动有趣。这样一来，在展示宣传内容时，就能够吸引更多的受众关注。设计元素的恰当运用，不仅可以改变宣传内容的呈现形式，提升其吸引力，还能帮助目标受众更好地理解、记住宣传信息，甚至激励他们主动传播这些信息。

设计师利用设计元素来突出宣传亮点的方法主要有以下4种。

(1) 运用清晰的图像：通过采用高分辨率、细节丰富的图像，设计师能够迅速突出宣传的核心。对于产品宣传，可以精细展示产品的独特细节；对于活动推广，可以捕捉并呈现活动的精彩瞬间；对于展览信息，则可以将展览的亮点内容直观展现给受众。

(2) 采用醒目的文字：简洁明了、易于阅读的文字能够显著提升宣传效果。当这些文字与吸引人的图形相结合时，更能抓住受众的注意力，引导他们深入了解宣传内容。

(3) 巧妙运用色彩：设计师应善于运用色彩来强调宣传的重点。通过选择鲜明或对比强烈的色彩来突出关键图像和文字，可以帮助目标受众更轻松地获取信息、接受信息，并留下深刻印象。

(4) 保持简洁的设计：遵循"少即是多"的设计理念，精简不必要的细节，保持整体设计的简洁性。这样做不仅能让宣传内容更加突出，还能降低受众的理解难度，从而更容易吸引他们的关注和兴趣。

1 运用清晰的图像

2 采用醒目的文字

3 巧妙运用色彩

4 保持简洁的设计

3.4 字体设计与应用

字体设计在设计中占据举足轻重的地位。它不仅能协助设计师清晰传达信息，提升视觉效果，还能有效表达特定的品牌理念。此外，字体设计更是展示品牌个性、巩固品牌形象的有力工具。通过巧妙的字体设计，设计师还能营造出独特的设计氛围与风格，从而实现别具一格的视觉效果。

作为一名优秀的设计师，在字体设计与应用过程中，需要牢记以下六点建议。

(1) 字体选择应紧密贴合文案的表达需求，因为不同的字体风格会传递出截然不同的情感与氛围。

(2) 在选择字体时，务必注意版权问题，优先选用免费或已获得授权的字体，以避免不必要的版权纠纷。

(3) 字体的行距设置要合理，既不宜过大以致页面松散，也不宜过小导致阅读困难。

(4) 字体的颜色搭配应和谐统一，以提升文案的清晰度与易读性。

(5) 在排列字体时，应遵循读者的阅读习惯，确保重要内容处于显眼位置，便于读者快速捕捉关键信息。

(6) 尽量避免使用过于花哨的字体，保持文案的简洁与大方，以突出核心信息。

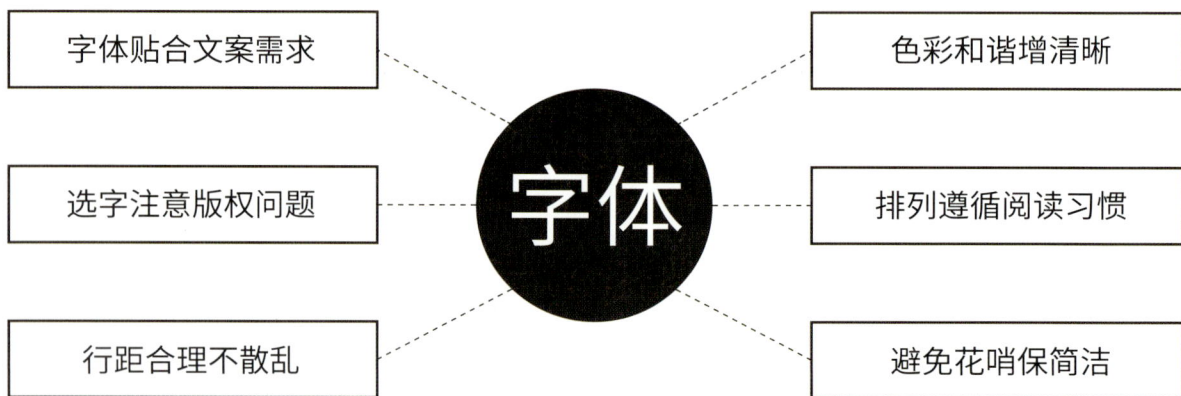

3.4.1 字体的应用设计基本原则

字体的应用设计在设计中扮演着至关重要的角色。它通过巧妙地结合文字、图像、空间及颜色等元素，创造出引人入胜的视觉效果。这种设计不仅有效地传递信息，更能提升整体设计的美感与品质。因此，字体的应用设计无疑是设计中不可或缺的一环。

在具体实践中，我们应遵循以下五项基本原则。

(1) 醒目性：确保字体清晰易读，避免过小或过大的尺寸，同时不选用过于繁复的字体样式，以保持视觉上的舒适度。

(2) 合理性：字体的大小应根据文本内容和设计目标进行合理调整，以实现设计的和谐与平衡。

(3) 辨识性：为提高字体的辨识度，应选择对比度高、与背景相协调的配色方案，使文字更加突出且易于识别。

(4) 系统性：构建一个完整的字体视觉体系，涵盖字体选择、大小设定、颜色搭配和样式运用等方面。同时，合理划分标题、副标题、正文等层级，确保设计的整体性和逻辑性。

(5) 适用性：在选择字体时，需要考虑其通用性和使用频率，以确保设计作品在不同场景下均能保持良好的视觉效果和传达效率。

醒目性　　合理性　　辨识性

系统性　　适用性

1. 醒目性

字体的"醒目性"在设计中具有举足轻重的地位。它能帮助设计师迅速捕捉受众的注意力，使设计内容更具吸引力。深谙并巧妙运用"醒目性"原则，不仅可以提升设计的美感，还能有效突出重点，将文字内涵转化为直观可视的形式。这样一来，设计作品在受众中的可读性、舒适性和记忆性都将得到显著提升，从而实现信息的高效传达。

在字体应用设计过程中，增强字体"醒目性"的方法有以下 6 种。

(1) 选用大尺寸字体：通过增大文字尺寸，可以显著提升字体的视觉冲击力，进而强调其设计的重要性。

(2) 运用合适的颜色：字体的醒目程度不仅与大小相关，选择合适的颜色同样能够增强字体的视觉吸引力。

(3) 采用多变的字体样式：使用富有变化的字体样式，可以使设计更加生动有趣，进而提升字体的醒目性。

(4) 巧妙运用水印：在设计中融入水印元素，能够有效地突出字体，使整体设计更加引入注目。

(5) 合理使用空白：在设计中适当留白，可以凸显字体的重要性，使其更加显眼。

(6) 运用多级渐变效果：通过多级渐变的设计手法，可以增加字体的层次感和视觉吸引力，使设计更加丰富多彩。

使用多变的字体

采用大尺寸字体

采用合适的颜色

使用留白　　使用水印

使用多级渐变

2. 合理性

字体设计的"合理性"在设计领域具有不可或缺的重要性。它不仅能助力设计师精准传达信息，还能在视觉上营造出令人愉悦的美感。在实践中，设计师通过运用"合理性"原则，可以精细调控字体的大小、行距、字形以及字符间距，从而更贴切地表达信息的内涵和意义。此外，合理的字体设计还能显著提升设计的整体美感，增强视觉冲击力，使信息的传递更加清晰而有力。

在字体应用设计过程中，实现字体设计"合理性"的方法主要有以下 5 点。

(1) 设计师需要掌握字体的基础知识，深入了解各类字体的特点，并熟练掌握字体的安装与使用方法，以确保字体的正确运用。

(2) 设计师应根据项目的具体特点和要求，结合字体的特性，选择与之相匹配的字体调性，以确保字体与项目风格的和谐统一。

(3) 在设计过程中，字体的大小、间距、行距以及字符组合等元素也需要经过精心调整，避免出现过大或过小、过宽或过窄的情况，同时防止字体被过度拉长或挤压，以保持字体的整体协调性和美感。

(4) 字体的颜色和效果同样需要合理搭配。设计师应确保文字颜色与背景色、文字大小以及字体风格等元素相互协调映衬，从而实现最佳的视觉效果。

(5) 设计师需要认真检查字体的整体应用效果，确保字体设计的合理性、画面的平衡感以及视觉效果的优越性，以更好地体现设计意图并满足受众的审美需求。

1. 了解字体特点

2. 选择匹配字体

3. 字体参数合理

4. 字体颜色协调

5. 视觉效果和谐

3. 辨识性

字体设计的"辨识性"指的是字体在视觉上呈现的独特特征，这些特征使人们能够迅速识别出特定的字体，进而利用这些字体来标识某个企业或品牌。当企业或品牌拥有自身专属的字体时，将极大地方便公众对其进行辨别和认知。以微软的专有字体 Verdana 为例，这款字体是微软网页核心字体的重要一员，其外观独具特色：字母 K 和 R 带有轻微的曲线，字母 C 具有小巧的折角，字母 U 和 Q 的底部设计有折角，字母 A 的左上角呈现出小折角，字母 G 的尾部圆润，而字母 W 的顶端更为尖锐。这些鲜明的特点共同塑造了 Verdana 字体独特的视觉形象，使其易于辨识。字体设计的"辨识性"之所以重要，是因为它有助于企业或品牌实现更迅速的识别，并塑造出独树一帜的品牌形象，从而为企业或品牌创造更多的商业价值。

Verdana 字体

在字体应用设计过程中，为提升字体设计的"辨识性"，可以采取以下 4 个策略。

(1) 明确字体使用场景：针对不同的场景选择合适的字体。例如，在日常生活类设计中选用柔和亲切的字体；商业类设计则宜采用稳重端庄的字体；而对于新闻类设计，应选用简洁明了的字体，以便迅速传达信息。

(2) 精心挑选字体：设计师需要深入研究字体的特性，根据使用场景挑选最恰当的字体。同时，通过测试查看文字排版效果，确保所选字体在实际应用中具有良好的辨识性和视觉美感。

(3) 合理调整文字大小：字体的大小应根据设计布局进行适当调整，既不宜过大也不宜过小。合适的文字大小能使设计更加得体，同时也有助于提升字体的辨识性。

(4) 恰当选择文字颜色：文字颜色的选择应与设计的整体风格和调性相协调。合理的颜色搭配不仅能增强设计的视觉冲击力，还能进一步提高字体的辨识性，使设计作品更加引入注目。

4. 系统性

字体设计的"系统性"在设计中占据着举足轻重的地位。它不仅有助于提升设计的整体美观度,而且能够将设计的各个细节元素融为一体,使整体设计更加和谐统一,富有层次感。

首先,系统性的字体设计能够显著提升设计的整体美感。字体设计系统涵盖了字体的类型、大小、行距、字间距、字偶距以及字形等多个方面,通过对这些细节的精细调整,可以使文字呈现更加悦目的外观,排版更加规整,从而提升设计的整体美观度。

其次,系统性的字体设计能够将设计的各个环节紧密相连,例如在标题、副标题和正文中保持字体类型、大小、行距、字间距、字偶距和字形的一致性,这样可以使整个设计作品更加协调统一,层次分明。

最后,系统性的字体设计还能简化设计流程。通过将所有设计元素进行统筹安排,可以使设计管理更加有条不紊,从而提高设计效率。

在字体的应用设计过程中,实现字体设计"系统性"主要有以下 5 种方法。

(1) 系统性的字体设计应以视觉识别为基石,以构建系统的字符设计为目标,确立一套规范、统一、简洁且大方的字体设计原则。

(2) 在进行比较系统性的字体设计时,应从字体的形态、笔画和结构等特征入手进行深入分析,从而制定出字体的设计规范,建立起字体的标准体系。

(3) 确立字体设计原则时,可以综合考虑字体的结构、颜色、笔画、体积以及加粗等特征,构建出具有系统性的字体设计规则,以确保字体设计风格的统一性。

(4) 系统性的字体设计应注重使用统一的字体,以实现视觉效果的统一。在选择字体时,应充分考虑其结构特点,如字形、字号、字重和字符间距等,以确保字体在视觉上的和谐统一。

(5) 系统性的字体设计应追求简洁明了的效果,避免过度装饰。在字体设计过程中,应充分考虑字体的结构特征,力求实现字体的简洁与明了。

视觉识别基石
系统构建目标

追求简洁明了
避免过度装饰

深入分析特征
制定设计规范

综合考虑要素
确保风格统一

注重统一字体
实现视觉统一

5. 适用性

字体设计的"适用性"在设计中具有举足轻重的地位，它直接关乎文本在视觉层面上的冲击力和呈现效果。选用恰当的字体不仅能高效传达信息，还可以显著提升文本的可读性。同时，字体设计的"适用性"也能够在有限的空间内精准地传递信息，进而保持视觉上的协调一致和信息的易传播性。

在字体应用设计的过程中，为确保字体设计的"适用性"，可以遵循以下"四要"原则。

一要：深入了解各类字体，如现代字体、衬线字体、无衬线字体、手写字体及装饰字体等，并掌握它们各自的特点，以便根据实际设计需求作出恰当选择。

二要：根据字体设计的具体用途来选定合适的字体。例如，若用于广告宣传，则宜选用醒目的衬线字体或装饰字体；若是用于报纸、杂志、展览画册或宣传手册等，则推荐使用简洁且可读性强的衬线字体。

三要：注重文字大小的设置。字体过小容易被忽视，过大则可能影响整体版面的美观性。因此，需根据实际情况调整文字大小，以达到最佳的视觉效果。

四要：根据字体的色彩来挑选适宜的字体样式。一般而言，黑白对比度高的字体更能吸引人们的注意力，从而有效提升信息的传递效率。

3.4.2 字体在标题中的应用

标题在字体应用设计过程中占据着至关重要的位置。设计师在选择字体时，必须综合考虑字体的粗细、字形、尺寸、字距及颜色等要素，以确保文本内容得到准确而恰当的呈现。选用合适的字体作为标题，不仅能帮助用户更轻松地理解文本信息，还能显著提升设计作品的整体吸引力。

在选择标题字体时，设计师应着重评估其是否能够清晰地传达文本内容，是否具备足够的视觉冲击力以吸引受众注意，以及是否与设计作品的整体风格相协调，从而营造出和谐统一的视觉效果。一般来说，理想的标题字体应使文本呈现出鲜明的立体感，同时避免过于复杂，以免破坏设计作品的整体美感。

此外，在设计中，字体在标题设计过程中发挥着举足轻重的作用。通过巧妙运用字体设计，设计师可以为标题增添趣味性、感染力和创意性，从而进一步提升设计作品的艺术魅力和传播效果。

肖恩·斯库利：
抵抗与坚持
绘画
1967—2015
伦敦｜纽约

SEAN SCULLY:
RESISTANCE AND PERSISTENCE
PAINTINGS
1967-2015
LONDON AND NEW YORK

展览《肖恩斯库利：抵抗与坚持》前言墙面标题设计

因此，在设计标题时，需要注意以下几点。

(1) 巧妙运用艺术字体：艺术字体以其独特的造型和表现力，能够显著增强标题的视觉冲击力，从而更有效地传达内容。

(2) 选用简洁明了的字体：应避免使用过于复杂的字体，以确保文字的清晰易读性，帮助受众更轻松地理解标题的含义。

(3) 遵循视觉搭配原则：在标题设计中，字体的大小、格式和色调等应与整体设计风格相协调，以实现视觉上的和谐统一。

(4) 勇于尝试不同的字体：设计师应积极探索不同的字体样式，以激发创意灵感，为标题增添更多的趣味性和个性化元素。

通过以上几点的实践应用，设计师能够打造出更具吸引力的标题，有效提升设计作品的整体品质。

3.4.3 字体在版式中的运用

字体在版式设计中具有举足轻重的意义。字体不仅影响设计的整体氛围，甚至能够决定设计的风格走向。通过合理地运用字体，设计师能够精准展现设计的细节与主题，从而更好地传达设计意图。在版式设计中，字体承载着多重功能：它可以展示产品内容，传递信息，凸显个性，并成为设计师发挥创意、满足客户需求的得力工具。有效地运用字体，能够使设计中的细节与主题得到完美呈现。此外，字体还具有吸引受众注意力的作用，使设计内容更具说服力。合理地搭配字体，可以让设计既富有趣味性又易于理解，从而高效地传递信息。

作为设计师，在版式设计中运用字体时，需要特别注意以下4个方面。

(1) 字体类型选择：在版式设计中，选择合适的字体类型至关重要。应根据不同场景和需求来挑选字体。例如，在日常服务性设计中，推荐使用友好且易读的新宋体、黑体等；而在学术性设计中，则建议选择简洁、稳重、大方的字体，如雅黑等。

(2) 文字大小调整：文字大小是版式设计的关键因素。不同版式对文字大小的要求各异。通常，日常服务型版式需要较大的字体，以便受众迅速获取信息；而学术性版式则倾向于使用较小的字体，以详细表达和阐述概念。

(3) 文字颜色搭配：文字颜色在版式设计中同样重要。例如，对于日常服务性版式，建议使用活泼的颜色，如红色、橙色或黄色，以增加视觉吸引力。

(4) 字体配合与排版：版式设计中的字体配合也不容忽视。不同版式对字体配合的要求不同。例如，在日常服务性版式设计中，应注重细腻的字体配合，包括字体选择、字号调整和间距设置等。

视角——德国最美的书 2016 / 2017

"美丽书——中德书籍设计展"的子单元
开幕: 04/20 15:00
展期: 04/20 – 05/03
地点: 南京艺术学院美术馆一号展厅（南京虎踞北路 15 号）

展览提供: 歌德学院（中国）
参展机构: 德国图书艺术基金会

在 „美丽书——中德书籍设计展"的展览中，歌德学院（中国）和德国图书艺术基金会一起展出"德国最美的书"最近两年的获奖作品。

图书艺术基金会挑选出本年度最美及最具创意的图书。无论是色彩艳丽的画册、长篇小说、薄薄的旅游指南还是绘本——我们在各种分类和体裁里都能看到精彩的图书设计。获奖图书都是设计与内容的最佳结合，达到了最好的整体效果。2017 年的一个整体趋势就是：大量参评图书的书心子都是彩色的，而且越来越鲜艳醒目。另外一个引人注意的现象是设计中红色和黑色的大量应用，在获奖作品中也很明显。

这 50 本"最美德国图书"在设计、方案和装订方面都堪称典范，展示出设计及制作方面极为广泛的可能性。挑选时也考虑了不太受关注、但是已经有稳固地位的学生读本、获奖图书颇具代表性，展示了德国书籍制作中重要的趋势和潮流。在五个不同的类别中分别有五本书获奖，包括"一般性文学作品"、"非虚构类书籍、科学书籍、纪实文学、教科书"、"建议类书籍"、"艺术类书籍、摄影书籍、展览目录"以及"儿童书籍、青少年书籍"。

总部位于法兰克福和莱比锡的图书艺术基金会自从 1966 年起持续密切关注德国的图书产业。设立该奖项的目标是提高书籍在技术和艺术两方面的质量。该基金会的首要任务就是举办"最美德国图书"的竞赛。图书艺术基金会希望藉由这场竞赛让公众的目光关注到内容之外，即书籍设计和制作方面的顶尖水平，同时也希望这种媒介以及它的外形赢得更多关注。允许参加评奖的书籍不仅来自德国的出版社，也有外国出版社的书，只要这些书是在德国印制加工的即可。

Perspektiven – Die Schönsten Deutschen Bücher 2016 / 2017

Ein Teil der Ausstellung „Das schöne Buch – Aktuelle Buchgestaltung aus China und Deutschland"
Eröffnung: 04/20 15:00
Ausstellungsdauer: 04/20 – 05/03
Ort: AMNUA-Museum, Ausstellungshalle 1 (Hujubei Road Nr. 15, Nanjing)

Aussteller: Goethe-Institut China
Teilnehmende Institution: Stiftung Buchkunst

Das Goethe-Institut China präsentiert, in Zusammenarbeit mit Stiftung Buchkunst, die „Schönsten Deutschen Bücher" der letzten beiden Jahre in der Ausstellung „Das schöne Buch – Aktuelle Buchgestaltung aus China und Deutschland" in Nanjing.

《美丽书——中德当代书籍设计展》画册版式

雅黑

黑体

艺术体

宋体

字体类型

12pt

1pt

8pt

字体大小

字体配合

字体

字号

行距

字体颜色

灰色

黄色   红色

橙色

1. 字体

字体，即文字的视觉呈现形式，涵盖了名称、大小、形状、风格以及颜色等多个维度。它不仅能美化文字，更能为文字注入独特的个性，使不同的文字内容得以清晰区分。字体可以包含字母、数字，也可以是符号或图形。从分类上来看，字体可分为西文字体、中文字体、日文字体等，涵盖多种语言系统。不同的字体可变化出多样的样式，例如斜体、粗体，或是添加下画线下画线、删除线等效果。值得注意的是，字体通常是一整套包含标点符号（及特殊符号）在内的字形集合。而在这些丰富多样的字体中，"衬线体"与"无衬线体"是两大主要的分类。

衬线体是一种独特的字体类型，其字形外围由精致的细线勾勒，赋予人一种细腻、轻盈且高贵的感觉。这种字体的特点在于其字形设计的简洁与细节的精巧，相较于其他字体类型，它更能凸显品牌的尊贵与典雅。衬线体的表现形式大致可分为两种：一种是通过更为紧凑的曲线勾勒来塑造字形，另一种则是利用粗细不一的线条来定义字形。这种字体极具灵活性，适用于各种文字大小的设置，并能保持字形细节的清晰度。

衬线体

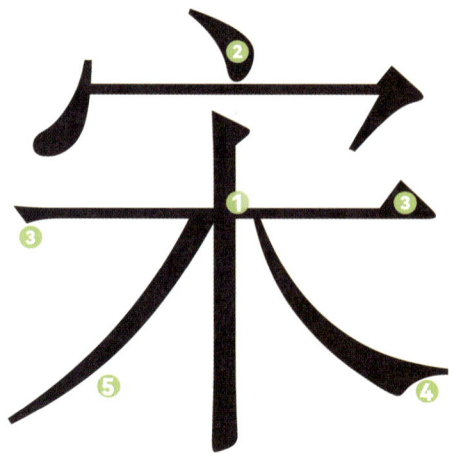

中文：宋体 - 简字体

① 横笔画细腻纤长,竖笔画则粗壮有力,透露出强烈的力量感。

② 点笔画如同水滴般灵动，显得生动活泼。

③ 横笔画的起止点，以三角形的独特形态呈现，这种设计巧妙地借鉴了传统书法的起笔技巧。

④ 笔画间的变化丰富多彩，尤其是末端的装饰性设计，更是增添了几分艺术韵味。

⑤ 笔画的曲线流畅而优美，整体结构严谨，使字体具有很高的辨识度。

英文：Adobe Garamond 字体

① 笔画粗细略有变化，呈现独特的视觉效果。

② 底部笔画的装饰性设计感十分强烈，为整体增添了艺术气息。

③ 小写字母的弧度与曲线流畅而优美，展现出优雅的形态美。

④ 笔画的收尾部分细节处理得十分丰富，彰显精湛的技艺。

无衬线体是字体设计中的一种类型，其特点是字体中不包含衬线。在无衬线体的设计中，笔画的粗细变化被拉伸至极致，从而赋予字体一种独特的张力感，这种张力感既展现了力量，又不失柔美。

无衬线体字体通常表现为字母与字母间无额外装饰，笔画粗细的显著变化带来了一种既急促又柔美的视觉体验。在设计上，无衬线体多以椭圆形为基础，尽量减少字母的笔画数量，同时保持笔画粗细的极大变化，这些特点共同构成了无衬线体的独特风格。典型的无衬线体字体包括苹方、方正兰亭黑以及 Helvetica 等。

无衬线体

中文：微软雅黑字体

1️⃣ 笔画横竖粗细保持一致，呈现统一的视觉效果。

2️⃣ 笔画简洁明了，无多余细节，显得极为干练。

3️⃣ 闭合的框架结构略微出头，为整体带来适度的视觉刺激，有助于提高阅读速度。

4️⃣ 空白区域分布均衡，使字体结构更加稳重，视觉效果更为和谐。

英文：Helvetica 字体

1️⃣ 笔画横竖粗细一致，无多余装饰，显得简洁而有力。

2️⃣ 字体空隙分布合理，有助于减轻长时间阅读带来的视觉疲劳感。

3️⃣ 曲线弧度流畅简洁，同时又不失优美之态。

4️⃣ 笔画收尾处的细节处理恰到好处，既简洁又不失字体的趣味性，展现了设计师的匠心独运。

2. 字号

字号指的是字体的大小，通常以磅（point）为单位来表示，例如 12 号字体即指12磅的字体。这里所说的"号"实际上反映了字体的高度。字号越大，显示的文字尺寸也就越大。在不同操作系统中，字号的表示方法存在差异，主要分为以下几种情况。

(1) Windows 操作系统：在 Windows 操作系统中，字号一般采用十进制数字来表示，如 12 号字体在 Windows 中表示为 12pt，也即12.0。这里的"pt"是磅的缩写，与英寸的换算关系是固定的。

(2) mac OS 操作系统：在 mac OS 操作系统中，字号以汉字"号"为单位。例如，12 号字体在 mac OS 操作系统中同样对应 12pt，但表述为"12号"。需要注意的是，这里的"号"与传统印刷中的"号数"不同，仍是以磅为基准。

(3) 移动操作系统：在 Android 和 iOS 等移动操作系统中，字号的表示方式则以像素（pixel）为单位。例如，12 号字体在 Android 中通常表示为 12px，即 12 像素。而在 iOS 中，尽管也以"pt"表示，但这里的"pt"指的是逻辑像素点，与实际屏幕像素点可能存在换算关系。因此，在 iOS 中 12 号字体仍表示为 12pt，但实际显示大小会根据设备屏幕的像素密度进行调整。

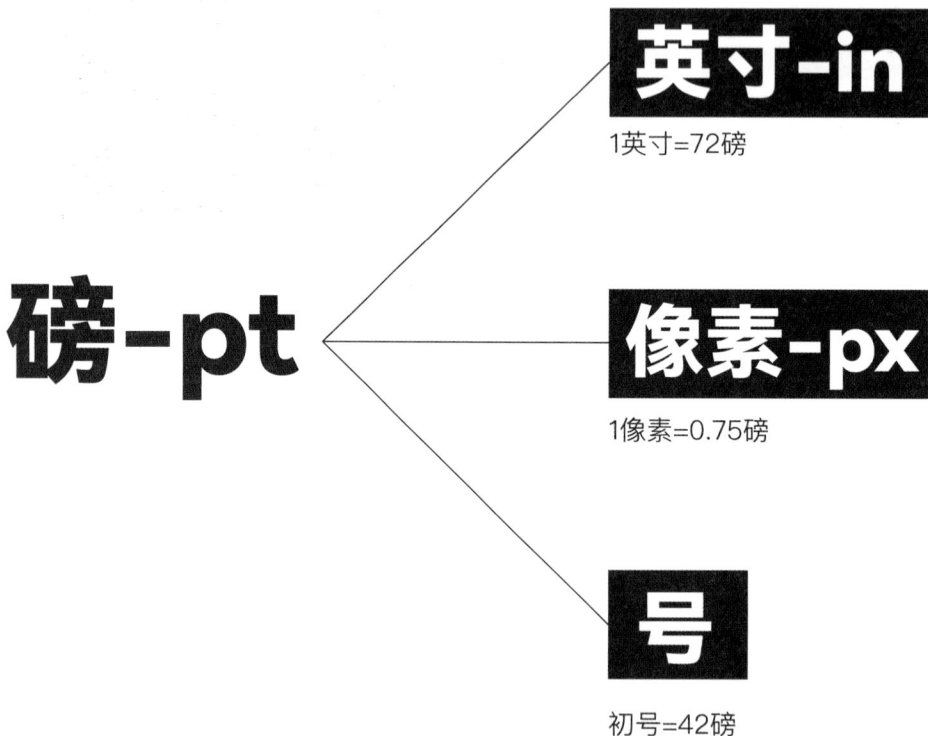

英寸-in

1英寸=72磅

磅-pt

像素-px

1像素=0.75磅

号

初号=42磅

3. 字距

字距，指的是在字体设计中两个字母或字符之间的空间距离。通过调整字距，可以有效地改变文本的外观，使其呈现更加结构化和舒适的视觉效果。字距的大小会根据字体的大小、类型和特征而有所差异。设计师可以通过增大或减小字距来调整文本的紧凑度或宽松度，进而影响文本的整体外观。同时，字距也是描述字体空间感和表达文档美学感受的重要手段。

在字体设计中，字距可以应用于单个字母，也可以全局应用于所有文字。度量字距时，可以采用相对度量衡或固定度量衡。相对度量衡是以字体中字母间距离的相对比例作为计量单位，而固定度量衡则是使用绝对的计量单位来描述字母间的距离。

设计师常利用字距这一设计元素，来操控读者的视觉体验，以达到特定的设计目的。例如，在需要对文本框尺寸进行精细调整时，设计师可以通过调整字距来扩大或缩小文本的视觉范围，从而创造出符合期望的阅读体验。此外，设计师还可以通过调整特定关键词的字距，来突出文本中的重点，帮助读者更快地捕捉到文本的核心信息。字距的巧妙运用还能增强文本的空间层次感，使排版更加有序，从而提高文本的可读性。

字距

LuneNiuts

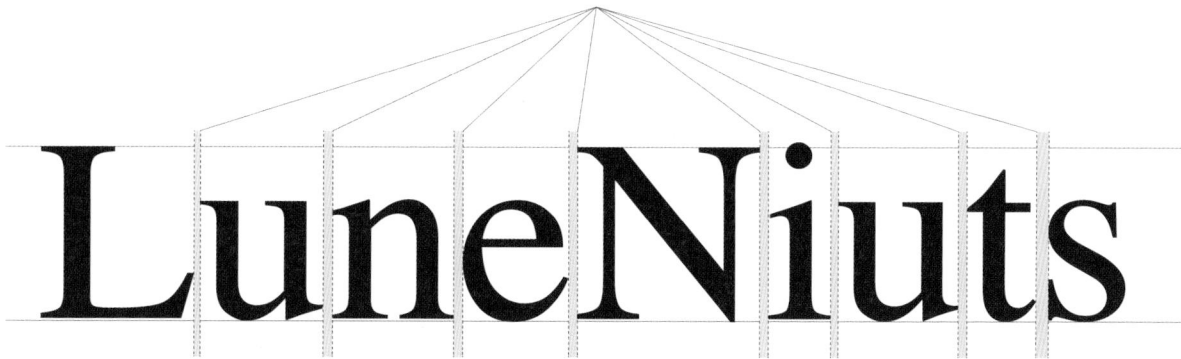

时尚复古陶瓷品牌"LuneNiuts"的标题设计

4. 行距

行距，也称作"行间距"，指的是两行文字之间的垂直间距。在设计中，行距是一个至关重要的元素，它不仅直接关系到文字的可读性，还影响着整个文本排版的空间美感和视觉舒适度。

行距通常以毫米、厘米等长度单位来表示，也可以使用百分比来设定。它可以是一个固定值，也可以根据文字的大小和字体特性进行相应调整。在设置行距时，需要遵循一定的原则：一般来说，行距越大，文字的清晰度越高，可读性也就越强；反之，行距过小可能会导致文字拥挤，降低可读性。

此外，合理的行距设置还能显著提升文本的整体美感，使排版更加赏心悦目，从而更容易吸引和保持读者的注意力。因此，在进行文本排版时，设计师需要综合考虑文字内容、字体风格以及版面需求，以选定最合适的行距。

设计师在设计中合理利用行距来为设计服务，可以从以下 4 个方面入手。

(1) 合理设置行距：通过设定适当的行距，能够使文字更加清晰易读，同时赋予文字在空间中更多的张力和动感，从而提升整体的视觉效果。

(2) 保持行距的规律性：行距的设置应具备规律性，以确保文字在视觉上呈现统一、和谐的美感，增强文本的整体美观度。

(3) 利用行距强调重点：通过调整特定文字或段落的行距，可以使其在众多内容中脱颖而出，从而帮助读者更轻松地把握文字的主旨和重点。

(4) 运用行距优化版面：不同的行距设置能够有效改变版面的布局，不仅提高了文字空间的实用性，还能让文字排版更加赏心悦目。

4. 运用行距优化版面

2. 保持行距的规律性

1. 合理设置行距

3. 利用行距强调重点

3.4.4 字体设计和字体选择

字体设计在设计中占据着举足轻重的地位。字体设计不仅深刻影响作品的内容传达，更能够通过其独特的视觉形式，传递出作品的氛围与意境，从而极大地丰富作品的视觉层次和感官体验。字体设计所拥有的表达性、美观性、识别性等诸多特点，使它能够为作品注入独特的气质，完善并提升作品的整体效果，进而在传达作品主旨的过程中发挥至关重要的作用。

与此同时，字体选择也是设计环节中不可或缺的一部分，其重要性不言而喻。恰当的字体选择能够奠定设计的基调，精准地传递设计者的意图和理念。一款合适的字体，可以让设计作品更具表现力，更能够吸引受众的注意力，增强设计的视觉冲击力。

在进行字体选择时，设计师需要综合考虑多个方面，以下建议供大家参考。

1. 字体结构和内容之间的关系

字体结构与内容之间的联系极为紧密，因为字体结构构成了文字内容表达的基础框架。字体结构涉及字高、字宽、字号、行距、字间距以及特殊字符的运用，这些因素共同作用于文字内容的理解难易程度和整体视觉效果。此外，字体本身也能为文字内容增添特定含义，比如通过字体的外观设计来传达激励、庄重或积极等情感。

在处理字体结构与内容关系时，应遵循以下 5 点原则。

(1) 确定合适的文字大小：文字大小应适中，既不过大也不过小，以确保读者能够轻松阅读。

(2) 选用恰当的字体：根据内容选择合适的字体，有助于提升整体视觉效果，并可用于区分不同的内容层次。

(3) 合理调整字体间距：字体间距应保持恰当，避免过大导致文字松散，或者过小造成文字拥挤。

(4) 避免过多字体混用：使用过多的字体可能会破坏设计的整体和谐与美感。

(5) 注重色彩搭配：恰当使用色彩可以增强文字的视觉吸引力，但使用过多的色彩也可能分散读者的注意力。

2. 使用几种字体

在设计中，字体数量应根据设计目的来定。设计师需要审慎地挑选版面所真正需要的字体种类。按照"少即是多"的设计原则，通常推荐使用 2~3 种字体，以保持设计的清晰与和谐。在特殊情况下，最多可选择 4~5 种字体，但需要确保它们之间的风格协调，以在整体设计中营造出美感。

3. 设计用途

字体设计在传达信息方面发挥着核心作用。在设计中，它不仅能增强视觉效果，吸引受众注意，还能有效地传达思想和强调重点。恰当的字体设计能为视觉作品增添独特魅力。经验丰富的设计师能从字体的形状和结构细节中，洞悉其适用的场景及合适的字号。为报纸、书籍等印刷品设计字体时，需要充分考虑印刷材质对效果的影响，并据此选定字体和字号。最好通过打印预览效果，确保所见即所得。而为屏幕媒介设计的字体则应力求简洁明了，以提高辨识度。

4. 审美趣味

在设计中，字体设计的审美趣味至关重要。它不仅能凸显或影响整个设计的风格和氛围，更对设计的成功与否起到决定性作用。通过精心选择字体，可以营造出特定的设计风格，使设计成为一种艺术表现形式，为观者带来引人入胜的视觉体验。同时，字体设计的审美也助于信息的传递，使观者更易理解设计背后的故事，从而实现设计目标。

在设计中，字体设计的审美趣味主要体现在以下 5 个方面。

(1) 字体的风格应与整体设计风格相契合，以形成统一的视觉感受。

(2) 字体的大小应适中，避免过小影响阅读，或者过大破坏视觉效果。

(3) 字体的衬线应恰当处理，避免过粗或过细影响美观性。

(4) 字体的形状应保持统一，无论采用浮雕、拉伸还是倾斜等变形方式，都应围绕某一主导风格进行。

(5) 字体的颜色应舒适宜人，避免过深掩盖文字或过浅影响阅读。

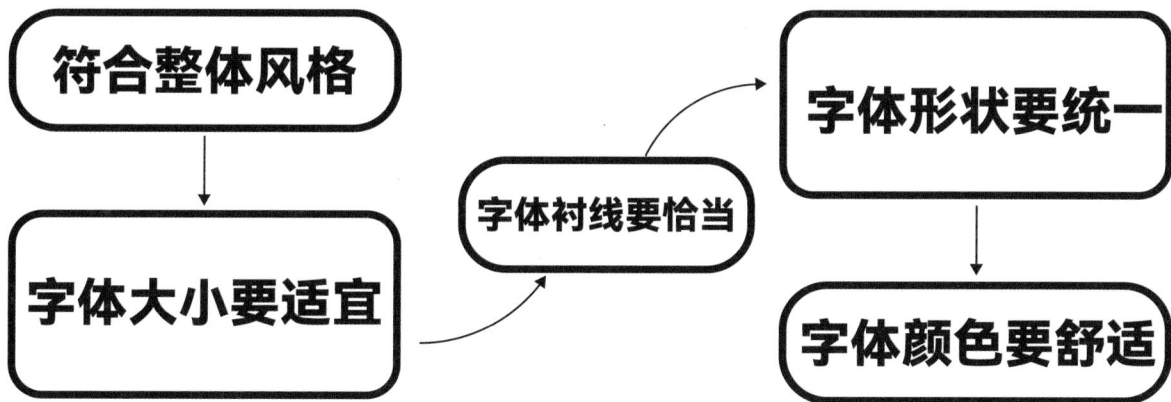

3.5 版式设计与应用

版式设计，也被称为"网格系统"，这一理念源于古希腊的几何学，是印刷与设计领域的一项基本原则。其历史可追溯至印刷术的初期，那时由于印刷机的技术限制，只能处理有限的字体与格式，因此，需要通过精心的版式设计来弥补这些限制。到了 20 世纪 50 年代初，凯瑟琳·梅森和玛丽·米勒引入了"模块化网格系统"的概念，将版式设计的原则融入设计实践中。该系统有效地整合了设计元素，使信息的传达更为高效。随后在 1960 年，卡尔·拉佩斯在《新视野》杂志上提出了"空间网格"的概念，他强调了空间网格在设计中的核心作用，并指出，以空间网格为基础进行设计，能更好地展现设计构思。

视角
德国最美的书
Perspektiven
Die Schönsten
Deutschen Bücher
2016 / 2017

美丽书——中德当代书籍设计展
Das schöne Buch — Aktuelle Buchgestaltung
aus China und Deutschland

随着印刷技术的不断进步，版式设计也得以改进和发展，进一步提升了其在印刷与设计中的应用价值。时至今日，版式设计已成为这两个领域中的关键原则之一，它不仅能帮助设计师高效传达信息，还能创造出具有强烈视觉冲击力的设计作品。

版式设计在海报、书籍、网页以及 App 界面等多个方面都有广泛应用，是设计中不可或缺的一部分。它综合了文本、形状、图像、颜色、尺寸等多种元素，共同构建出视觉效果的呈现。通过版式设计，图像能获得更为清晰的结构，同时，布局、色彩、结构、字体等细节也能被巧妙地运用来概括和表达设计主题。

运用版式设计能更高效地传递信息，使使用者能更轻松地理解设计内容。它能定义空间结构，使信息获取变得更为便捷，同时提升视觉效果，增强设计的吸引力。此外，在网络应用中，版式设计还能显著提高网页的可读性，帮助用户更快速地找到所需信息。

3.5.1 版式设计的基本原则

版式设计既是一门艺术，也蕴含着科学的精神。在当今网络高度发达的时代，视觉信息的传播媒介层出不穷，然而无论形式如何变化，其核心原则始终不变。为了设计出既符合审美标准又能确保阅读流畅的版式，我们必须遵循版式设计的基本原则，具体包括：便于阅读、平衡元素关系、创造视觉节奏、构建清晰秩序以及保持重复与统一。这些原则共同构成了版式设计的基石，确保信息能够有效传达，同时带给读者愉悦的视觉体验。

《美丽书 - 中德当代书籍设计》展览画册版式中的网格

1. 方便阅读

"方便阅读"在版式设计中占据着举足轻重的地位。通过精心设计的版式，我们可以帮助读者更轻松、高效地理解设计内容，进而提升阅读体验和设计品质。优秀的版式设计能够巧妙调整文本内容的展现方式，使之更为精炼、明晰，从而让读者更易领会文本意图。同时，出色的版式还能为文章增添吸引力，提高其可读性。

在版式设计中，实现"方便阅读"可以通过以下 6 点来达成。

(1) 选用合适的字体：采用如宋体、黑体等易于辨认的字体，有助于读者更快地接受信息。

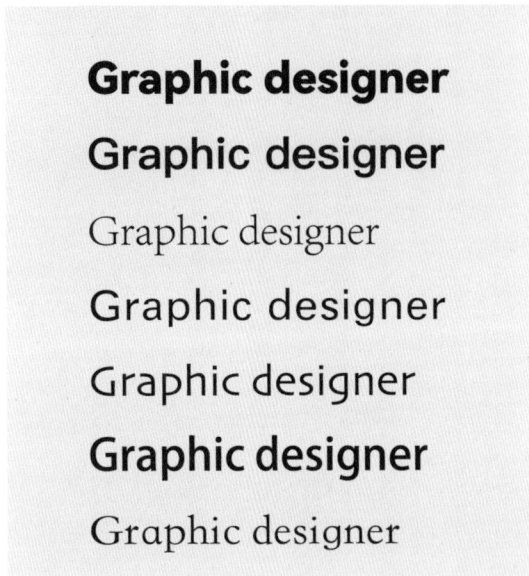

选用合适的字体

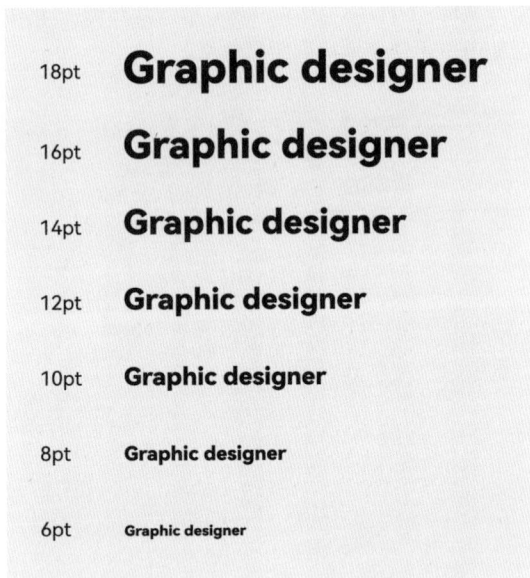

确定恰当的字号

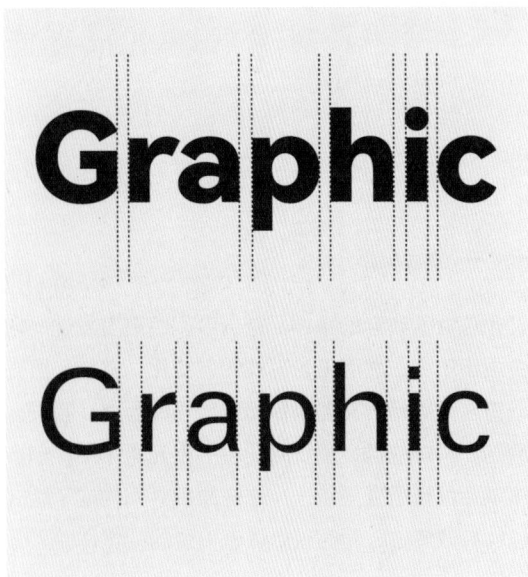

调整适当的字间距

(2) 确定恰当的字号：字号要适中，既不过大也不过小，以确保读者能够舒适地阅读。

(3) 设定合理的行距：适当的行距设置能够使文本更加清晰易读，呈现出良好的条理性。

(4) 进行美观的排版：通过合理的排版布局，提升文本的整体视觉效果，使其更便于阅读。

(5) 调整适当的字间距：合理的字间距能够让文本更易辨识，进而增强阅读体验。

(6) 巧妙运用模块分区和图片：通过模块分区和图片的辅助，可以使文本内容更加直观易懂，便于读者理解。

设定合理的行距

巧妙运用模块分区和图片

2. 兼顾关系

"兼顾关系"在版式设计中是指，设计师需要细致地调整各个元素之间的相互关系，以创造出更加出色且引人入胜的视觉效果。这要求设计师全面考虑元素的位置布局、尺寸比例、对齐规则以及色彩选择，并探索如何将它们有机融合，从而构建一个紧密联系、富有内涵的视觉整体。通过精心策划与处理，版式中的每个元素都能发挥最大效用，共同传递设计的核心理念与美感。

作为一名设计师，在进行版式设计时，为了妥善处理设计元素间的"兼顾关系"，应当着重关注以下 5 个方面。

(1) 根据内容的重要性，合理安排设计元素的主次位置，确保关键信息得到突出展示。

(2) 在整体布局中，要确保设计元素之间形成良好的搭配，并维持视觉上的一致性，以增强版面的整体感和协调性。

(3) 精确把握设计元素的比例关系，包括文字大小、图片尺寸等，以保证各元素之间的比例和谐统一，避免视觉上的失衡。

(4) 注重设计元素之间的间距设置，确保它们之间的距离既不过于拥挤，也不过于疏远，从而营造出舒适和谐的视觉效果。

(5) 关注设计元素之间的视觉衔接，通过巧妙的过渡和呼应，使各个元素在视觉上更加统一，增强版面的整体美感。

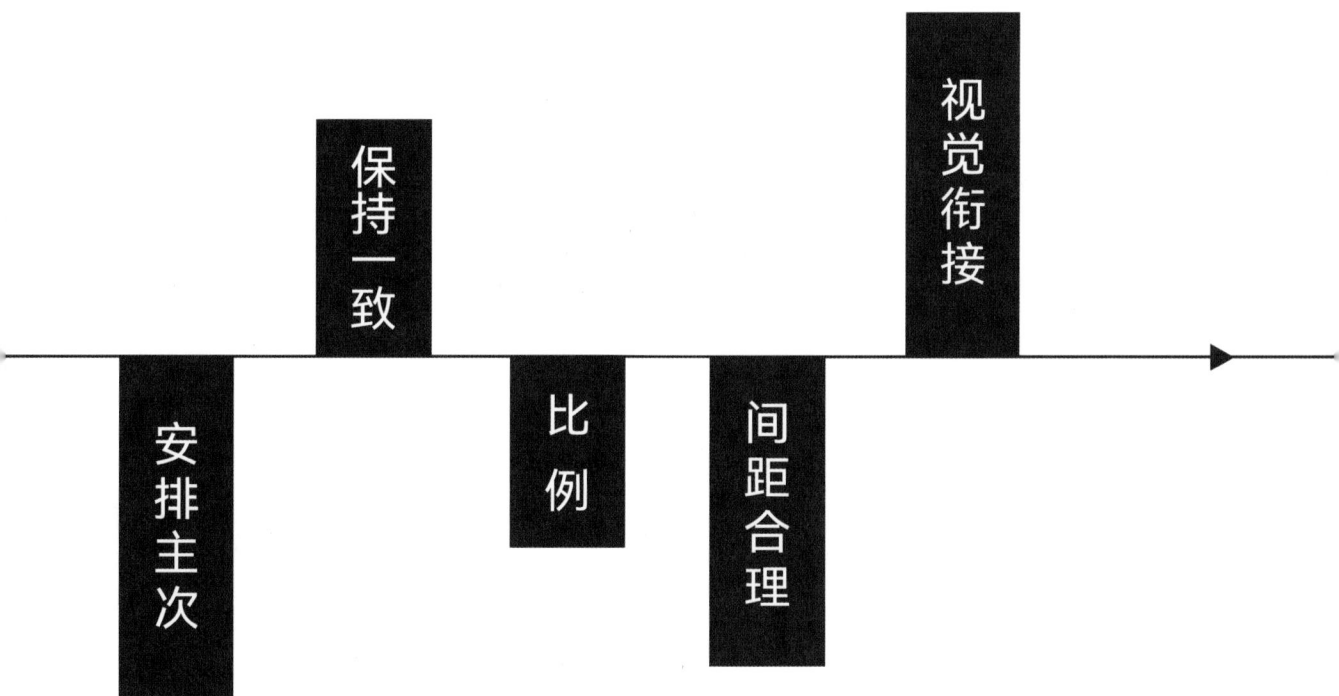

3. 制造节奏

"制造节奏"在版式设计中指的是,通过巧妙运用不同的版式元素(如文字、图像、空间、颜色等)和排版技巧,来创造一种视觉上富有节奏感的体验。举例来说,设计师可以通过调整字体的大小、间距和对齐方式来增强或减弱文本的视觉冲击力;通过改变图片的位置、尺寸和角度来调整图片的视觉强度;通过调整颜色的深浅、色块大小和形状来影响色彩的感知强度,从而营造一种和谐而富有动感的节奏感受。

在版式设计中,我们可以采用以下 6 种方法来制造节奏。

(1) 构建版式框架:为版面设计搭建一个结构清晰的框架,包括标题栏、主标题、正文等,并将这些元素以有机的方式结合起来,形成一个条理分明且富有层次感的版式布局。

1. 构建版式框架

2. 统一排版规范

4. 巧妙运用色彩

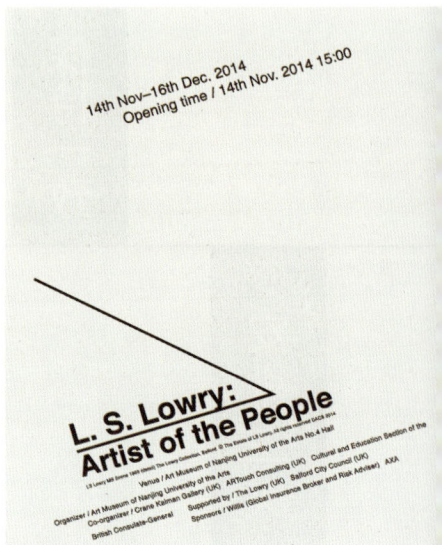

5. 线条的合理使用

(2) 统一排版规范：采用统一的字体、字号和行距等排版规范，确保版面整体呈现美观且协调的视觉效果。

(3) 恰当运用空隙：合理利用空隙来突出文字内容，同时为版面设计增添动态感，使整体布局更加富有节奏和韵律。

(4) 巧妙运用色彩：通过巧妙搭配和运用不同的色彩，营造出更为丰富且引人入胜的节奏感受，从而提升版面的视觉吸引力。

(5) 线条的合理使用：线条的有效运用可以营造出多样的节奏感，增强版面的层次感，并清晰地区分不同的设计元素，使整体布局更加有序且易于阅读。

(6) 图形的恰当融入：图形元素的恰当使用可以使版面更加生动有趣，同时丰富节奏感的表达，为观者带来愉悦的视觉体验。

3. 恰当运用空隙

6. 图形的恰当融入

4. 建立秩序

"建立秩序"在版式设计中指的是将设计元素依照一定的模式或规律进行排列，以达到统一的视觉效果。这一过程中，文字、图片、图标、线条等元素被有序地放置在结构框架内，从而呈现更加清晰和有条理的外观。

在版式设计中，"建立秩序"可以通过遵循以下 7 个基本原则来实现。

(1) 遵循层次结构：通过巧妙运用元素的大小、空间和视觉重量，创造出丰富的层次感。

(2) 尊重核心重点：明确设计的主要内容和目的，并以其为中心进行整体的排版布局。

(3) 利用对比效果：通过大小、颜色、空间、字体和密度等元素的对比，突出主要信息，引导读者的视线。

1. 遵循层次结构

2. 尊重核心重点

3. 利用对比效果

2017年9月5日——10月7日
开幕：2017年9月5日下午3点
第2展厅＋公共空间
南京艺术学院美术馆，南京，中国

艺术家：范晓、姜吉安、金阳平、康学儒、李继开、李文旻（
田芒子、任瀚、王彤（瑞典 Sweden）、伍伟、吴啸海、于艾君、

策展：于艾君

A New Collection of

September 5, 2017 – October 7, 2017
Opening time：September 5, 2017 15:00
Hall 2 and Public Spaces
Art Museum of Nanjing University of the Arts, Nanjin

Artists: Fan Xiao、Jiang Ji'an、Jin Yangping、Kan
Liu Ren、Ma Guofeng、Tian Mangzi、Ren Han、Wan
Zhang Guangqi

Curator：Yu Aijun

展览《素描新辑》海报文字信息版式设计

(4) 保持比例协调：合理调整内容的比例，确保整体设计的平衡与美观。

(5) 尊重空间布局：有效利用空间来划分和组织内容，使设计更加简洁明了。

(6) 合理使用边框：通过边框来区分不同的内容区域，增强设计的清晰度和简洁感。

(7) 字体搭配和谐：巧妙搭配不同大小、字重和字形的字体，提升整体设计的美感。

使用良好的比例

5. 重复统一

"重复统一"是设计中运用相同设计元素（如字体、颜色、形状和比例）以呈现一致视觉感受的手法。这些元素可以在不同页面上重复使用，或者通过相互间的协调配合来实现。遵循"重复统一"原则的设计作品往往更加统一、完整、简洁，从而提升设计的吸引力并获得更积极的反馈。

在版式设计中，通过以下 4 点可以实现"重复统一"的原则。

(1) 明确设计需求：进行版式设计时，首要任务是明确设计的内容、目的及客户需求，从而确定合适的版式展现方式。

(2) 统一字体风格：字体统一在版式设计中至关重要。应尽量选用同一字体系列，并确保字体的大小、粗细和颜色保持一致，以维护整体美观与和谐统一。

(3) 统一图片风格：在版式设计中，图片的统一性同样不容忽视。应尽量选择同一系列的图片，特别是要保持色彩和尺寸的一致性，以增强整体视觉效果和统一性。

(4) 统一版式布局：版式布局的统一也是版式设计的关键。应尽可能采用统一的文字和图片排版、布局规则，以及保持色彩和尺寸的一致性，从而确保整体设计的美观与协调。

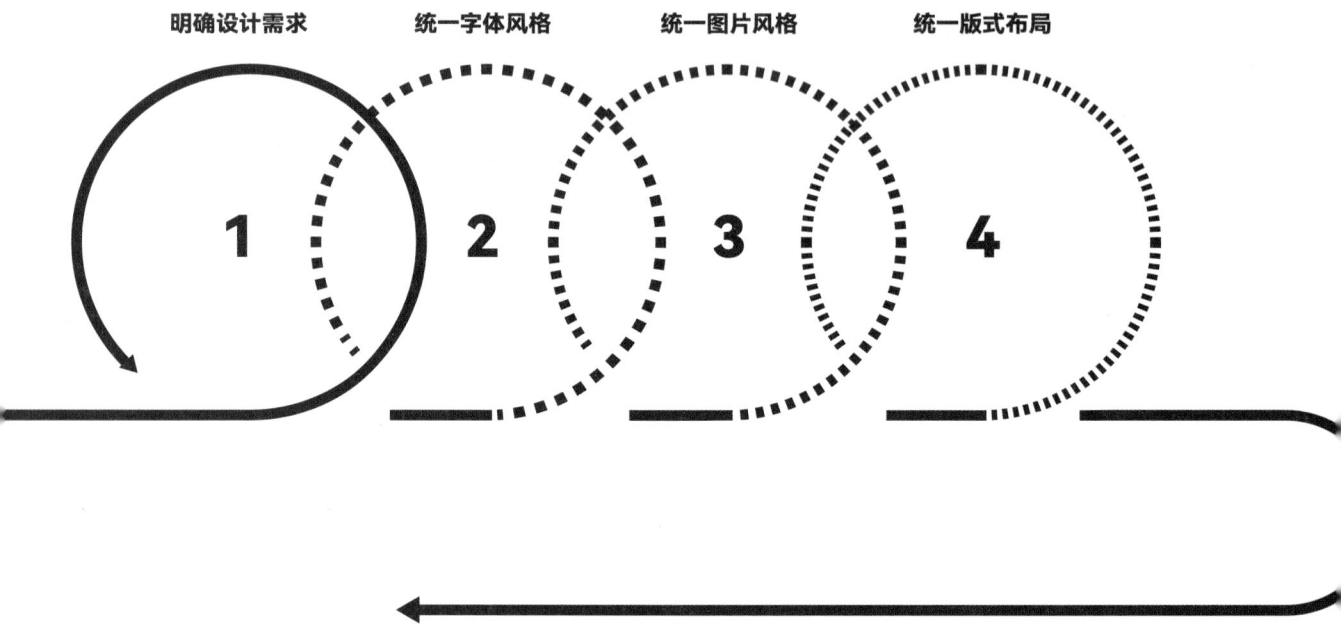

明确设计需求　　　统一字体风格　　　统一图片风格　　　统一版式布局

1　　**2**　　**3**　　**4**

3.5.2 网格的应用

"网格的应用"指的是设计师在版式设计中采用网格系统来辅助文本和素材的组织，以确保视觉空间的和谐统一。网格不仅能够帮助设计师有序地安排和组织各个元素，还能为整个设计增添层次感和优化空间布局。通过网格，设计的一致性得到显著提升，各设计元素能够保持统一的大小和比例，从而使页面更加悦目。

(1) 利用网格确立版式：借助网格来确立版式，不仅能保障版式的一致性，还能为视觉元素提供更大的灵活性和多样化的结构选择。

(2) 利用网格布局元素：网格可以用于规划图像、文字、标题、按钮等视觉元素的布局，从而构建出条理清晰的版式体系。

(3) 利用网格优化版式：在设计进展中，网格可以作为调整版式的依据，确保设计的整体性和舒适度。

(4) 利用网格构建版式层次：通过网格，设计师能够创造出多层次的版式效果，使空间感更加立体，视觉节奏更为流畅。

(5) 利用网格提升受众体验：网格有助于提升受众的体验，通过强化元素间的结构关系，提高内容的可读性。

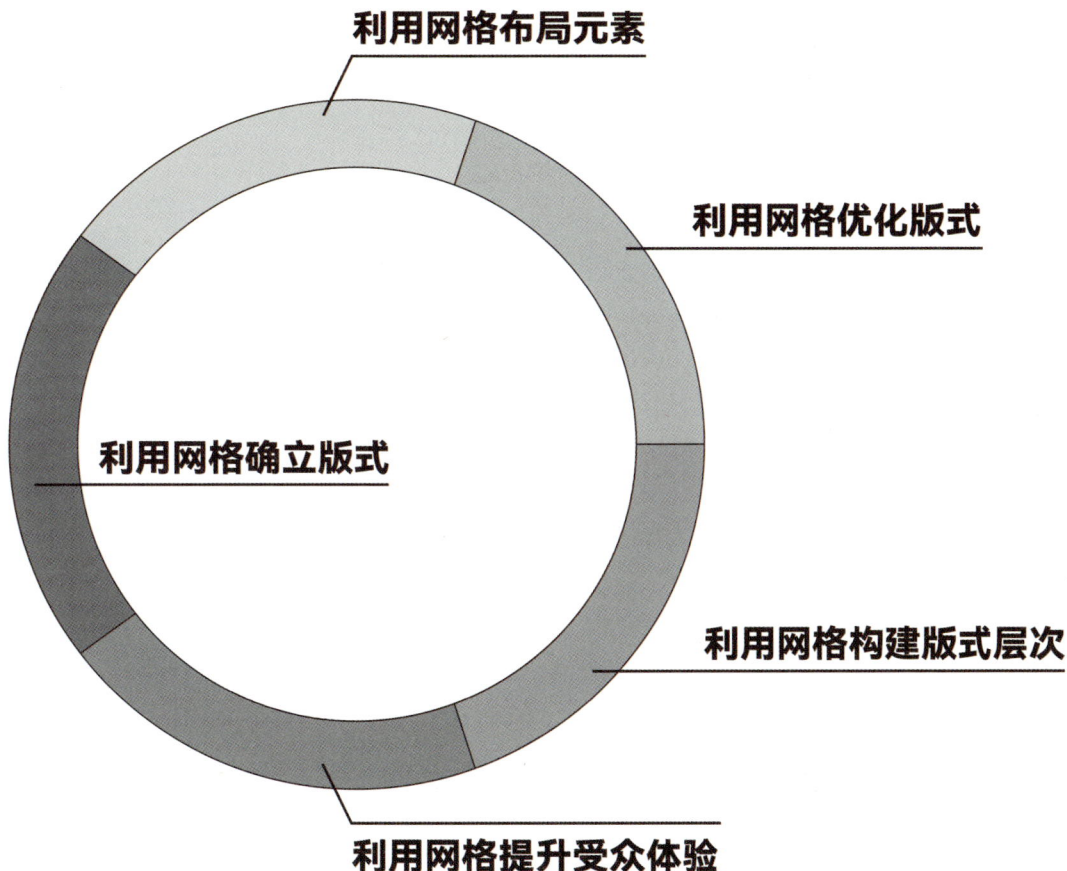

利用网格布局元素

利用网格优化版式

利用网格确立版式

利用网格构建版式层次

利用网格提升受众体验

3.5.3 边距设定

"边距设定"在版式设计中指的是为图像或文本元素设定上、下、左、右 4 个边缘的空白空间尺寸。合理的边距设定既有助于突出重点，又能营造出美观的版面效果。

纸张面积

版面内容

页边距范围

以下是关于"边距设定"需要注意的 5 点。

(1) 根据排版内容选择适当的边距。通常，段落文字和表格的排版较为紧凑，而图片与段落文字之间应保持一定的距离。

(2) 边距的设置应统一，避免不协调的现象，同时边距的大小要适中，既不宜过大也不宜过小，以确保整个排版空间的和谐统一。

(3) 边距与字号之间应保持一定的比例关系。一般来说，字号越大，边距可以相应设置得越宽；反之，字号越小，边距可以相对窄一些。

(4) 在进行排版时，应将边距设置在文字的外围，以避免文字显得过于拥挤。同时，还需要考虑文字的行距，以打造更加舒适的视觉效果。

(5) 根据内容的不同，灵活调整边距的大小。某些内容适合采用较大的边距，而其他内容则可能更适合较小的边距，这样可以使整个排版更加美观。

3.5.4 出血线

"出血线",又称"裁切线",在版式设计中指的是印刷品边缘外的一道空白线。其作用是将版面的文字、图像或其他内容扩展至这条线以外,以确保在印刷过程中版面内容不会被意外切割或拉伸。出血线的宽度取决于所使用的印刷机型,一般而言,出血线宽度约为 3mm,但有时也可能采用约 1mm 的宽度。确定出血线的位置同样重要,设计师需要根据印刷机型来精确定位,以保障印刷时版面内容的完整性。

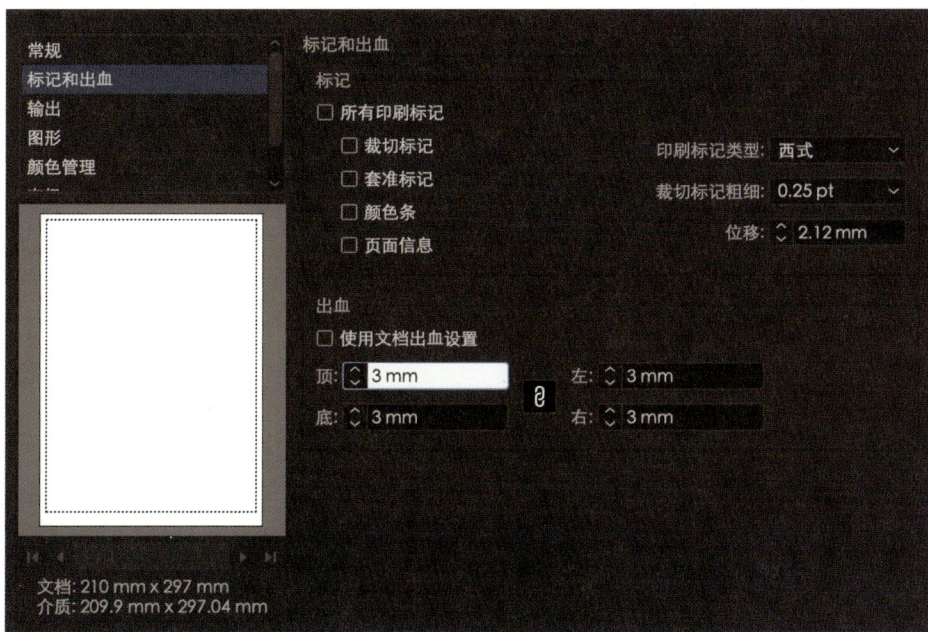

软件中的出血线设置

在设置出血线时,需要注意以下 3 点。

(1) 根据印刷技术和印刷机器的特性来设定出血线的宽度。尽管印刷机器有能力打印至纸张边缘,但为了保持设计的美感,通常会在边缘预留一些空间,这便是出血线存在的意义。

(2) 出血线的宽度应根据版面元素的位置进行调整。若文字或图片靠近版面边缘,建议设置较宽的出血线;而当这些元素位于版面中心时,可以选择较窄的出血线。

(3) 出血线的宽度还需要考虑文字和图片的尺寸。大尺寸的文字或图片应搭配较宽的出血线,而小尺寸的元素则可配以较窄的出血线。

3.5.5 视觉中心

"视觉中心"与物理中心不同，它指的是在版式设计中，重要的视觉元素所聚集的区域。这些元素可以是形状、颜色或图案，也可以是更为复杂的成分，如文字、图像或空间结构。在设定"视觉中心"时，设计师常采用黄金分割线法则，即将其置于画面的大约 3/4 处。在实际的视觉设计中，可以利用色彩、字体、图形等元素，通过强烈的视觉冲击来打造视觉中心。视觉中心是设计师在创作平面作品时的关键技术，能有效引导观者的目光，帮助其更深刻地理解设计理念，从而提升设计的可读性和可视性。

设计师在确定视觉中心时，应遵循以下基本原则。

(1) 突出重点：视觉中心应能吸引观者的注意力，因此必须成为布局中的焦点，明显突出。

(2) 合理利用空间：视觉中心应巧妙地运用空间，以最优化的方式组织版面，使设计布局更为整洁美观。

(3) 平衡节奏感：视觉中心应调节版面节奏，使布局更为紧凑，进而凸显重点，并增强视觉冲击力。

(4) 丰富设计元素：视觉中心应融入更多的设计元素，以增加布局的层次感和版面的多样性。

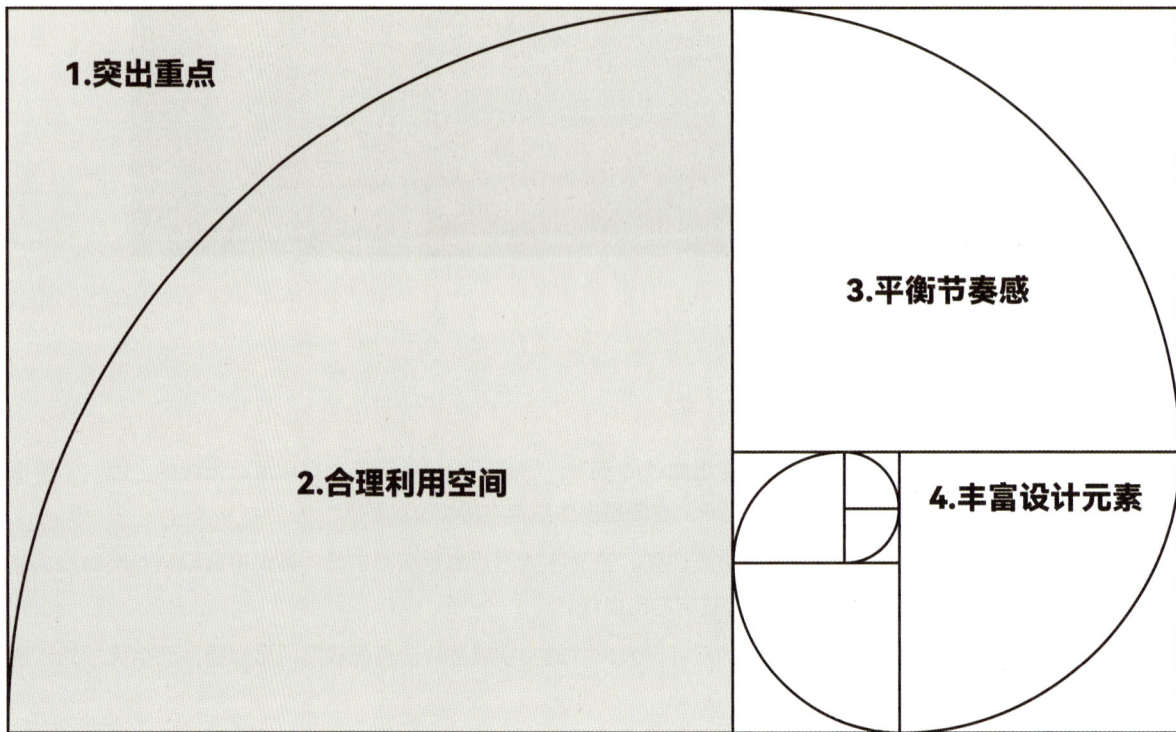

3.5.6 版面重心

版面重心是指在版式设计中，通过文字、图片、空间和元素的精心组合，实现视觉中心点的均衡，以创造出优秀的视觉效果。这种设计技巧能够帮助设计师调整版面的视觉重心，使其更加集中，从而提升设计的整体美感。

为了实现版面重心的均衡，设计师在创作过程中必须充分考虑文字、图片和空间 3 个维度。具体来说，在文字设计方面，需要关注字体选择、字号大小、颜色搭配以及文字在版面中的位置，以确保文字元素在视觉上达到和谐统一；在图片设计方面，应着重考虑图片的尺寸、比例和放置位置，以形成引人入胜的视觉效果；在空间布局上，则需要注意空间的合理分配、节奏的把握以及不同元素之间的位置关系。通过这些细致入微的调整，设计师可以塑造出既美观又富有层次感的版面设计。

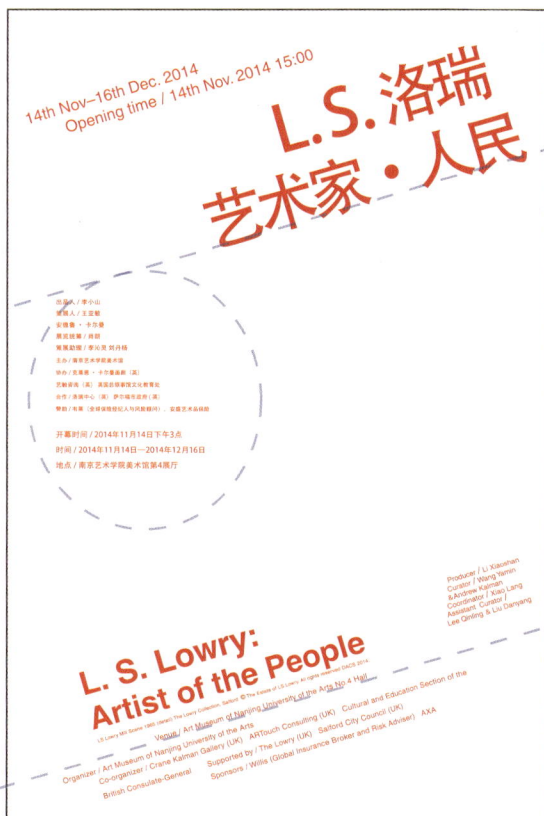

展览《L. S. 洛瑞 - 艺术家人民》海报版面重心分析

3.5.7 视动线

"动线"这一术语起源于建筑设计领域，它描述的是人在特定空间内可能的移动路径。相应地，"视动线"在视觉设计中指的是一种视觉引导线索，其作用是引导观者按照设计师的意图浏览版式，从而更有效地传递信息并提升用户体验。

视动线的构建可以借助多种设计元素，如颜色、线条、形状、质感和大小等。这些元素的巧妙运用能够让观者更容易地跟随版式设计的意图浏览，同时创造出更出色的视觉效果。

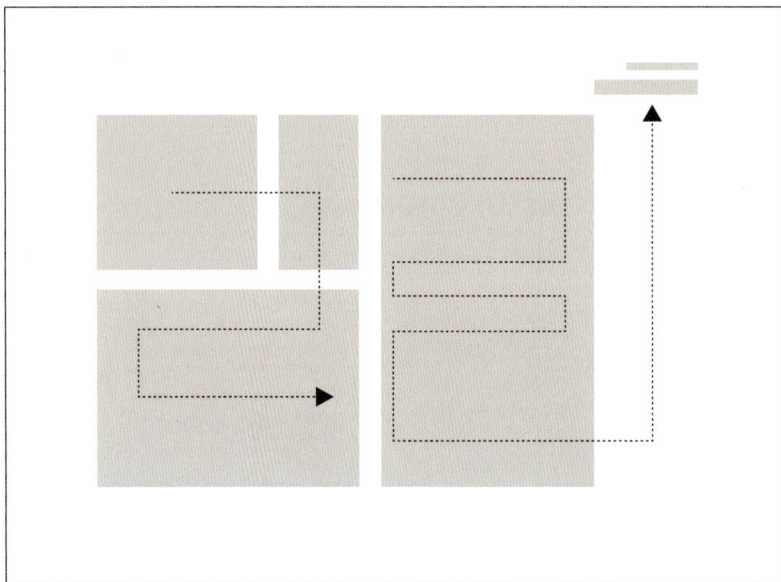

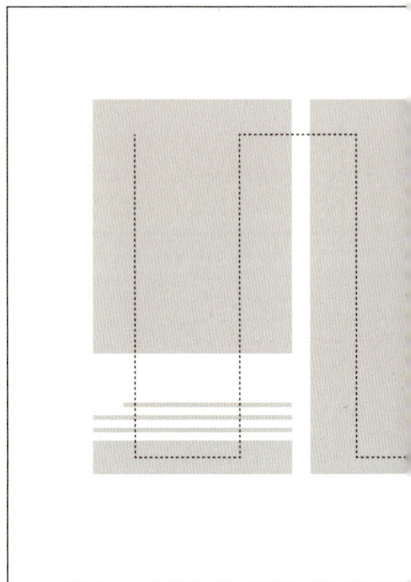

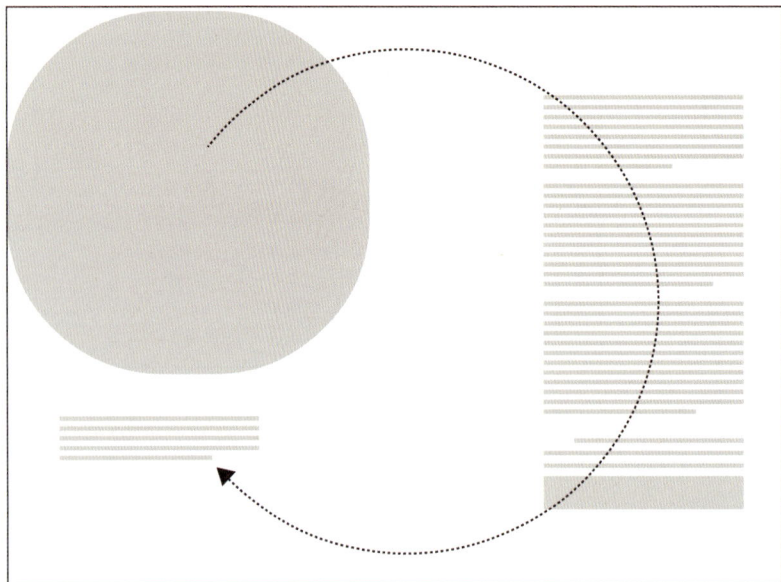

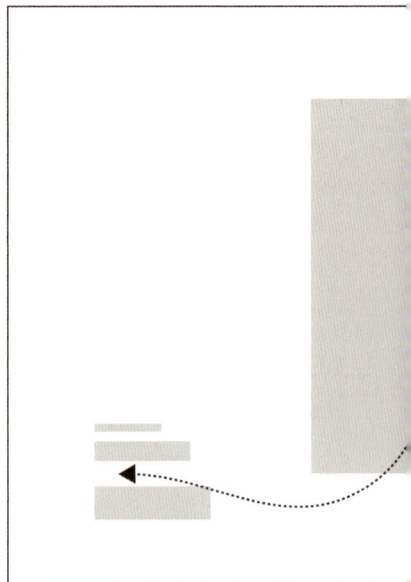

从总体上来看，视动线可以归纳为直线和曲线两大类。直线型的视动线有助于按照预设的方式排列设计元素，显得井然有序；而曲线型的视动线则能使观者在浏览内容时感到更加自然流畅，同时协助设计师将用户的注意力引导至关键信息上。

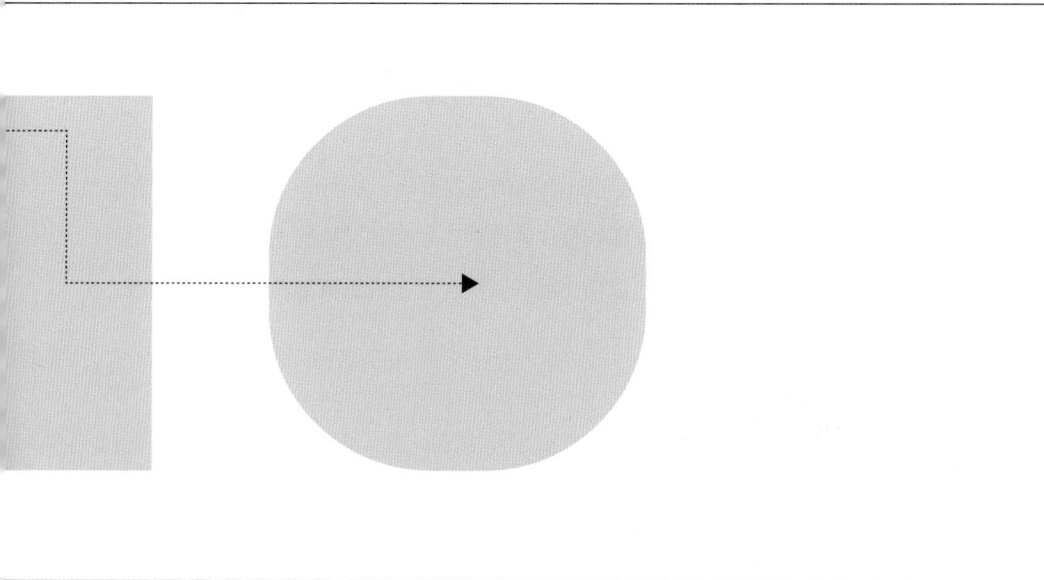

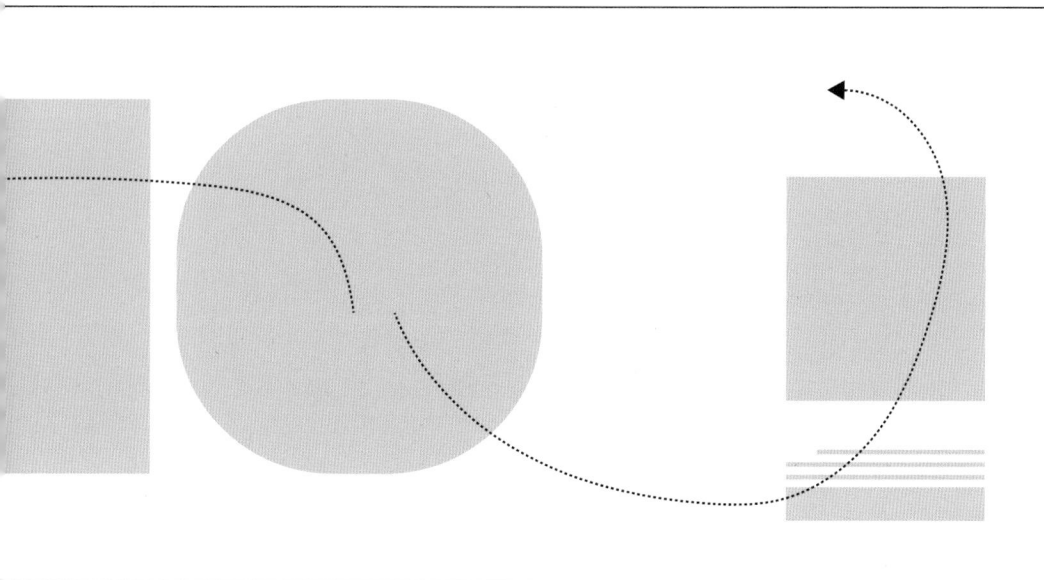

3.6 图片的选择和设计

图片的选择与设计在设计流程中具有举足轻重的地位。图片是设计师将设计或品牌理念转化为可视化形式的理想手段，它能够更直观地传达概念，触发观者的情感共鸣，进而提升设计的影响力和深层意义。此外，图片还能协助设计师更准确地展现品牌或产品的独特属性，并突出不同的空间感，以满足客户的多样化需求。通过精心挑选与搭配图片，设计师可以赋予设计更鲜明的个性和强烈的视觉冲击力，最终实现设计的预期目标。

3.6.1 图片的选择原理

设计师在设计过程中，选择图片时需要遵循以下 4 个原则。

(1) 图片质量：必须考虑图片的清晰度、色彩饱满度、细节展现和亮度适宜性，因为这些因素将直接影响设计的最终呈现效果。

(2) 图片主题：应选择与设计内容紧密相关的图片，以确保设计作品的主题鲜明，从而增强其吸引力和说服力。

(3) 图片版权：务必关注图片的版权信息，避免使用存在版权争议的图片，以预防可能的法律纠纷。

(4) 图片尺寸：所选图片应根据设计的具体尺寸来挑选，以防止图片因拉伸而出现失真或质量下降的情况。

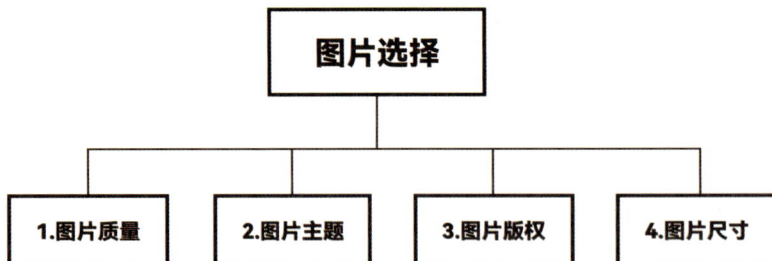

1. 素材网站

"素材网站"对于设计师而言具有极高的实用价值。通过这类网站，设计师能够迅速找到符合设计需求的素材，从而节省宝贵的设计时间。此外，素材网站上提供的丰富图片资源还能激发设计师的创意灵感，助力他们打造出更出色的设计作品。

以下是关于设计师如何有效利用素材网站的 5 点建议。

(1) 关注并订阅素材网站：设计师可以积极关注各类素材网站，及时获取最新设计资源的推送信息。

(2) 高效搜索所需资源：利用素材网站提供的搜索功能，设计师可以根据素材的类别、格式、大小等属性进行快速检索，以便迅速定位到所需的设计素材。

(3) 利用推荐素材功能：素材网站通常会根据设计师的历史浏览记录推荐相关素材，这有助于设计师节省搜索时间，更快地找到符合自己需求的素材。

(4) 注意素材下载协议：在下载素材时，设计师应仔细阅读网站的使用协议，确保所获取的素材可用于商业用途，以避免潜在的版权纠纷。

(5) 积极参与素材分享：如果设计师有一些有价值的素材，不妨在素材网站上分享出来，与其他设计师交流学习，共同提升设计水平。

2. 管理使用自备素材

管理与使用自备素材，对于设计师而言具有不可忽视的价值和意义。

(1) 有效的自备素材管理能够协助设计师更高效地组织和利用素材，避免素材的重复利用，同时便于设计师迅速定位所需素材，从而提升整体的设计效率。

(2) 良好的自备素材管理还有助于设计师妥善保存各类素材，确保设计师能够在任何时间、任何地点便捷地访问这些资源。

(3) 自备素材的管理能够增强素材的安全性，为素材提供保护，防止其受到任何损坏，确保未来设计中的可持续利用。

当前，网络上可寻找到众多设计素材管理软件，这些工具无疑提供了极大的便利。然而，若缺乏归类整理素材的意识和习惯，即便使用再先进的软件也难以发挥其效用。设计过程中的归类与整理，其实通过基础的文件夹管理即可实现，关键在于持之以恒。

3.6.2 构建图片和主题的关系

以作者多年的工作经验来说，设计流程可以归纳为以下几个步骤：首先，搜集与设计主题相关的图片和信息，深入理解其内涵。其次，根据主题的特点，联想出相关的视觉元素。接着，制作一张符合主题特点的图片，这涉及配色、形状、线条和文字等多个方面的考量。在这个过程中，需要特别注意图片和文字的统一性，确保它们能够和谐共存，从而达到最佳的设计效果。

在设计中，几个常用的方法路径。

(1) 从视觉形象中寻找灵感：优秀的图片往往能为设计主题提供丰富的灵感，因此，可以将视觉形象作为创意的源泉。

(2) 融合图片与主题：通过将图片与设计主题紧密结合，可以凸显主题的核心意义，使设计更具说服力。

(3) 精细调整图片：对选用的图片进行细致的调整，以使其更贴近设计主题，进而提升整体的视觉效果。

(4) 以图叙事：选择能够直观表达主题内容的图片，有助于观者更快速地理解设计的中心思想。

(5) 融入动态元素：将静态图片与动态设计元素相结合，不仅能够为设计增添活力，还能增强其视觉冲击力。

从视觉形象中寻找灵感　　以图叙事

融合图片与主题　　精细调整图片　　融入动态元素

1. 赋予图片意义

赋予图片意义，不仅能够提升设计师的作品吸引力，更好地满足客户需求，还能将视觉信息转化为富含深意的图像，引导观者领略更深层的意义，从而增强设计的感染力。此外，通过为图片赋予意义，设计师能够传达自身的深刻思考，帮助客户更轻松地理解设计理念，进而提升设计的整体价值。

具体而言，赋予图片意义可以通过以下几个方法实现。

(1) 深入研究目标受众：在设计之初，设计师应充分了解目标受众的兴趣、偏好和需求，以确保所设计的图片能够有针对性地传达信息，与受众产生共鸣。

(2) 精心挑选图片元素：设计师在选择图片元素时，应综合考虑色彩、纹理、形状和动态等视觉因素，以及它们共同构成的整体视觉效果，确保所选元素能够准确传达设计意图。

(3) 确保图片质量：选用正确的图片格式和高分辨率的图片，可以保证图片的清晰度，进而提升设计的整体质感，使图片更具表现力。

(4) 创意组合图片元素：设计师可以尝试将不同的图片元素进行创意性的组合，通过元素的融合与碰撞，产生新的视觉语言和意义。

(5) 巧妙运用文字注解：在图片中加入恰当的文字注解，可以为图片增添额外的信息层，引导观者更深入地理解图片所传达的意义，使设计更加贴近主题。

1. 深入研究目标受众

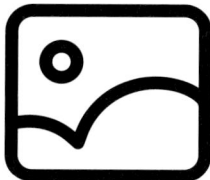

2. 精心挑选图片元素

3. 确保图片质量

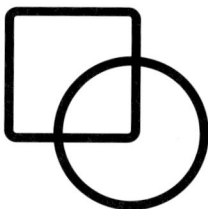

4. 创意组合图片元素

5. 巧妙运用文字注解

2. 运用互文性关联

在图片设计过程中，巧妙地运用"互文性关联"能够使图片更具吸引力，并帮助观者更深刻地理解图片中的内容。通过融入不同的设计元素，图片会显得更为生动有趣。例如，我们可以结合文字和图形来共同表达一个概念，或者利用色彩和形状的巧妙搭配来突出某个特定元素。这样的设计手法不仅强化了图片与内容之间的联系，还增强了视觉冲击力，使画面更具黏性和吸引力。

在实际操作中，可以从以下几个方面来实现"互文性关联"。

(1) 统一主题：在设计图片时，选定一个核心主题，并确保整个设计中贯穿这一主题，从而保持整体的统一性和协调性。

(2) 色彩搭配：利用色彩之间的关联来营造特定的氛围或情感。例如，将温暖的橙色与冷静的蓝色相结合，可以创造出一种既温馨又宁静的视觉效果。

(3) 形状呼应：在设计中重复使用相似的形状，以建立视觉上的联系和节奏感。例如，通过在不同位置使用圆形或三角形等形状，可以形成视觉上的统一和呼应。

(4) 技巧结合：综合运用各种设计技巧，如渐变效果、阴影处理、透视变换等，以增强图片的层次感和动态效果，从而形成更为丰富和引人入胜的视觉效果。

3. 寻找意象性关联

意象性关联是设计师在图片设计过程中的一项关键技术，它能让观者迅速联想到某个具体的概念、场景或事件，从而引发共鸣。通过意象性关联，设计师能够展现自己对概念或场景的独特理解，并激发观者的情感共鸣。这种技巧有助于更准确地传达设计师的意图，使设计作品更具感染力和影响力。

在实际操作中，可以从以下 5 个方面来实现"意象性关联"。

(1) 借鉴与模仿：通过研究其他成功的图片设计案例，模仿其结构、配色和构图等元素，汲取灵感并融入自己的设计中。

(2) 元素融合：将不同的设计元素巧妙地组合在一起，创造出新的意象关联。例如，将文字与图片、色彩与形状等有机结合，形成独特的视觉效果。

(3) 引用经典：借助有意义的诗句或名言，为图片设计增添文化内涵和深度，从而引发观者的共鸣。

(4) 设定主题：为图片设计确立一个明确的主题，并围绕该主题构建相关的元素和意象。例如，以"科技感"为主题的设计可以融入计算机、机器人等科技元素，营造出强烈的科技氛围。

(5) 发挥想象力：想象力是设计的源泉。通过充分发挥想象力，设计师可以为图片设计注入更多创意和灵感，创造出独具匠心的作品。

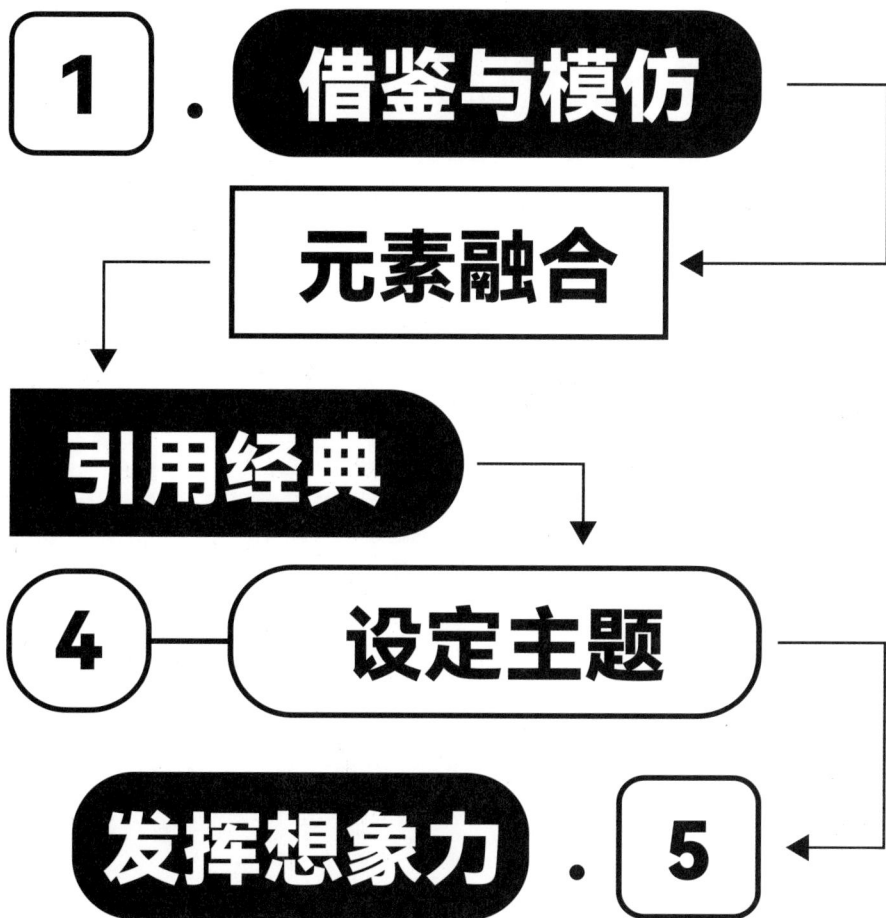

```
1 .  借鉴与模仿
        元素融合
引用经典
        4  设定主题
发挥想象力 .  5
```

抽象性视觉关联是设计师在设计过程中，利用色彩、形状、线条和图案等视觉元素来传达抽象概念的一种设计手法。这种手法能够帮助观者更直观地理解抽象概念，从而更深入地体会图片的主题、情感和意义，无须过多解释。

在实际操作中，设计师可以从以下几个方面来实现"抽象性的视觉关联"。

(1) 基于形状的抽象关联：通过将形状分解为线条、面、圆形等基本元素，并巧妙地组合它们，可以形成具有抽象意义的视觉关联。

(2) 利用颜色构建抽象意境：颜色是视觉设计中至关重要的元素。设计师可以通过调整颜色的饱和度、明度以及组合不同的颜色，来营造抽象的视觉氛围和情感。

(3) 通过比例创造抽象效果：比例的变化可以影响视觉关联的复杂性和感知方式。设计师可以通过调整元素的大小比例，来构建具有抽象美感的视觉关系。

(4) 空间布局中的抽象表达：在空间中巧妙地布置不同的图形元素，可以形成富有层次感和动态感的抽象视觉关联，引导观者进行想象和解读。

(5) 动态关系中的抽象呈现：通过改变图片中元素的动态关系，如运动轨迹、速度感等，可以在静态的图片中创造出抽象的动态视觉关联，增强设计的生动性和吸引力。

形状

颜色 比例

空间

动态

3.6.3 如何对图片进行选择性裁切

图片的选择性裁切作为一种视觉裁剪技术，是设计师不可或缺的技能。它有助于观者更迅速地把握图像的核心信息。通过这项技术，设计师能够整理、突出和分类视觉信息，从而更顺畅地传达设计理念。此外，它还协助设计师优化视觉排版，更清晰地展现设计思路。最终，通过提升图片质量，使画面更加精致细腻，进而吸引更多观者的目光。

在实际操作中，设计师可采用以下 6 种方法来实现图片的选择性裁切。

(1) 矩形裁切：通过调整矩形的 4 个角，裁去多余部分，以达到调整图片尺寸和突出重点的效果。

(2) 多边形裁切：在矩形裁切的基础上，利用多边形裁切工具，通过更多边的调整，实现更精确的裁剪，满足特定需求。

(3) 椭圆裁切：通过拖动椭圆形的控制点，调整其形状，从而裁剪出所需的椭圆形区域，为图片增添动态感。

(4) 马赛克裁切：利用马赛克裁切工具，通过拖动小方块来调整图片尺寸和局部细节，实现创意性的裁剪效果。

(5) 智能裁切：借助智能裁切功能，运用快速选择工具，在图片上精准抓取所需部分，高效完成尺寸调整和内容选择。

(6) 路径裁切：使用路径工具，在图片上自由绘制裁切区域，实现个性化的裁剪需求，展现设计师的独特创意。

矩形裁切

多边形裁切

椭圆裁切

马赛克裁切

智能裁切

路径裁切

3.6.4 图片与图片的组合

图片与图片的组合是设计中的常用手法。通过这种组合，可以增强图片的吸引力和可视性，帮助观者更深入地理解事物与概念。将不同的图片进行组合，设计师能更有效地传达信息，突出关键观点，使内容更具吸引力。在组合图片时，设计师还能巧妙运用色彩、线条和空间等元素，以表达设计理念，营造出更具感性的视觉效果。

在实际操作中，可以采取以下 5 种方法来实现图片与图片的组合。

(1) 颜色搭配：颜色是图片设计的关键要素，通过合理的颜色搭配，能够有效传达设计的情感与内涵。

(2) 排列组合：通过巧妙的排列组合方式，可以将多张图片有机融合，从而展现出更丰富多样的设计形式。

(3) 结构布局：结构布局涉及图片在设计中的排列方式，合理的布局能帮助设计师有效组织图片，更明确地表达设计主题。

(4) 技巧运用：设计师可以运用各种创意技巧，以不同方式组合图片，使画面更加生动和引人入胜。

(5) 空间构成：通过精心设计的图片布局，结合设计师的创意与灵活性，能够有效凸显图片的内在意义，使整体设计更加生动有趣。

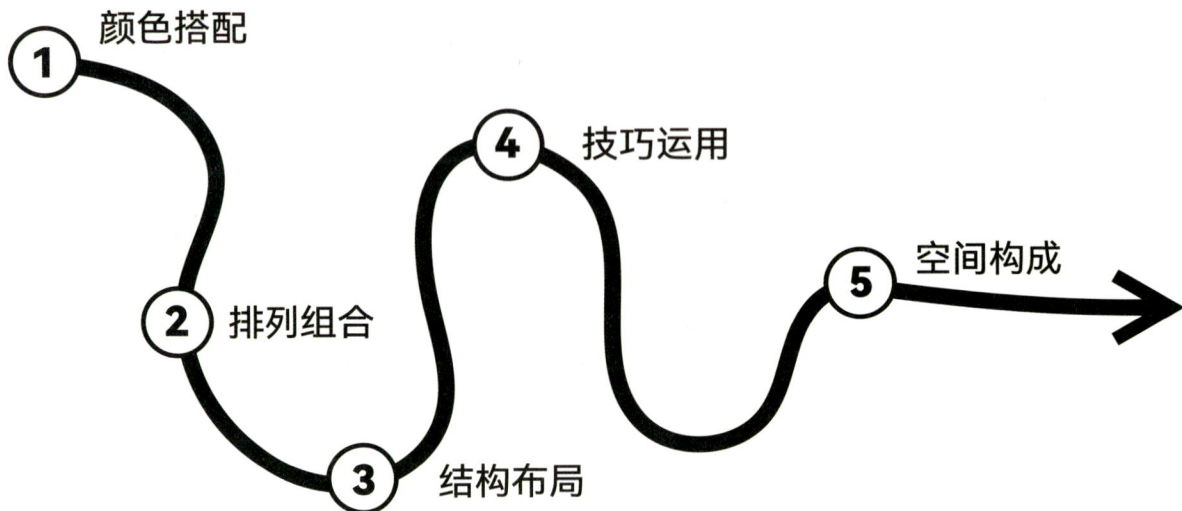

1 颜色搭配
2 排列组合
3 结构布局
4 技巧运用
5 空间构成

3.6.5 图片与文字的组合

图片与文字的组合能够协助设计师更有效地传达信息和情感，使之更具吸引力。文字负责传递具体信息，而图片则作为辅助，帮助观者更直观地理解这些信息。此外，通过图片和文字的结合，设计师还能创造出特定情感，并在用户心中留下深刻印象。

在实际操作中，可以采取以下 5 种方法来实现图片与文字的组合。

(1) 结构化排列：通过将文字和图片以结构化的方式排列，可以提升整体的美观性，使设计更加和谐统一。

(2) 图片创造文字：利用图片中的线条、点、光影等元素创造性地构成文字，形成新颖的文字组合方式，增强视觉冲击力。

(3) 分隔式布局：将文字和图片分开放置，通过合理的位置安排，提高设计的可读性，使观者能够更轻松地获取信息。

(4) 融合式组合：将文字和图片巧妙地融合在一起，形成独特的组合方式，从而更有效地向观者传达信息，并增强设计的整体感。

(5) 对比手法：通过文字和图片之间的对比，使观者更清晰地理解二者之间的关系，进而更好地接收和理解所传递的信息。

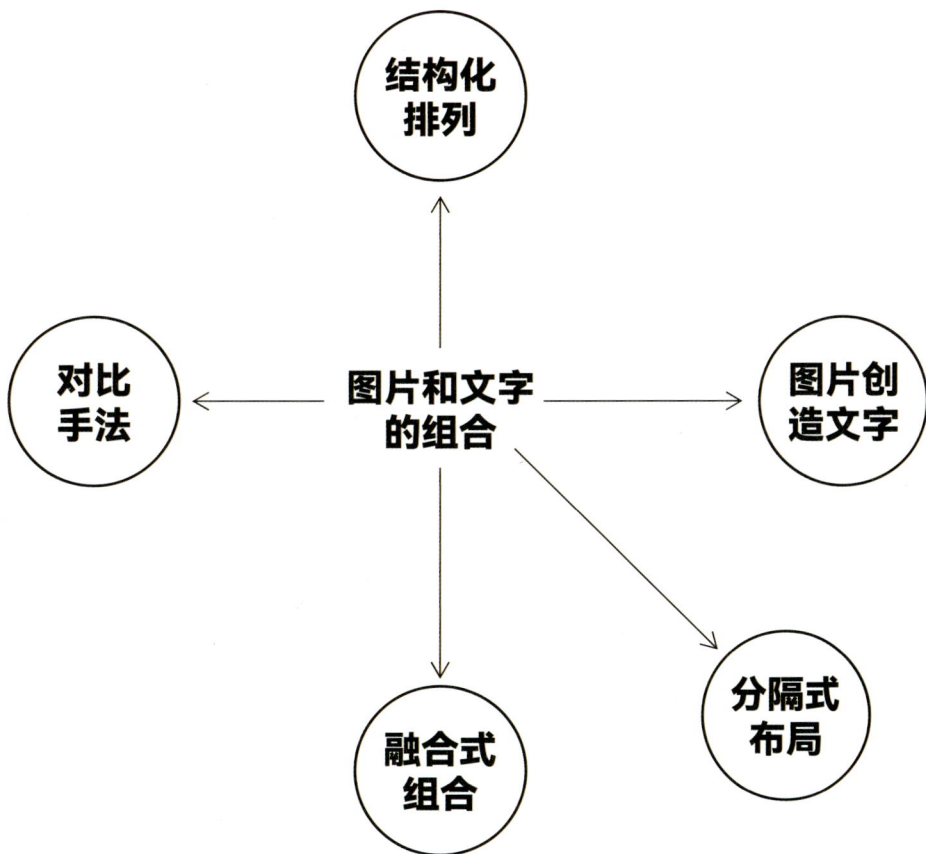

3.6.6 图片风格要与设计风格一致

图片风格与设计风格的一致性对于设计至关重要。它不仅能提升设计的统一性、有序性和有效性，还能更好地展现设计师的独特视觉风格，使作品符合当前设计趋势，并呈现更丰富的表现力。此外，这种一致性还能增强设计作品的吸引力，产生更持久的视觉影响力，这在商业设计领域中尤为关键。

在实际操作中，设计师可通过以下 4 种方法来统一图片风格和设计风格。

(1) 明确并提炼设计风格：首先确定设计的整体风格，如简约、复古、卡通或摩登等。随后，通过查阅相关案例来提炼出与设计风格相匹配的图片风格，例如简洁明快、柔和缠绵或粗犷原生等。

(2) 保持色彩与线条的一致性：在图片设计过程中，应注重色彩和线条的统一性。选择统一的色彩搭配，并确保线条风格的一致性。同时，要关注图片的主题和细节，力求设计与图片的高度融合。

(3) 精简色彩使用：尽量避免使用过多的色彩，而是选择一种或少数几种色彩进行搭配。通过调整色彩的深浅和搭配方式，使设计风格更加统一，并确保图片细节的自然表现。

(4) 统一线条运用：在设计中尽量使用相同类型的线条来组织图片，以确保图片的统一性。注意线条的粗细和衔接方式，以保持图片细节的一致性，从而实现图片风格与设计风格的和谐统一。

3.6.7 图片色调要与设计风格一致

设计师在图片设计过程中，确保图片色调与设计风格的一致性至关重要。色调和设计风格的一致性可以提升设计作品的整体性和协调性，从而增强视觉冲击力，帮助观者更深刻地记忆图片。此外，这种一致性还有助于设计师准确传达特定信息，突出特定的视觉效果，以确保设计师的意图能够清晰表达。

在实际操作中，设计师可以遵循以下 5 种方法，以确保图片色调与设计风格的一致性。

(1) 明确设计风格与色调目标：深入了解自己的设计风格，并明确期望达到的色调效果，这是确保一致性的基础。

(2) 应用色彩分类原理：在图片设计过程中，利用色彩分类原理来选定与设计风格相匹配的色调，这样可以更系统地进行色彩选择。

(3) 选择恰当的色调：在配色时，避免使用过于跳跃或过于柔和的色调，而应选择与设计风格相契合的色调，以保持整体的和谐统一。

(4) 善用自然色：尽可能多地利用自然色，因为它们通常更容易与设计风格相融合，从而使图片色调与设计风格保持一致。

(5) 图片选择与色调调整：选择与设计风格相符的图片，并通过调整或替换图片来改变或突出特定色调，以使整个图片设计更加完善和谐。

3.6.8 图片与色块的配合使用

图片与色块的配合使用，能够创造出强烈的视觉对比，使图像更为醒目。这种组合方式有助于设计师更清晰地传达设计理念，突出重点和核心信息，同时，它也成为画面设计的重要组成部分，能够提升设计的专业水准和审美价值。

为了让图片与色块的搭配更加和谐，需要从色彩、形状、位置以及视觉比例等多个维度进行考量，确保整体画面的美观性。具体方法如下。

(1) 色彩搭配：选择图片与色块时，应注重色彩之间的协调性。可以选用相近或相同的颜色以营造和谐感，也可采用对比色来强化视觉冲击。

(2) 形状协调：在形状的选择上，图片与色块可以相呼应。既可以选择相似的形状以体现统一感，也可以通过不同形状的组合来突出个性和差异。

(3) 位置布局：图片与色块的位置安排也至关重要。应将图片中的关键元素与色块巧妙结合，如将色块置于图片的重要元素旁，或者通过色块来引领观者的视线，强化设计的层次感。

(4) 视觉比例：在视觉上，图片与色块的比例需要经过精心设计。要确保二者在画面中的占比和谐，避免出现头重脚轻或比例失调的情况，从而保持整体画面的平衡感。

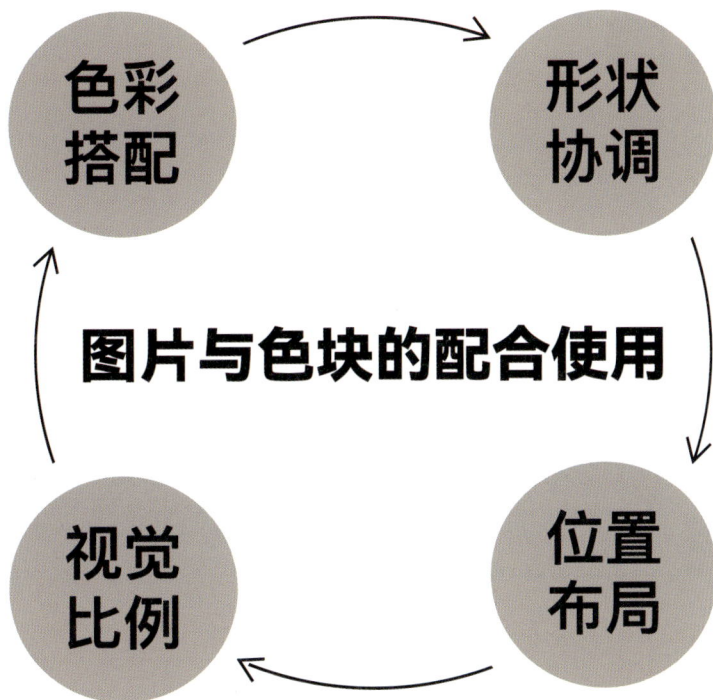

图片与色块的配合使用

色彩搭配　形状协调　位置布局　视觉比例

3.6.9 系统性整理构图、空间、层次和细节

系统性地整理构图、空间、层次和细节在图片设计过程中至关重要。这些步骤不仅能使设计更加有序、条理清晰，还能提升设计的可理解性，确保信息能够更明确地传达给观者。通过精心组织这些设计元素，设计师可以全面把控图片中的各个组成部分，进而形成一个和谐统一的整体，丰富信息传递的层次，更有效地传达设计理念。

在实际操作中，设计师可以遵循以下 5 种方法来系统性地整理构图、空间、层次和细节。

(1) 构建初步构图草图：在明确图片的核心内容和创意构思后，使用纸、笔草拟出构图的大致框架，包括主体元素、空间布局和关键细节。

(2) 选用恰当的线条：在草图基础上，选用合适的线条来界定图片中的不同部分，如主要元素、辅助元素以及空间划分等。

(3) 融入色彩设计：确定主要构图线条后，为图片添加色彩，以营造出整体视觉效果，并确保色彩与设计的主题和氛围相契合。

(4) 精细调节细节：对图片中的文字、纹理、渐变等细节进行微调，以提升图片的精致度和完整性。

(5) 综合审查与调整：完成设计后，进行全面审查，确保构图、空间布局、层次感和细节处理都达到了和谐统一的效果。

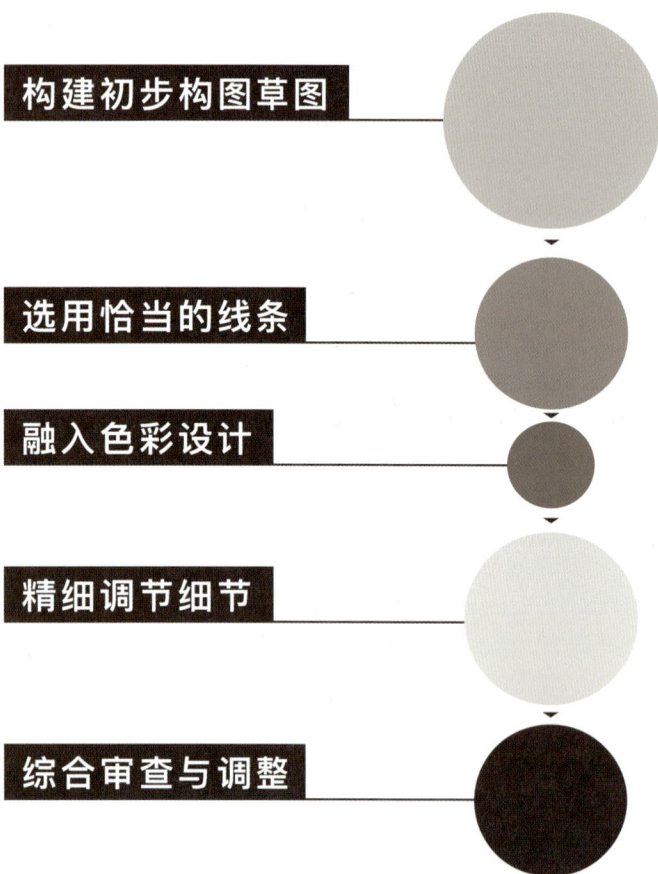

构建初步构图草图

选用恰当的线条

融入色彩设计

精细调节细节

综合审查与调整

3.7 色彩设计

色彩设计是运用颜色来构建图像、文本和空间的设计技术。它涉及根据色彩理论来挑选和搭配恰当的颜色组合，以及利用色彩来传达特定的情感和意图。此外，色彩设计还包括通过色彩来调控视觉空间，从而更有效地传达图像和文本的信息。

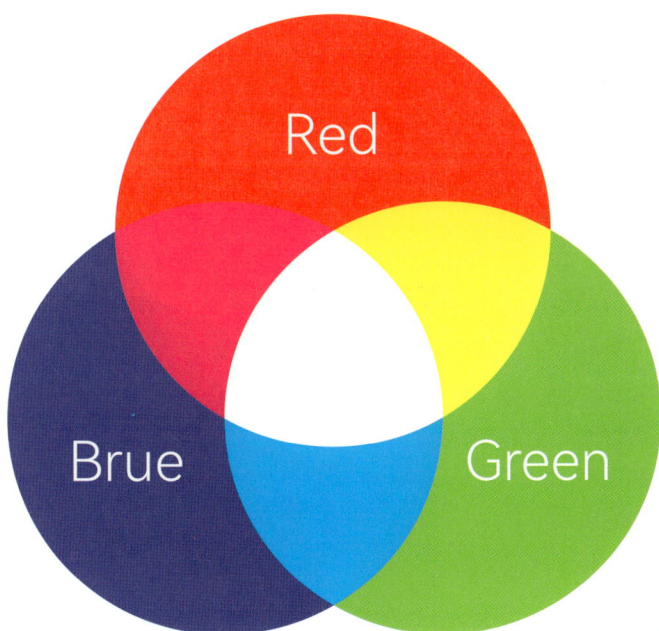

光的三原色

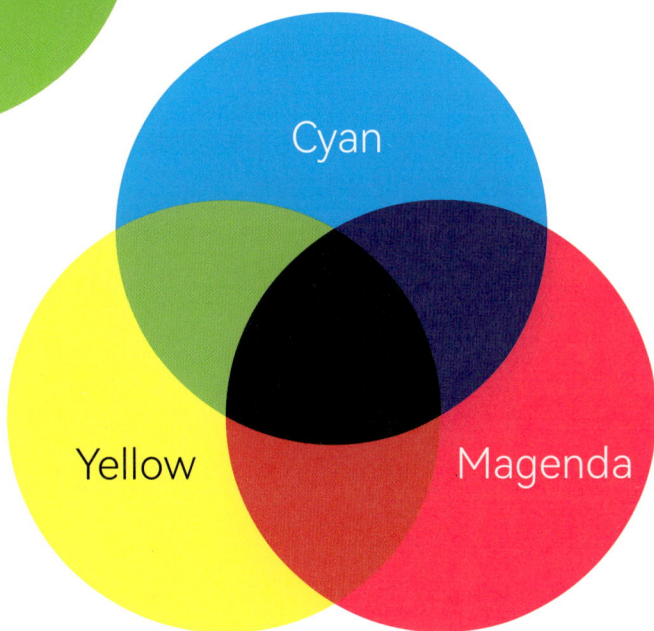

色的三原色

3.7.1 设计中的色彩心理学

色彩心理学是研究人类对颜色的感知、理解和反应的学科，它从心理学的视角深入探讨人们对颜色的情感和行为反应。该学科不仅研究个体对颜色的偏好，还关注不同文化背景如何影响色彩的使用和解读。色彩心理学涉及范围广泛，涵盖色彩语言、颜色与情绪的关联，以及如何有效利用色彩传递信息等主题。这是一门跨学科的复杂领域，融合了心理学、生物学、神经科学、艺术和社会学等多个学科的知识，专注于探索人类普遍的色彩反应。

卡尔·古斯塔夫·荣格（Carl Gustav Jung，1875—1961）深入研究了颜色如何影响和表达我们的情绪，他的研究为后续的颜色治疗方法奠定了基础。他提出的"色彩心理学"理论指出，每种颜色都有其独特含义，能够代表不同的情绪和思想。荣格认为，色彩的内涵由 4 种基本原则决定：热情、活力、生机和抑制。举例来说，红色象征热情，蓝色代表抑制，黄色表示活力，而绿色则寓意生机。同时，每种颜色还承载着特定的意义，如红色代表爱情和激情，蓝色代表宁静和稳重，黄色代表快乐和乐观，绿色则象征健康和积极的生活态度。

在卡尔·古斯塔夫·荣格的理论中，色彩不仅是一系列物理属性的集合，更是一种心理状态的反映。每种颜色都能引发不同的情绪和心理反应，进而影响人们的行为。他的色彩心理学强调每种颜色都有其独特的个性和性格，并承载着深刻的心理意义。他认为色彩能够触动人心，激发情感，并影响人的行为模式。因此，色彩心理学在研究人类心理状态和行为方面扮演着举足轻重的角色。

在设计过程中，我们可以运用色彩，设计师可以提高消费者对产品的兴趣，增强他们的记忆，更有效地传递信息，引发情感共鸣，并提升品牌形象。

蓝色：冷静、理智

紫色：高贵、神秘

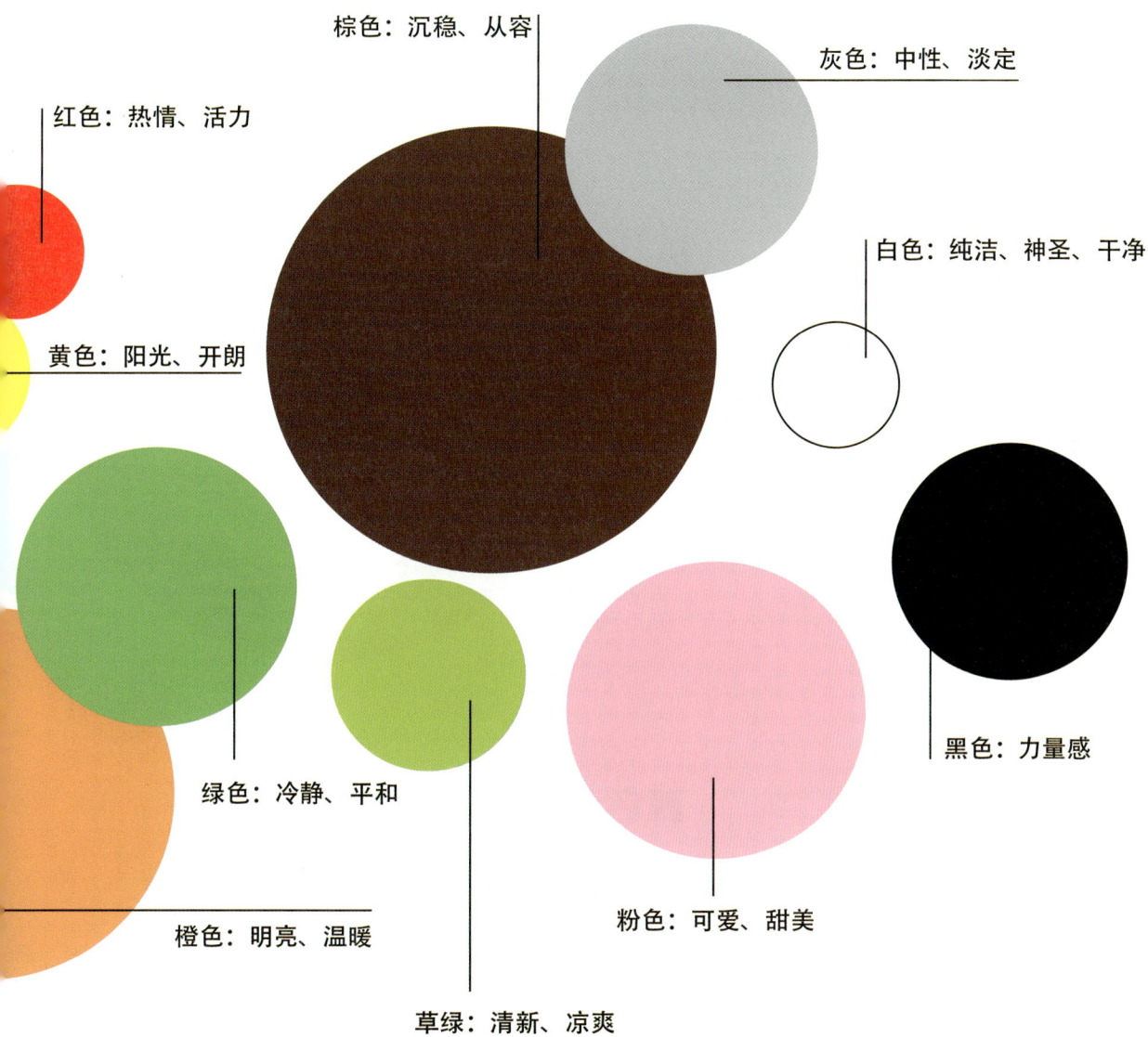

棕色：沉稳、从容

灰色：中性、淡定

红色：热情、活力

白色：纯洁、神圣、干净

黄色：阳光、开朗

黑色：力量感

绿色：冷静、平和

粉色：可爱、甜美

橙色：明亮、温暖

草绿：清新、凉爽

3.7.2 色彩的基本搭配原理

色彩搭配组合虽然变化多端，但依据色彩的基本属性，可以总结出 5 种基本的搭配方法。

(1) 颜色和谐法：这种方法强调颜色之间的协调与和谐。通过选择能够相互融合的色彩，形成统一的视觉效果，营造和谐氛围。

(2) 颜色对比法：利用色彩之间的对比来突出差异，为空间注入活力，使之在视觉上更加引人入胜。这种方法能够产生强烈的视觉冲击感。

(3) 颜色统一法：在此方法中，各种颜色围绕一个核心主题进行搭配，并保持整体的一致性，从而实现清晰、有序的视觉效果。

(4) 颜色渐变法：通过一种色彩逐渐过渡到另一种色彩的方式，创造出流畅且连贯的色彩组合。这种方法能够带来柔和而富有层次的视觉体验。

(5) 颜色分类法：根据特定的色彩规律，如冷暖色调、深浅色彩等，对颜色进行合理分类。这种方法有助于实现视觉上的平衡与美感，同时提升整体的视觉效果。

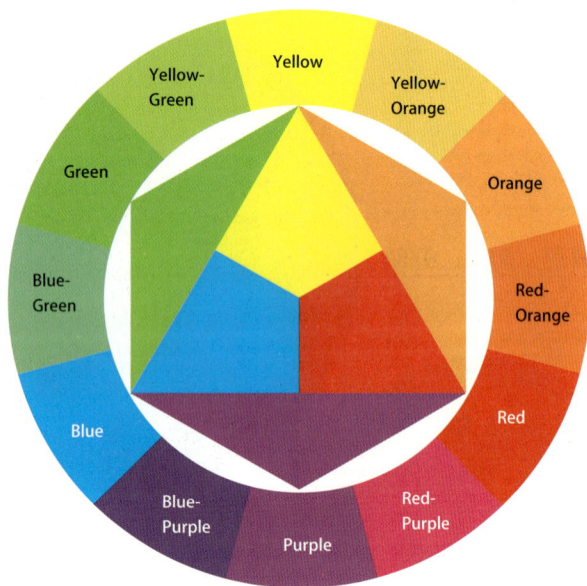

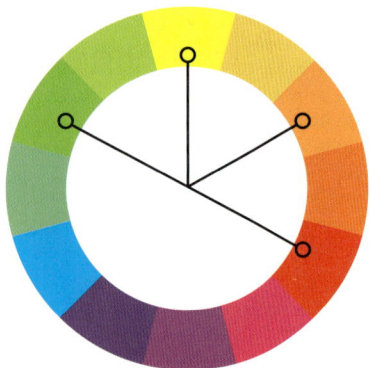

颜色和谐法

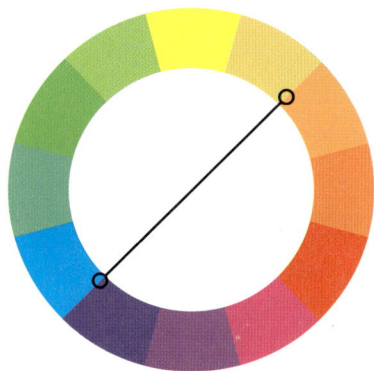

颜色对比法

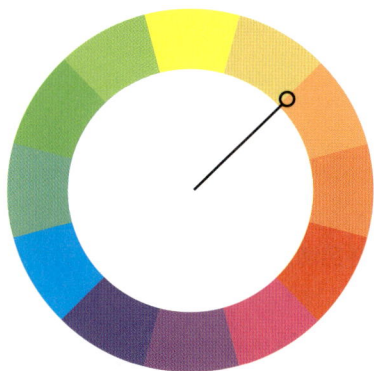

颜色统一法

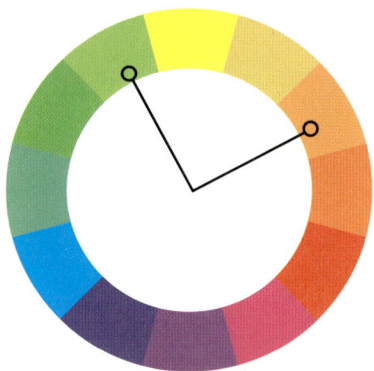

颜色渐变法

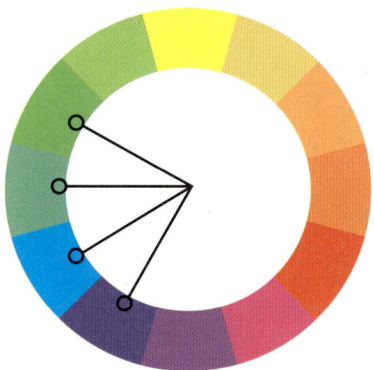

颜色分类法

3.7.3 色彩与色调

色彩是指物体表面反射出的光谱中所呈现的特定颜色。色调则是指色彩的明暗或深浅程度，它能够展现出更多的层次和复杂性。在设计作品中，色彩和色调扮演着举足轻重的角色，能够构建出引人入胜的视觉效果，并增强图片的层次感。色彩作为视觉上的重要元素，是一种极富表现力的媒介，有助于设计师传达特定的信息，并激发观者更丰富的视觉体验。而色调则构成了彩色图像的基础，它能够掌控图像的整体氛围，有助于将各个画面元素融合成一种和谐而完整的空间感。因此，色彩和色调作为视觉语言的重要组成部分，在设计创作中具有不可或缺的意义。

1. 暖色调

暖色调是指那些温和、柔和且带有温暖感的颜色，例如红色、橙色和黄色等。这类色调和谐而亲切，能够营造出一种温暖舒适的氛围。

在设计中，运用暖色调的原因主要有以下几点。

(1) 增添活力与热情：通过选用暖色调，如橙色、红色、黄色或棕色，并将它们巧妙地组合，可以为设计注入更多的活力和热情。

(2) 创造温暖氛围：暖色调往往给人一种温暖、安全的感觉。在品牌宣传、活动海报等设计中运用暖色调，有助于营造融洽、愉悦的气氛，从而拉近与观者的距离。

(3) 实现色彩平衡：暖色调与冷色调在设计中可以形成有机的结合。通过合理地平衡冷暖色调，结合暖色调的特点，设计师能够更好地突出设计主题，使作品达到视觉上的和谐与统一。

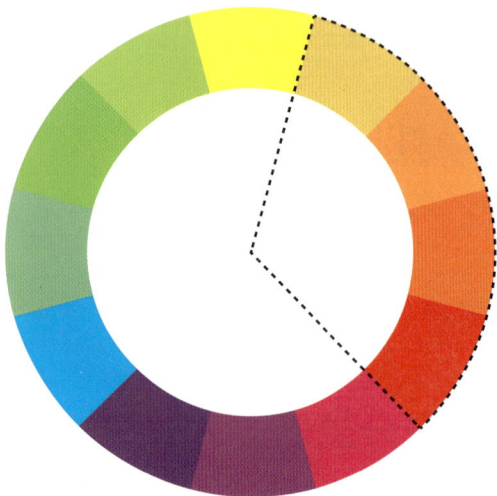

2. 冷色调

冷色调主要是指那些给人感觉较为冷淡的色彩，它们以蓝色、灰色、紫色等为主，并且常用来营造冷静、优雅和宁静等氛围。在设计作品中，冷色调的运用能够精准地掌控整体设计的氛围，表达冷静、放松、宁静乃至优雅和高雅的感受。此外，通过巧妙地运用冷色调，设计师还可以突出关键元素，使其更加吸引观者的注意力。

在设计作品中，冷色调常被用于以下目的。

(1) 展现冷静、稳重与优雅的气质：借助冷色调，设计师可以拉近客户与品牌之间的距离，营造一种静谧的氛围，并传递出贵族般的典雅气质。

(2) 细节呈现，传递清新淡雅之感：将冷色调融入设计细节之中，能够带给观者一种清新而淡雅的视觉体验。

(3) 打造新奇与创新氛围：冷色调同样适用于创造富有新意和创造力的设计氛围，从而让视觉效果更加出众，令人眼前一亮。

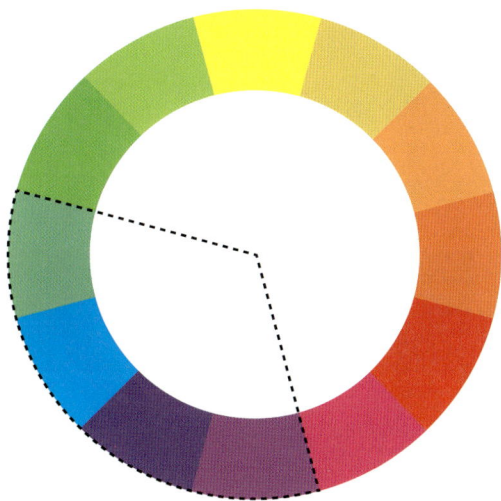

3. 高调

高调在色彩设计中指的是使用深色和鲜艳的色彩来增强视觉效果。这种方法有助于将重点放在主题或核心元素上，确保观者的注意力聚焦于关键内容。高调色彩能够显著提升设计作品的视觉吸引力，使其更加醒目，从而强化美感并提升设计的可视化效果。此外，高调色彩还能用于情感表达，例如，温暖的色调可以传达温馨的情感，而热烈的色调则能表达激昂的心情。高调色彩还可用于突出设计的重点部分，为作品增添活力。

在以下 6 种情境下，运用高调色彩是恰当的选择。

(1) 当意图创造显眼且有力的视觉印象时，高调色彩是理想之选。

(2) 若需要强调某些关键信息，高调色彩能使其更为突出。

(3) 当期望营造激动人心、充满活力的氛围时，高调色彩能够增强这种气氛。

(4) 若希望吸引注意，高调色彩能自然而然地吸引观者的目光。

(5) 当需要传达强烈的情感时，高调色彩能使这种情感更为深刻。

(6) 若追求独特且不寻常的视觉效果，高调色彩同样能让设计脱颖而出。

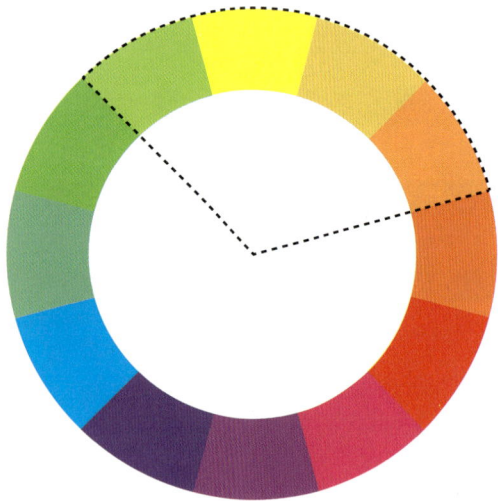

4. 低调

低调设计指的是运用色彩简约的手法来表达或传达特定主题或概念。这种设计风格使色彩呈现更为柔和与自然，更易于被观者接受。在低调的色彩设计中，经常采用淡雅的色彩，如灰色、蓝色、绿色、米色，以及浅粉色、紫色和深褐色等，而避免使用过于鲜艳的色彩。此外，这种设计风格不强调明显的色彩对比，而是倾向于使用温和的色调过渡。

作为一名设计师，应当了解在以下 4 种情境下适宜采用低调设计。

(1) 当需要凸显关键文字或图像时，利用低调色彩能够使这些重点内容更为突出。

(2) 若要营造宁静放松的环境氛围，低调色彩有助于人们放松心情。

(3) 在追求优雅大方的设计效果时，低调色彩可使整体呈现更加精致的感觉。

(4) 若要传达沉静安宁的氛围，低调色彩能够让整体环境显得更加柔和。

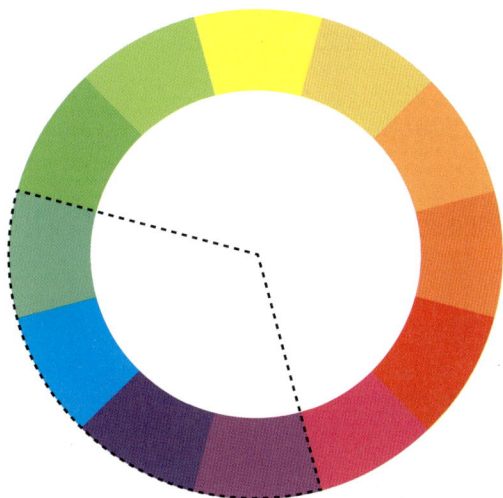

5. 明度

明度是指颜色的明亮程度，即一种颜色在视觉上的亮光或暗光表现。明度越高，颜色越亮；明度越低，颜色越暗。在色彩设计中，明度是一个至关重要的因素，它直接决定了色彩的鲜艳程度和视觉效果的层次感。合理的明度设置可以使设计作品色彩丰富细腻，增强表现力，并让用户感受到更多的调色变化，从而营造出更强的立体感。掌握明度的运用技巧，能够显著提升设计作品的质量，吸引观者的注意力。

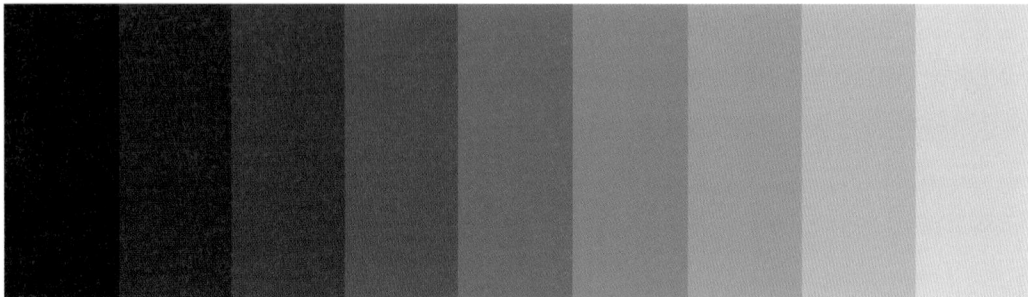

作为设计师，想要熟练掌握明度的合理使用，可以通过以下 6 种方法。

(1) 深入理解明度概念：明度不仅是颜色的灰度程度，更关乎颜色在视觉上的明亮感知。理解其在色彩设计中的关键作用，是掌握明度运用的基础。

(2) 掌握色彩定义：全面了解色彩的基本构成，包括色相、饱和度和明度等要素，有助于更好地理解和运用明度。

(3) 学习色彩搭配原理：通过学习色相、亮度、饱和度等色彩搭配的基本原理，可以更加精准地掌握明度在色彩组合中的运用。

(4) 熟悉色彩理论：深入了解色彩理论，特别是明度与色调、饱和度、亮度之间的相互关系，有助于在设计中灵活调整明度，达到理想的视觉效果。

(5) 练习灰阶运用：灰阶作为衡量颜色明度的标准工具，通过练习其运用，可以帮助设计师更准确地把握和调整设计中各元素的明度关系。

(6) 实践色彩搭配：通过不断的实践练习，培养敏锐的色彩鉴赏能力和搭配技巧，从而更好地在实际设计中运用明度，提升作品的整体质感。

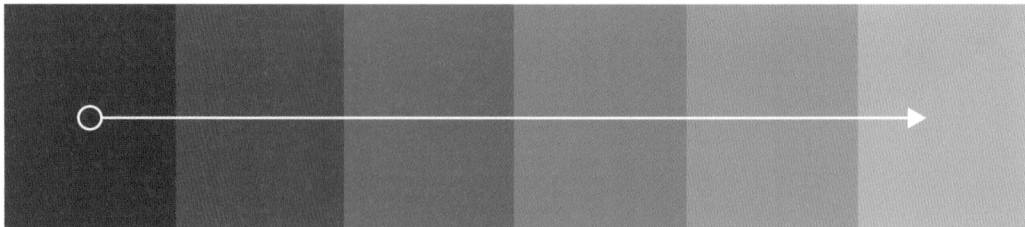

6. 色相

色相指的是颜色的基本属性,即我们通常所说的"颜色种类",如红色、绿色、蓝色等。色相是依据色轮来定义的,色轮上的基础色相主要包括红色、黄色和蓝色。在色彩设计中,色相是一个至关重要的因素,它能够创造出特定的氛围和感受,控制设计的整体风格,并营造出不同的视觉气氛。此外,色相还被广泛用于表达情感、突出设计重点、调整色彩平衡,以及实现特定的视觉效果。

作为设计师,要熟练掌握色相的合理运用,可以通过以下 5 种方法。

(1) 精准选择色相:不同的色相会带来不同的视觉感受,例如,活泼的色相能增强设计的活力,冷色调则有助于营造清冷的氛围,而暖色调则让设计显得更加温暖舒适。

(2) 巧妙搭配色彩:通过组合不同的色相,可以创造出丰富多样的色彩效果。例如,运用三原色搭配可以营造简洁清新的风格,而使用六色搭配则能创造出生动有趣的视觉效果。

(3) 注重色彩平衡:在色彩设计中,应合理分布色相,以达到视觉上的和谐与平衡。

(4) 掌控色彩深浅:色彩的深浅对设计的影响不容忽视。深色通常使设计呈现更加严肃的氛围,而浅色则带来柔和宁静的感觉。

(5) 精心策划色彩搭配:恰当的色彩搭配能够提升设计的层次感,使整体效果更加和谐统一。反之,不合理的搭配则可能导致设计显得杂乱无章。

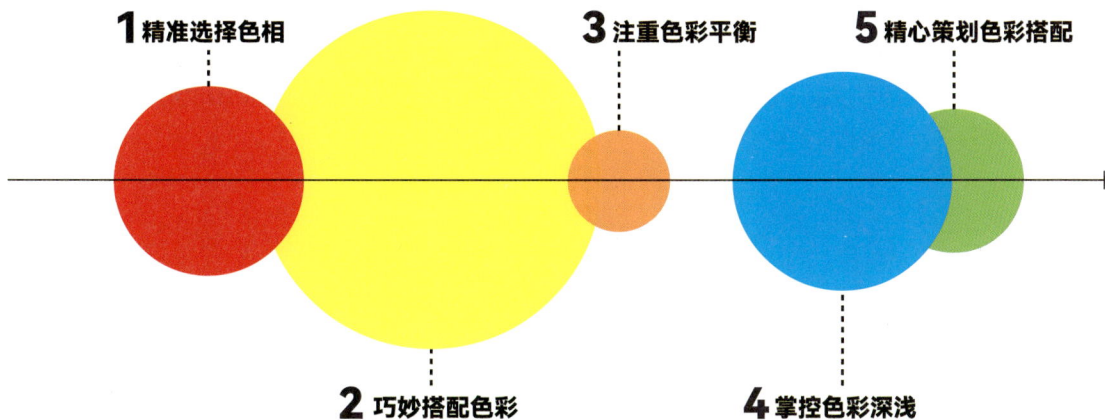

7. 饱和度

饱和度是指色彩的鲜艳程度，也可称作色彩的纯度。高饱和度的颜色显得更为鲜艳夺目，而低饱和度的颜色则展现出更为柔和的视觉效果。在设计作品中，色彩的饱和度对整体视觉效果产生显著影响：饱和度越高，色彩越鲜艳；反之，饱和度越低，色彩越显得暗淡，其中灰色即为饱和度最低的色彩表现。设计师在调整色彩时，需要细致把控饱和度，以避免过高导致视觉刺眼，或者过低使设计显得过于平淡乏味。通过恰当的饱和度调整，设计师能够确保作品既色彩丰富，又充满活力。

熟练掌握对饱和度的合理运用至关重要。以下提供 4 种方法，以助更好地运用饱和度于设计实践中。

(1) 熟练运用色彩饱和度工具：掌握如 Photoshop 和 Illustrator 等设计软件中的色彩饱和度调整功能，能够灵活调整色彩的鲜艳程度，从而更好地满足设计需求。

(2) 巧妙组合色彩：学会根据不同的设计目的，巧妙组合不同饱和度的色彩。例如，运用同一色系的色彩组合可以营造和谐统一的设计效果，而高饱和度的色彩组合则能营造强烈的视觉冲击力。

(3) 精心搭配背景色：在设计过程中，要注意背景色与主体色的饱和度搭配。如在浅色背景上运用高饱和度色彩，可突出设计重点，使之更加醒目；而在深色背景上选用低饱和度色彩，则能营造出柔和细腻的视觉效果。

(4) 不断实践与积累经验：通过大量的设计实践，不断尝试和调整饱和度的运用，从而积累丰富的经验，提升自己在色彩设计中对饱和度的把控能力。

熟练运用色彩饱和度工具　　　　　　　　　　**精心搭配背景色**

巧妙组合色彩　　　　　　　　　　**不断实践与积累经验**

3.7.4 图片色彩

图片色彩指的是图片中所采用的颜色及其组合方式。这些颜色可以通过多种颜色系统来表示，包括 RGB（红绿蓝）、CMYK（青色、品红色、黄色和黑色）、HSL（色调、饱和度和亮度）以及 Pantone 专色等。在设计中，图片色彩的运用至关重要，它不仅能够提高图片的视觉吸引力，还能有效地传达内容的主题思想。

图片中的颜色具有传达不同情感和氛围的能力，从而激发观者的兴趣，实现出色的设计效果。此外，精心挑选的颜色组合还能增强图片的视觉张力，帮助人们更轻松地获取图片中的关键信息。

要想熟练掌握图片色彩的运用，需要做到以下 5 点。

(1) 深入学习色彩原理：理解色彩的基本原理，认识不同色彩之间的细微差异，并熟练掌握色彩的组合与搭配规律，这是提高图片色彩运用能力的基石。

(2) 精通色彩调色技巧：掌握各种色彩调色的方法，能够根据实际情况对原有色彩进行精准调整，使色彩组合更加和谐统一。

(3) 灵活运用不同色彩空间：熟悉 RGB、CMYK、HSB 等不同的色彩空间，并根据具体图片的需求灵活运用，以确保色彩呈现达到最佳状态。

(4) 掌握高级配色技巧：学习并掌握如六色配色法等高级配色技巧，能够在设计中及时调整色彩搭配，使整体色彩更加协调美观。

(5) 注重实践与视觉效果：在实际操作中不断尝试与调整，结合具体图片审视色彩应用的效果，从而确定最适合的色彩组合方案。通过实践不断积累经验，提升对图片色彩的敏锐感知和运用能力。

| 深入学习色彩原理 | 精通色彩调色技巧 | 灵活运用不同色彩空间 | 掌握高级配色技巧 | 注重实践与视觉效果 |

3.7.5 文字色彩

在设计中，文字色彩指的是设计作品中文字所使用的颜色，这包括文字在图片、图标以及排版中所呈现的色彩。文字色彩不仅能够丰富设计的视觉层次，还能更有效地传达设计的核心主题。在设计中，文字色彩的重要性不容忽视，因为它能辅助视觉传达更多信息，使设计的主题更为鲜明。通过巧妙的文字色彩运用，可以清晰地区分设计的不同部分，提升文字的可读性，进而凸显文字的关键性。此外，文字色彩还能增强设计的整体视觉效果，使观者更易理解设计的意图，从而实现与设计者更有效的沟通。

要想熟练掌握文字色彩的运用，可以从以下 3 个方面着手。

(1) 深入了解文字色彩的基本原理：虽然文字色彩通常基于黑色，但设计师需理解如何通过添加其他色彩来达成特定的设计效果，而非仅停留在以黑色为基础。

(2) 熟练掌握色彩运用的基本规则：在进行设计时，应遵循配色的基本原则，例如三原色的搭配技巧、黑白色彩的对比运用等。同时，要学会控制不同色彩的比例，以实现色彩的和谐与平衡。

(3) 结合实践不断提升：通过大量的实际创作来锻炼色彩运用能力，同时研究优秀的设计作品，从中汲取色彩搭配的智慧，逐步掌握文字色彩运用的精髓。

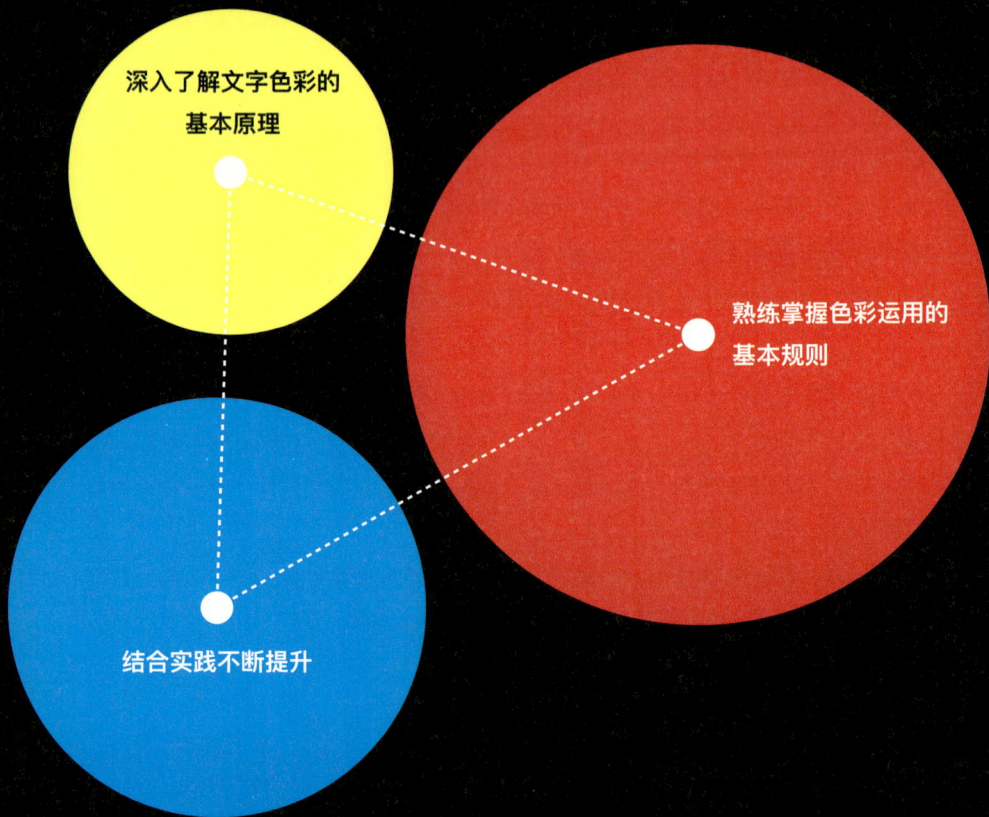

深入了解文字色彩的
基本原理

熟练掌握色彩运用的
基本规则

结合实践不断提升

标题色彩，即用于标题文字的颜色，它不仅能引导视觉焦点，使标题信息更为突出，还能有效提升整体设计的美感。正确运用标题色彩，能够轻松吸引受众目光，激发他们的好奇心，进而准确传达设计者的意图。在众多的设计作品中，恰当的标题色彩运用往往能让你的作品脱颖而出，给受众留下深刻印象。此外，色彩还能调动观者的情感，带来舒适、兴奋或放松等不同的心理体验。

Graphic designer
Graphic designer
Graphic designer
Graphic designer
Graphic designer

要想熟练掌握标题色彩的运用，需从以下 4 个方面着手。

(1) 深入了解不同色彩所蕴含的信息与意义，根据设计需求挑选恰当的标题色彩。

(2) 充分考虑色彩的表达能力，如红色代表激情，蓝色象征宁静，以此来强化标题的情感倾向。

(3) 精心选择色彩组合，确保所选色彩能够和谐统一，共同助力信息的传达，增强视觉冲击力。

(4) 注重色彩的整体协调感，平衡各种色彩的饱和度，使它们在标题中展现出最佳效果，从而更加有力地吸引和感染受众。

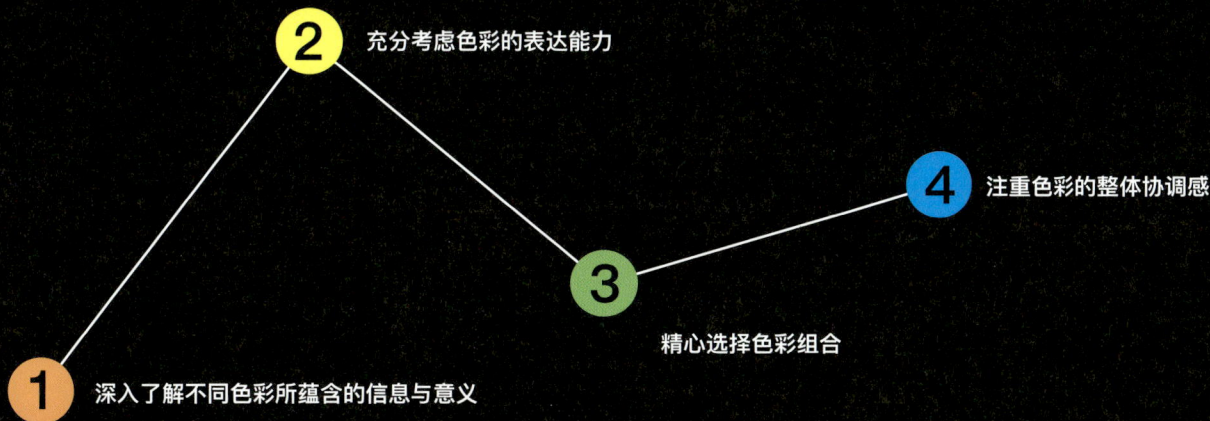

2 充分考虑色彩的表达能力

4 注重色彩的整体协调感

3 精心选择色彩组合

1 深入了解不同色彩所蕴含的信息与意义

正文色彩在设计中扮演着至关重要的角色，它是指用于呈现主要内容的色彩，直接影响着信息的传达和用户的情感体验。这些色彩能够激发观者的特定情绪，进而对信息的接收和理解产生深远影响。由于正文是信息传递的核心，其色彩选择不仅关乎视觉美感，更与信息的有效传达息息相关。

合适的正文色彩能够显著提升观者的视觉享受，使文本内容更加深入人心，并有效吸引其的注意力。正确的色彩运用可以突出关键信息，提升文本的可读性，同时赋予文本强烈的视觉吸引力。此外，正文色彩还能增强文本的表达力，为文本增添艺术气息，营造出独特的氛围，从而更高效地传达设计者的意图。

> 正文色彩在设计中扮演着至关重要的角色，它是指用于呈现主要内容的色彩，直接影响着信息的传达和用户的情感体验。这些色彩能够激发观者的特定情绪，进而对信息的接收和理解产生深远影响。由于正文是信息传递的核心，其色彩选择不仅关乎视觉美感，更与信息的有效传达息息相关。
>
> 合适的正文色彩能够显著提升观者的视觉享受，使文本内容更加深入人心，并有效吸引其的注意力。正确的色彩运用可以突出关键信息，提升文本的可读性，同时赋予文本强烈的视觉吸引力。此外，正文色彩还能增强文本的表达力，为文本增添艺术气息，营造出独特的氛围，从而更高效地传达设计者的意图。

在选择正文色彩时，设计师应遵循以下 4 点原则。

(1) 明确正文的主题思想，并据此确定主要的配色方案，以确保色彩与内容的和谐统一。

(2) 结合正文的内容特点来选定色彩组合，特别注重色彩的鲜明度、对比度和亮度的搭配，以打造视觉上引人入胜的效果。

(3) 调整色彩的明暗度，力求正文色彩的统一与和谐，从而提升整体的视觉效果。

(4) 精心搭配色彩，使正文更加醒目，有效增强正文的表现力和传播力，确保信息能够准确、生动地传达给受众。

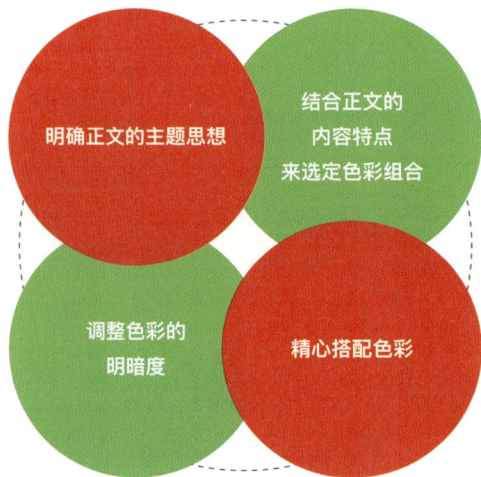

3.7.6 图片与文字整体调色

在设计中，图片与文字整体调色是一个关键环节。它涉及调整图片和文字的颜色，以形成和谐、舒适且统一的色调，从而在视觉上呈现优美的效果。这一步骤至关重要，因为它能显著增强作品的美感，并有助于创造更为引入注目的视觉体验。色彩的巧妙运用可以为作品注入活力，进而提升整体的审美感受。合理的色彩搭配不仅能增加画面的趣味性，还能提高作品的传播效率和观者互动性，更有效地吸引人们的注意力。

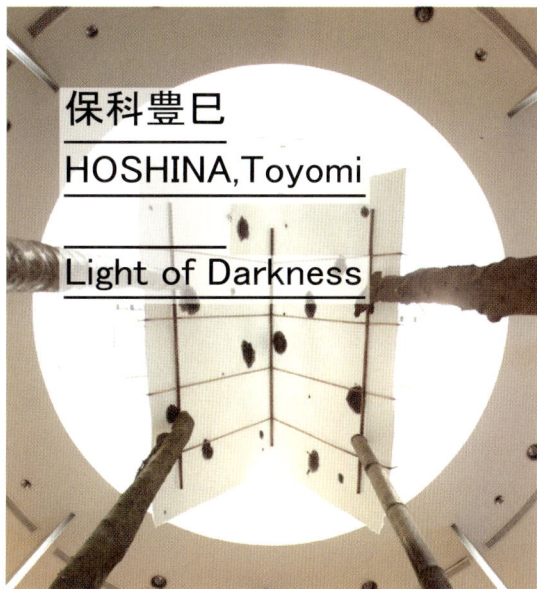

为了精准地进行图片与文字的整体调色，设计师应遵循以下 4 个步骤。

(1) 确定主色调：设计师需要确定一个主导色调，这可以是一种特定的颜色或一个颜色主题，作为整个调色过程的基础，从而引领整体的设计风格。

(2) 构建色调框架：以此主色调为核心，拓展出一个完整的色调框架，例如选择暖色调、冷色调或中性色调等，以此奠定设计的整体色彩基调。

(3) 精细调色：在确立了色调框架后，设计师可以利用色彩设计软件来进行精确的调色工作。通过调整颜色的明暗、饱和度等参数，实现色彩的和谐与美观。

(4) 确立色彩视觉关系：设计师需要综合考虑图片与文字间的色彩关系，确保文字能够恰当地强调图片内容，从而实现图片与文字在视觉上的和谐与美观。这一步骤有助于提升作品的整体视觉效果，使其更具吸引力和传播力。

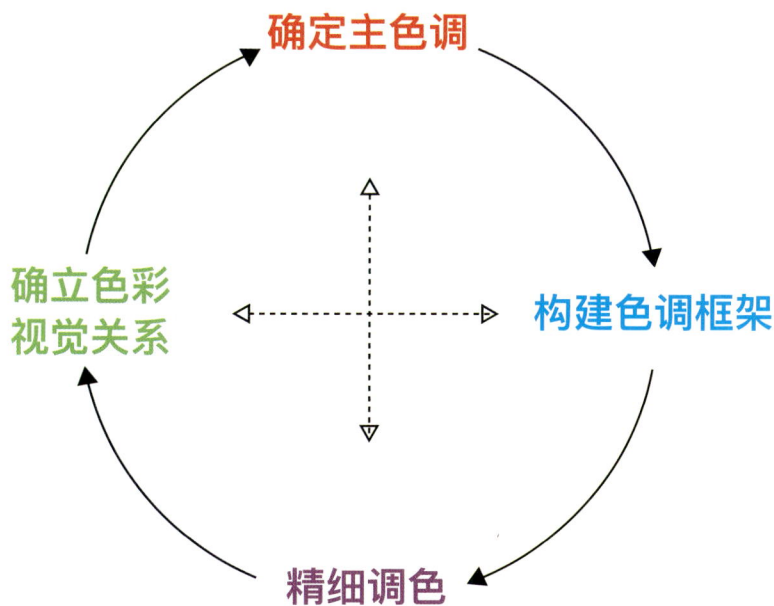

04

设计项目实战技法

4.1 以海报为核心的主视觉

海报，作为一种手绘或专业设计的视觉媒介，承载着特定的信息，常被用于推广或宣传某个主题、产品、活动或服务。其大尺寸的特点和引入注目的图案或文字标题，旨在捕捉潜在客户的注意力，并有效地传达特定信息。

在各类传播活动中，海报以其独特的表现力脱颖而出。通过对图片、文字和色彩的精心组合与运用，海报能够将信息传递给更广泛的受众。作为设计的重要组成部分，海报能准确、直接、有效地传达信息，帮助受众更深入地了解内容，降低信息获取成本，同时增强受众的认知，提高信息的传达效率。此外，其出色的视觉效果还能提升品牌、产品、活动、展览等的美誉度，引发受众的强烈共鸣。

在宣传为目的的视觉传播中，海报被誉为核心的主视觉元素。这得益于海报能够以图像的形式，直观且有力地表达公司、产品、活动或艺术展览的具体信息。这种直接且具有影响力的传播方式，使其成为最有效的宣传手段之一。同时，作为信息传播的重要载体和工具，海报在企业品牌营销和各类艺术展览活动中扮演着不可或缺的角色，因而被誉为"主视觉"。

4.1.1 海报的版式

海报的版式涉及元素的布局排列、大小比例、组合形式等，以及文字、图片、图标之间的相互关系。合理的版式安排能够使海报内容呈现得整齐美观，同时实现信息的高效、科学传达。

版式的设计在海报创作中至关重要，它不仅能提升海报的整体视觉效果，吸引观者的注意力，还能准确传达设计者的意图和信息。通过科学合理的版式布局，海报可以更加简洁、美观且重点突出，在信息传播过程中更具穿透力。这样的设计不仅能帮助观者迅速理解海报信息，还能激发他们的兴趣，促使他们更深入地了解和探索海报所传达的内容。

展览《绝对幸福：劳伦斯 希拉里摄影展》海报设计版式

1. 横向版式

海报的横向版式，指的是将海报中的主要视觉元素，如标题、文字、图片、图标等，以其长边沿水平方向有序排列，而短边则置于垂直方向，从而形成宽大于高的布局，旨在展现横向空间的概念。

这种版式的特点在于能够充分利用宽度，突出空间和重点，更好地展示图片或文字。同时，通过多样化的图片和文字组合，可以创造出丰富多变的视觉感受和效果。

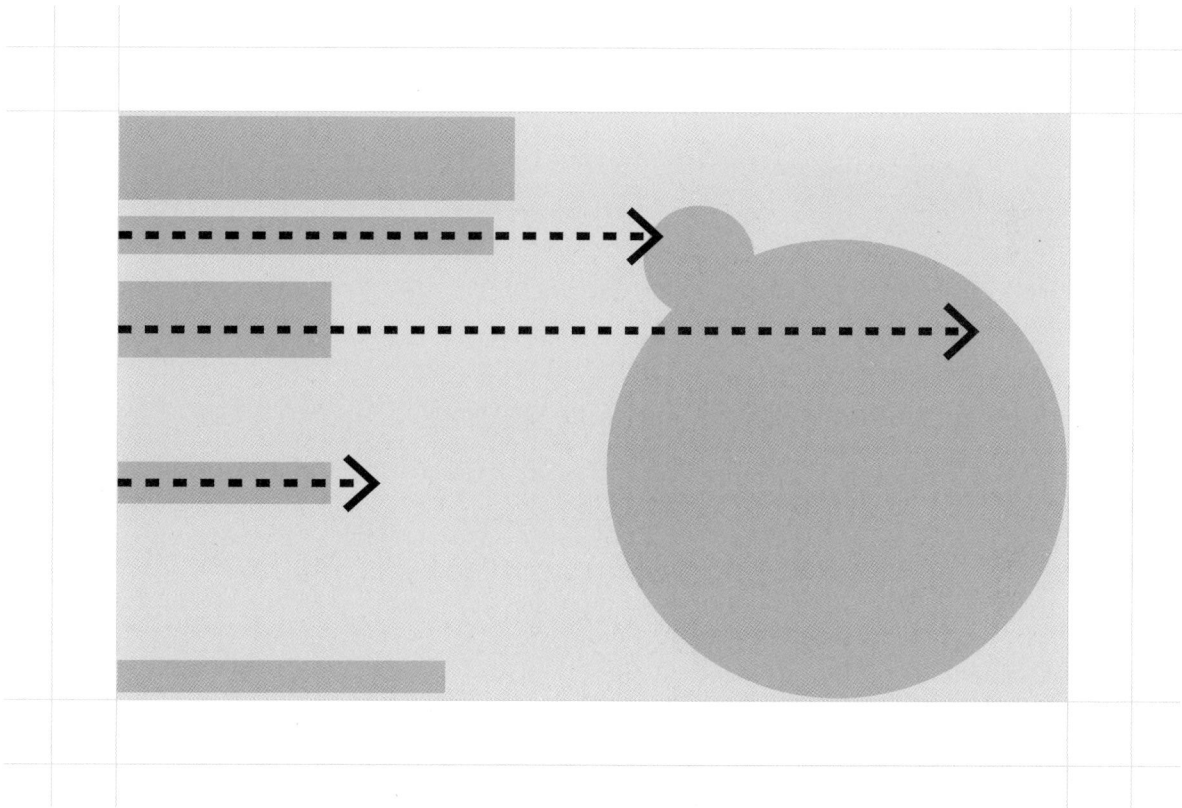

2. 斜向横向组合版式

海报的斜向横向组合版式，是指将纵向元素与横向元素巧妙融合，形成斜向且横向组合的版面布局。这种设计不仅使海报的元素和内容结合得更富动感，还能显著提升视觉效果，从而更加吸引观众眼球。

斜向横向组合版式的特点在于，在水平方向上通过恰当的倾斜来增强动态感。通常，倾斜角度控制在 5°~60°最为合理，具体角度应根据海报内容的整体视觉效果来酌情确定。

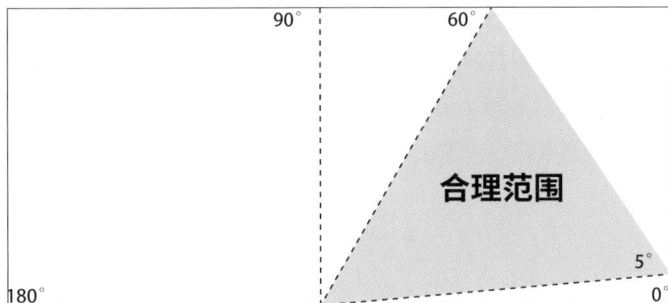

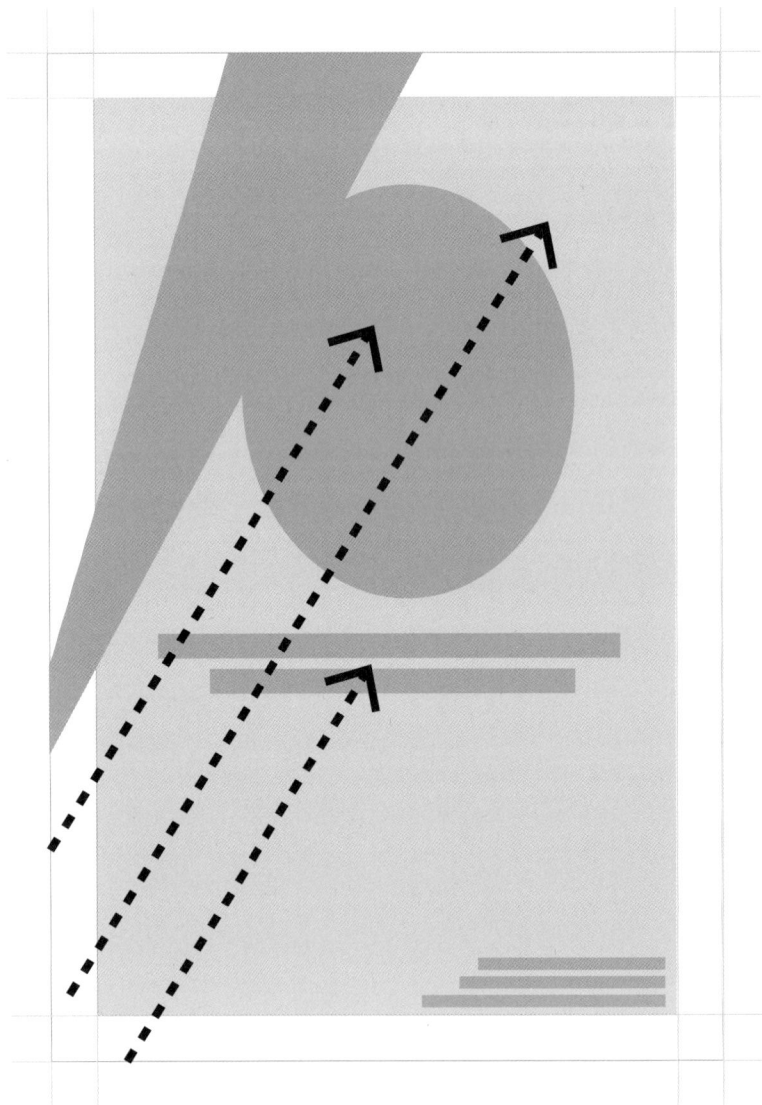

3. 向心型版式

向心型版式，是指海报中的文字和图片元素以向心的方式排列，围绕一个中心点展开，从而增强海报的吸引力。这种版式的特点在于，它将海报的主题、信息及视觉元素聚焦于圆心位置，并从该点向外扩散，不仅强调了中心内容，突出了重点，还赋予了画面活力和动感的视觉感染力。同时，这种布局方式能有效整合所有信息，展现出统一的设计风格和完整的构图效果，进而提升海报的视觉冲击力。

4. 放射型版式

海报的放射型版式，是一种特殊的构图方式，其内容从一个中心点向外不断拓展，形成放射状的结构。在此版式中，元素围绕中心点分层排列，构建出层次分明的视觉效果，有助于提升画面的整体美感。

放射型版式的特点在于，它以主题元素为核心，向四周呈放射状展开，形成结构紧凑、构图清晰且富有层次的设计。这种版式能够增强设计的活力，有效吸引受众的注意力，使海报更具视觉震撼力。

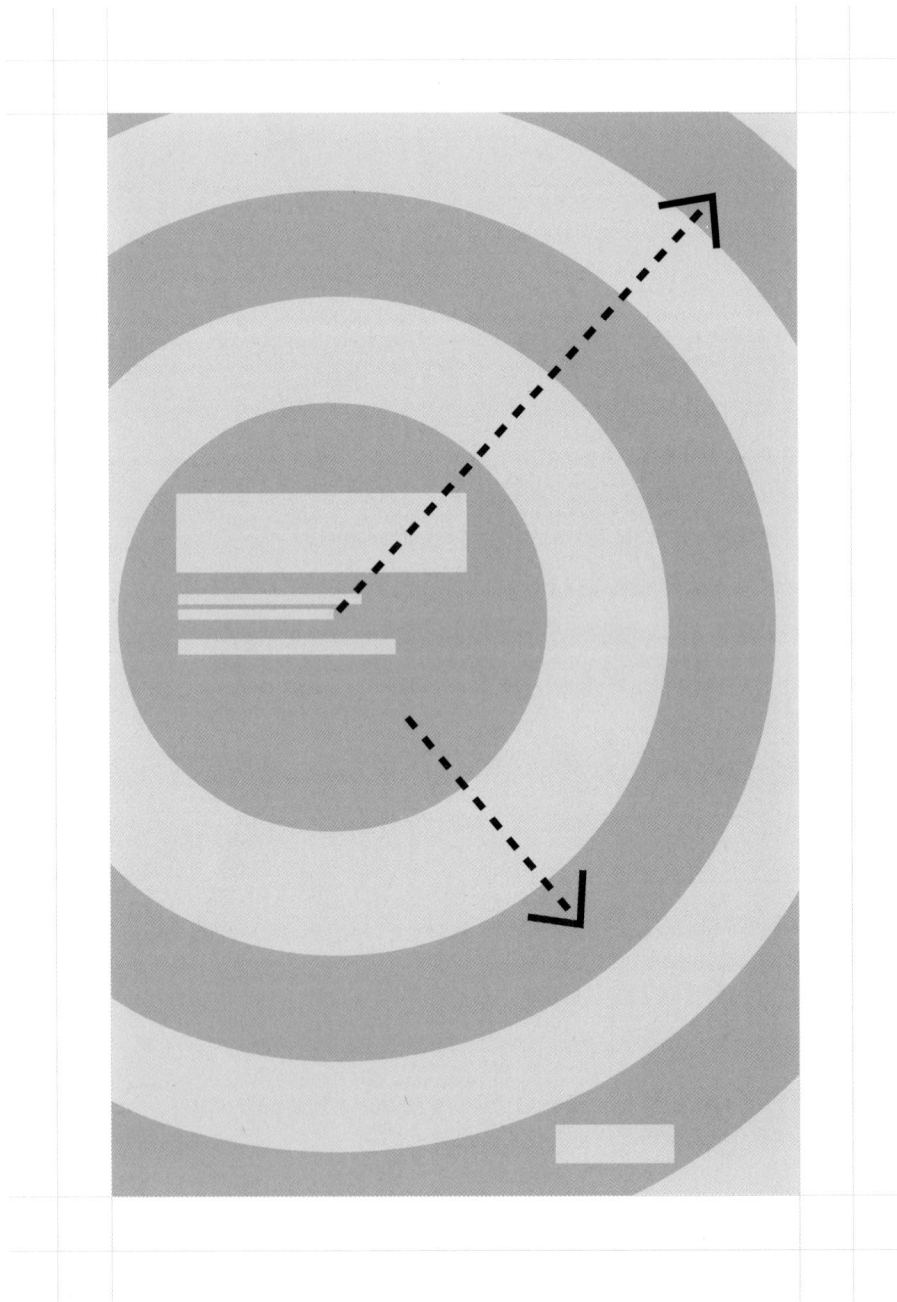

5. 极简型版式

极简海报版式，以单色和简约设计为特征，旨在将观者的注意力聚焦于主题核心。其设计遵循"少即是多"的理念，通过简洁的设计和抽象的形象来传达主题思想，同时运用大面积的空白来强化视觉效果，从而突出主题。

极简海报的特点在于简单、醒目和清晰。这类海报通常使用单一的色调和字体，将最重要的信息置于中心位置，其他内容则环绕其周围。尽管设计极为简约，却能有效吸引观者的注意，并准确传达所需信息。

在设计极简海报时，常用的手法包括：运用简洁的线条和图形来体现设计的简洁性；模仿自然元素，以营造一种自然且完整的感觉；采用高饱和度的色彩以增强视觉冲击；在标题和文字信息上使用简洁、凝练的语句，以最大化信息传递效果。

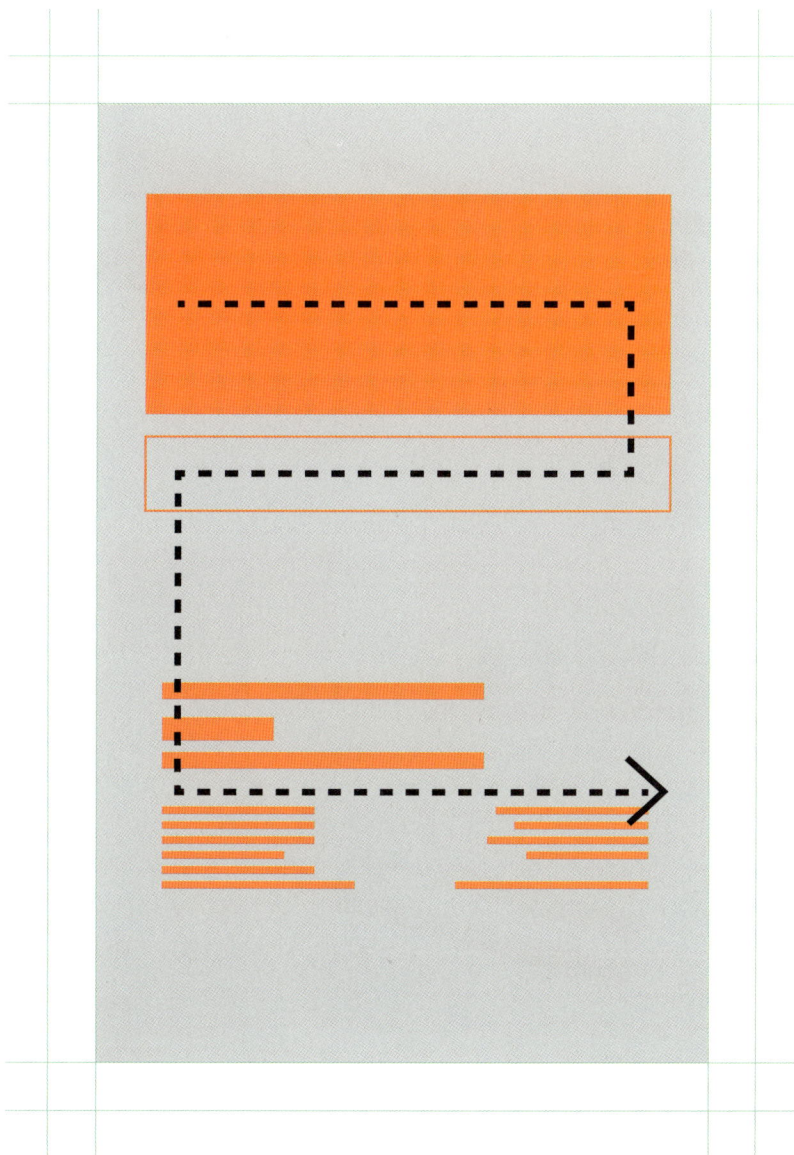

6. 复杂型版式

海报的复杂型版式，相较于极简型版式，其特点在于图像、文字、色彩、图标等设计元素的布局更为繁复。它并非仅采用简单的一条线、多条线或是几个层次的垂直、水平排列，而是运用了更为多样的设计手法。常见的复杂型版式包括抽象型版式、分层型版式、块状型版式以及螺旋式型版式等。

复杂型版式的特征如下。

(1) 版面上进行分层分组设计，构建出复杂的空间结构，并体现出深层次的逻辑性。

(2) 通过运用多样化的排版技巧，巧妙地将文字、图片、符号等元素融为一体，打造出层次分明的版面布局。

(3) 强调版面结构和布局的合理性，有效突出重点元素，加强对比效果，以营造和谐的视觉效果。

(4) 充分利用色彩的丰富性来突出重点内容，创造视觉节奏，从而使信息的传达更加丰富多彩。

4.1.2 海报的主体视觉构成

海报的主体视觉构成，指的是海报中最为核心的内容元素，包括标题、图像、文字等。这些元素共同构建了海报的主体框架，不仅起到吸引受众注意力的作用，还能让其迅速理解海报的主旨。因此，主体视觉构成在海报设计中具有举足轻重的地位。

在海报设计过程中，如何选择和构建主体视觉构成至关重要，它直接关系到海报设计的成败。以下是 3 种选择海报主体视觉构成的有效方法。

(1) 突出主题：通过精心设计的主体视觉元素，能够准确地凸显海报的主题，帮助观者快速捕捉到海报想要传达的核心信息，从而更容易理解海报的内容。

(2) 提升视觉吸引力：主体视觉构成可以借助色彩搭配、图案创意、场景设置以及氛围营造等手段，极大地增强海报的视觉吸引力。这样不仅能更好地抓住观者的注意力，还能让其沉浸在海报所营造的视觉体验中。

(3) 建立视觉关联：通过巧妙的视觉设计，主体视觉元素之间可以建立起紧密的联系，形成一个有机的整体。这样做不仅能让观者更容易理解海报的主题，还能引导他们更深入地感受海报所蕴含的意义。

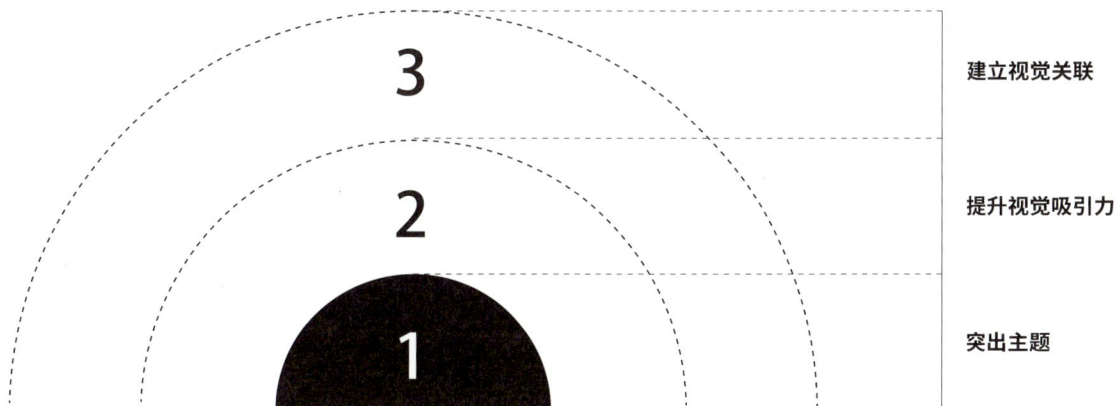

3 建立视觉关联

2 提升视觉吸引力

1 突出主题

1. 以参展作品作为海报的主体视觉

在展览项目中，以参展作品作为海报的主体视觉有 3 个优势。

三个优势

1 海报能够更出色、更直观地传达展览的核心主题和详细内容，从而更容易激发观者的兴趣。

2 若海报以参展作品为主体，将更能吸引观者的注意力，使其深受冲击与震撼。这样的设计不仅增强了海报的记忆点，还提升了其传播性。

3 设计师通过将参展作品置于海报的中心位置，并巧妙地结合色彩与设计元素，能够更完美地展现展览的主题以及参展作品的深层内涵，为观者带来更加丰富和深刻的视觉体验。

通常在一个展览项目中，会有众多展览作品。如何从中挑选适合作为海报主体视觉的作品，确实需要一些技巧。以下是一些选择建议：

1 ➝ **2** ➝ **3** ➝ **4**

挑选具有视觉吸引力的作品：

为了抓住观者的眼球，应优先选择那些在色彩、线条和空间构成上具有吸引力的作品。

紧扣海报及展览主题：

在设计海报时，要紧密围绕展览的主题进行。寻找那些能够深刻表现展览主题并且富有寓意的作品，确保海报能够准确传达展览的核心信息。

减少文字使用，突出视觉元素：

海报设计中，应尽量减少文字的使用，转而通过强烈的视觉元素来传达信息。这样做可以更有效地吸引观者的注意力。

考虑观众的喜好：

在选择作品时，要充分考虑目标受众的喜好。避免选择与大众审美、文化层次脱节，或者枯燥无趣、曲高和寡的作品作为海报的主体视觉。这样做可以确保海报更具吸引力，提高观众参与展览的兴趣。

2. 以参展艺术家的名字作为海报的主体视觉

在海报设计中，以艺术家的名字作为主体视觉元素，不仅能够提升艺术家的知名度，使其名字更易于铭记，还能迅速吸引艺术家粉丝的注意，便于他们识别出艺术家的作品。同时，这种做法也有助于传达展览的核心主题，增强展览的吸引力，并凸显其独特性，从而让更多人了解和欣赏艺术家及其创作。

具体设计时可参考以下 4 点建议。

(1) 融名作于标题中：以艺术家的姓名作为海报的标题，并在标题上方或周围巧妙地融入艺术家的照片或代表作，从而直观地展现海报的主题。

(2) 背景凸显作品风：在海报背景设计中，可以利用艺术家的照片或作品元素来构建一个鲜明的主题，使观者能够更清晰地欣赏到艺术家的作品风貌，进而更全面地领略艺术家的创作理念和艺术风格。

(3) 主色调显个性美：可以尝试将艺术家的名字或其作品的典型色彩作为海报的主色调，通过将艺术家的作品色彩与海报的整体色调相融合，进一步凸显艺术家的个性魅力。

(4) 文字引阅读兴趣：将海报中的文字说明与艺术家的照片或作品有机结合，通过简洁明了的文字介绍艺术家的创作背景和特点，有效引导观者产生参观展览的兴趣和期待。

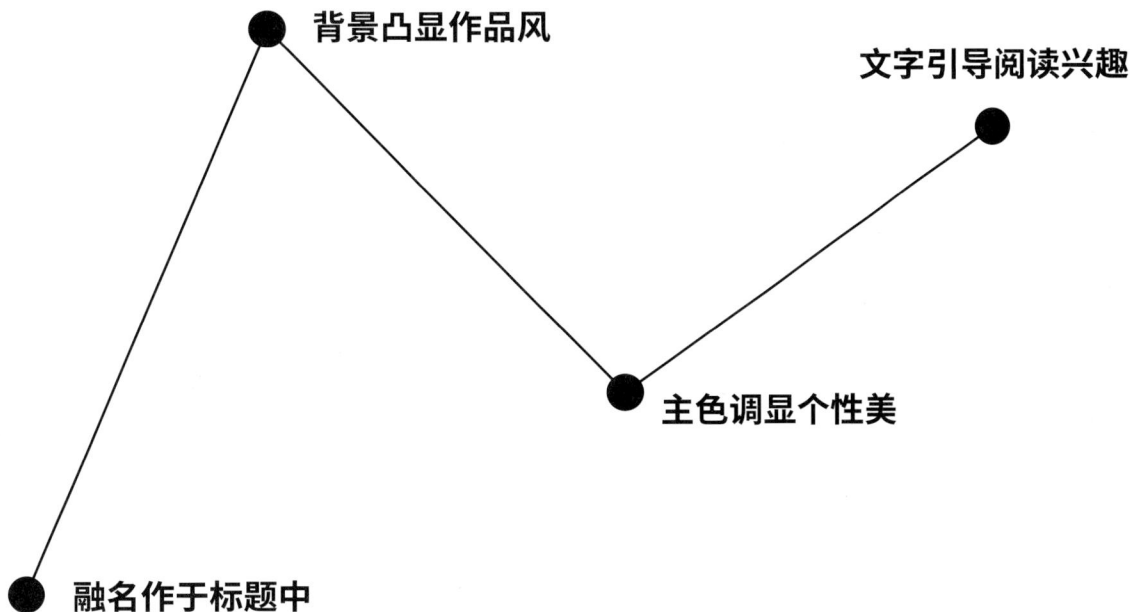

3. 以展览主题概念作为海报的主体视觉

在海报设计中，以展览的多主题概念作为海报的多元主体视觉具有重要价值和优势，具体如下。

展示展览主要内容： 通过采用展览的主题概念作为海报的主体视觉元素，能够清晰、直观地传达出展览的宗旨和核心主题，使观者第一眼就能理解展览的主要内容及目的。

提升展览影响力： 将展览主题概念作为海报的焦点视觉，能够有效吸引观者的注意力，集中关注于展览的核心议题，进而提升展览的知名度和影响力，拓展其社会覆盖面。

吸引更多观者： 以展览主题概念为主体设计的海报，具有更强的吸引力和感染力，能够激发更多观者的兴趣，吸引他们前来参观展览，从而扩大展览的受众群体。

提高展览知名度： 利用展览主题概念打造海报的主体视觉，有助于更精准、更有效地传播展览的核心信息，提高展览的知名度、曝光率和传播范围。

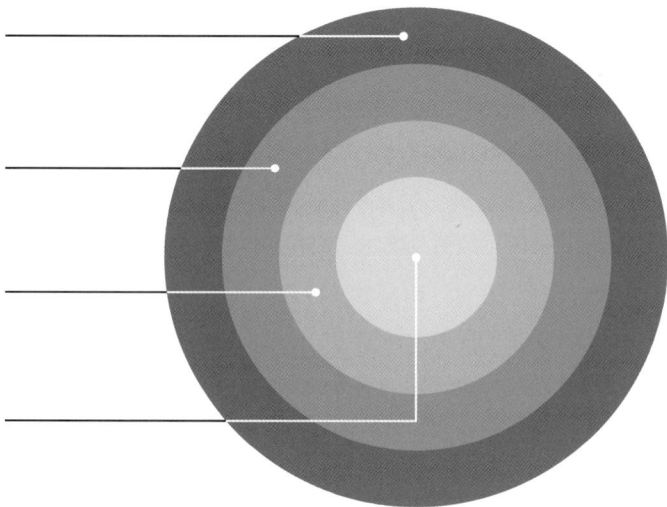

具体做法可以概括为以下 5 点。

充分利用重要的元素

将展览的特点、亮点及宗旨等核心信息巧妙融入海报设计之中，有效提升其宣传效果。

恰当使用图形元素

适度运用折线、箭头等图形元素，为海报增添一抹视觉亮点，增强其冲击力。

充分结合宣传性文字

选择合适的字体

在设计布局时，要细致入微，将重要内容置于海报的显眼位置，以吸引观者的注意力，提升关注度。

根据展览的主题概念，应着重突出图像、文字、颜色等关键元素，以生动展现主题的核心思想。

精心挑选与展览主题相匹配的字体，使海报更具表现力和艺术感。

合理安排布局方式

4.1.3　海报的主副标题设计方法

海报的主副标题至关重要，它们能够瞬间吸引观者的眼球，牢牢抓住他们的注意力，并有效传达关键信息。主标题作为海报的灵魂，通常采用大字体居中呈现，旨在突出产品或服务的主要特色与核心卖点；副标题则以相对较小的字体出现，在视觉上与主标题相辅相成，对主标题进行进一步阐释和说明，帮助观者更加清晰地理解信息的核心要义。

海报主副标题的常规处理方式，主要有以下 4 种。

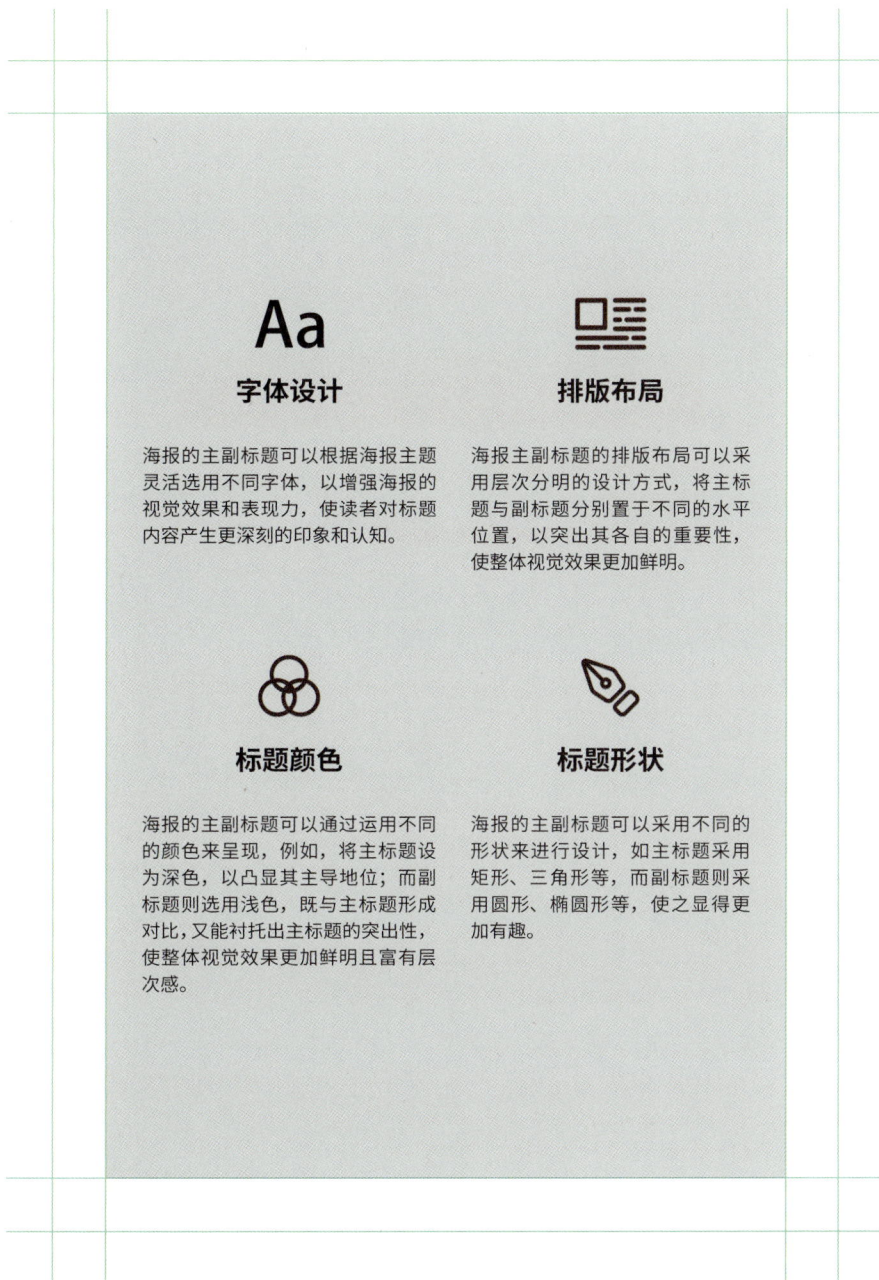

Aa
字体设计

海报的主副标题可以根据海报主题灵活选用不同字体，以增强海报的视觉效果和表现力，使读者对标题内容产生更深刻的印象和认知。

排版布局

海报主副标题的排版布局可以采用层次分明的设计方式，将主标题与副标题分别置于不同的水平位置，以突出其各自的重要性，使整体视觉效果更加鲜明。

标题颜色

海报的主副标题可以通过运用不同的颜色来呈现，例如，将主标题设为深色，以凸显其主导地位；而副标题则选用浅色，既与主标题形成对比，又能衬托出主标题的突出性，使整体视觉效果更加鲜明且富有层次感。

标题形状

海报的主副标题可以采用不同的形状来进行设计，如主标题采用矩形、三角形等，而副标题则采用圆形、椭圆形等，使之显得更加有趣。

1. 横向标题设计

横向标题设计作为海报设计中的一种常见手法，既具有其独特的优势，也存在相应的不足。

横向标题设计能够显著凸显海报的主题，使核心主题更加鲜明且突出，轻易吸引观者的注意力。它不仅能为海报增添一抹独特的视觉效果，还使整体设计显得更加精致美观。通过有序排列海报内容，横向标题设计构建出一种清晰的结构布局，让观者能够更轻松地捕捉和理解海报所传达的信息。然而，横向标题设计的灵活性相对有限，因为标题通常需要被固定在海报的中部，这在一定程度上限制了海报其他部分的设计空间。同时，虽然横向标题设计能使海报内容呈现规整的布局，但过度的规整可能会让海报显得沉闷且缺乏新意，视觉冲击力也会因此减弱。

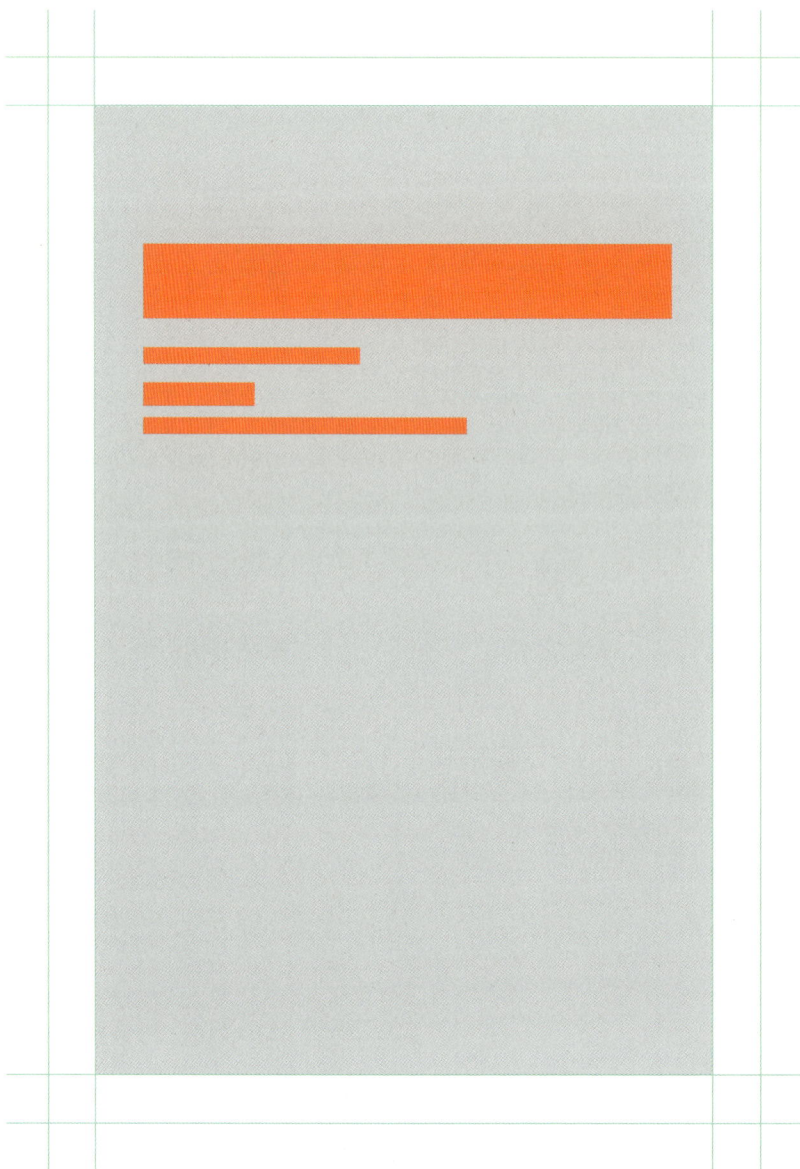

2. 纵向标题设计

纵向标题设计，与横向标题设计一样，作为海报设计中的一种常用手法，既展现出其独特的优势，也伴随着相应的缺点。

纵向标题设计在将文字与图片有机结合时，若处理不当，可能会导致海报整体布局失衡，进而影响海报的整体效果。然而，当设计得当，纵向标题设计能够巧妙地融合文字与图片，使海报呈现更强的组织性和整体性。不过，需要注意的是，纵向标题设计相对单一，可能在海报设计上缺乏足够的创新和想象力。此外，纵向标题设计的文字排列顺序与不同地区的阅读习惯有关。因此，在设计时需要充分考虑目标受众的阅读习惯，以确保海报的有效传达。

3. 其他类型标题设计

在海报设计中，标题的处理方式多样，除了常见的横向和纵向排列，还有无数种创意无限的处理方式，这完全取决于设计师的丰富想象力。在此，介绍 5 种横、竖向以外的标题处理方式。

(1) 螺旋式：这种方式在海报设计中显得尤为灵动，给人一种缠绕、穿梭的视觉感受，能够巧妙地引导观者的视线。

(2) 三角形排列：将标题以三角形的形式巧妙排列，有助于增强海报的视觉冲击力，迅速吸引观者的注意。

(3) 折线式：这种方式能够为海报增添活力，使标题变得更加生动有趣，打破常规，引人入胜。

(4) 圆形或半圆形排列：将标题以圆形或半圆形的形式进行排列，不仅有利于突出海报的主题，还能散发出浓郁的文化气息。

(5) 横线型排列：将标题以具有装饰性或特定排列方式的横线形式呈现，有利于提升海报的整体美感，使标题更加醒目突出。"横线型"与横向标题有所区别，更强调线条的装饰性或特定排列方式。

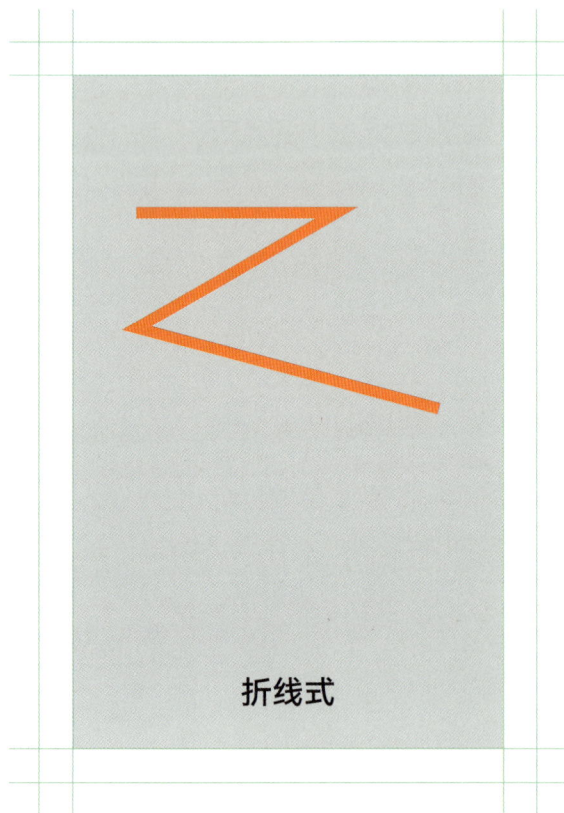

折线式

螺旋式

三角形排列

圆形或半圆形排列

横线型排列

4.1.4　展览信息在海报中的位置

展览信息作为海报设计中除标题外同样重要的内容，其位置安排直接影响着海报的整体视觉效果和传播效果。
关于如何合理安排展览信息在海报中的位置，以下提供 4 种常规的安排方法。

(1) 展览信息应清晰易懂：为确保观者能够轻松理解，展览信息的字体应选择清晰易读的字体，颜色则应选用明亮醒目的色彩。

(2) 展览信息应突出展示：为吸引观者的注意力，展览信息应置于海报的显著位置，如中间区域，使其一目了然。

(3) 展览信息应置于显眼位置：为更好地吸引观者的注意力，展览信息应被安排在海报的最上方等显眼区域。

(4) 展览信息应呈现清晰结构：为确保观者能够有条理地获取展览信息，应采用清晰的结构来展示，如使用大标题引领主题，小标题细分内容，以及列表形式罗列具体信息。

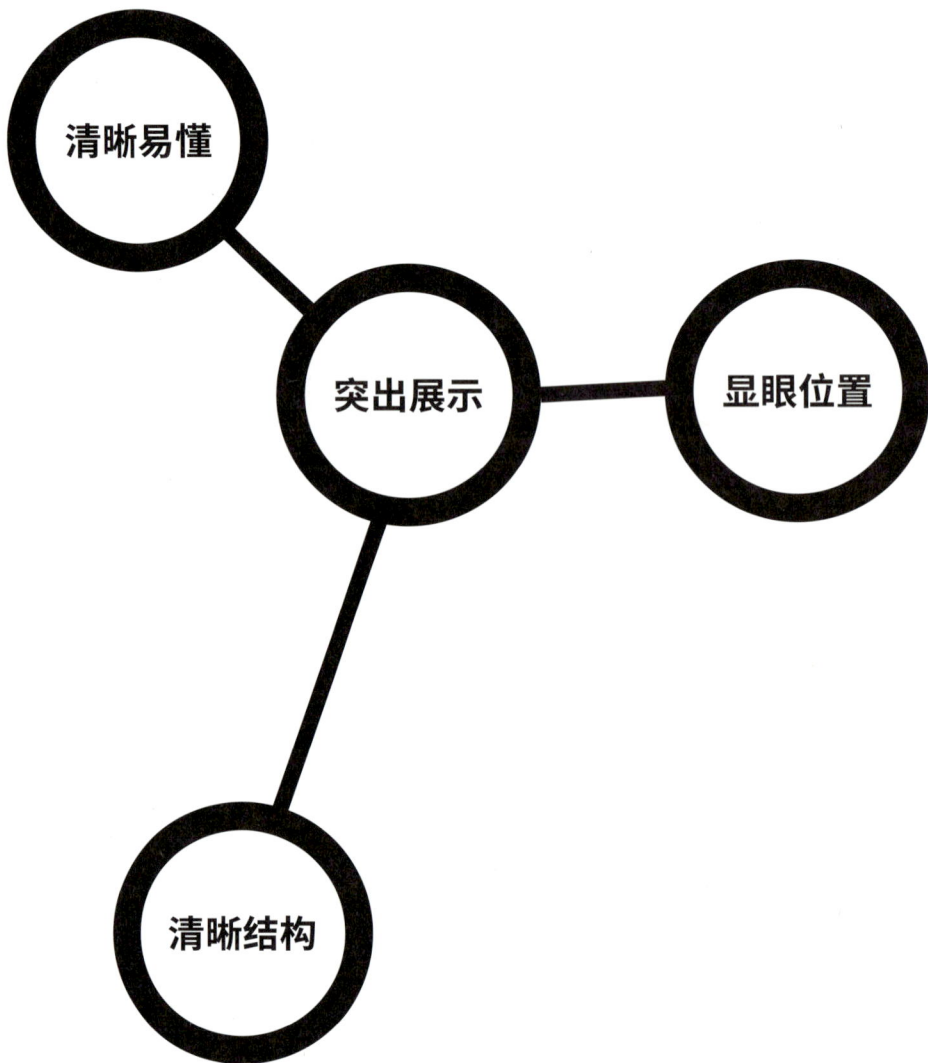

4.1.5　海报的字体如何设计

在海报设计中，字体设计占据着举足轻重的地位，绝不可轻视，它直接关系到设计的成功与否，同时也是衡量一个设计师审美能力、审美层次及文化素养的重要标准。字体的重要性主要体现在以下 5 点。

(1)　营造氛围：字体能够有效营造海报的整体氛围，准确传达海报的主题和概念。

(2)　突出关键信息：通过巧妙的字体设计，可以突出海报上的关键信息，使其更加醒目，便于观者快速理解。

(3)　支持主题：选择合适的字体能够增强海报主题的表现力，使海报更加具有说服力。

(4)　增加设计感：原创且独特的字体设计能够提升海报的设计感，使其更加吸引人。

(5)　提高可读性：可读性良好的字体能够确保观者轻松理解海报上的信息，提升海报的传播效果。

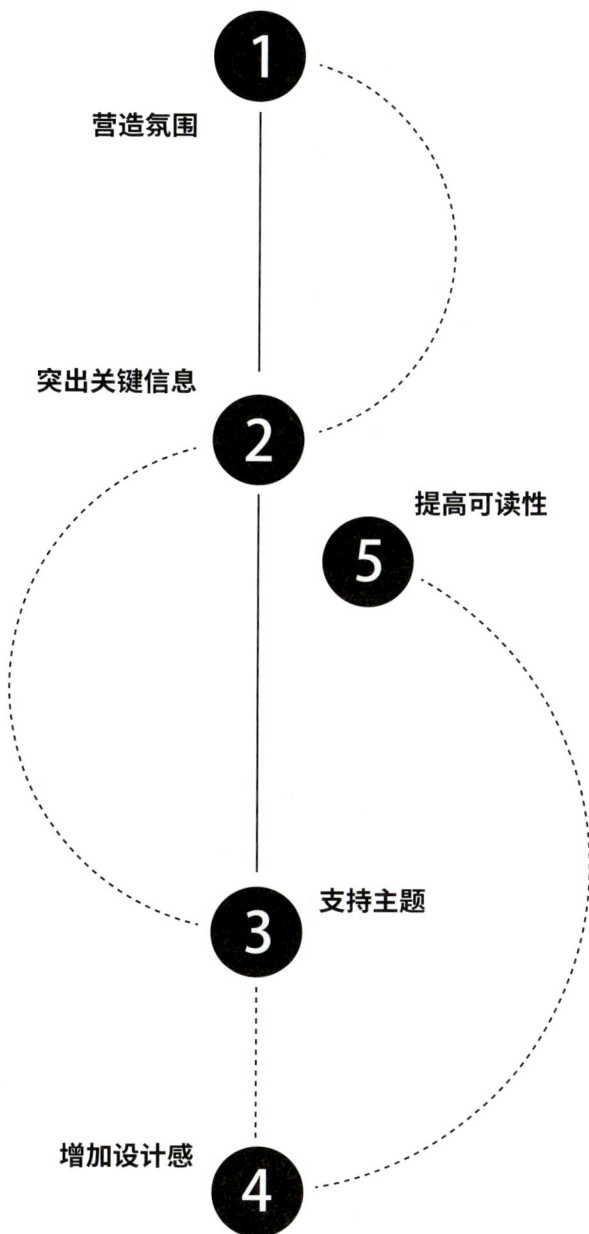

1. 主标题字体

一般而言，主标题的字体设计可遵循"大、凸、显"三字诀。其中，"大"指文字尺寸要大，"凸"指字体要突出，"显"指字体要显眼，旨在使标题富有表现力，尽可能吸引观者的注意力。为实现这一效果，可以采用黑体、粗体、斜体或大号衬线字体来加强标题的视觉效果。

大 凸 显

在字体设计中，总体而言，应从大小、类型、颜色、排版、对比等方面入手，牢记以下 5 个原则。

(1) 字号大小：主标题的文字大小应大于其他文字，以凸显其重要性。

(2) 字体类型：主标题应选用简洁、大气且醒目的字体，衬线字体或无衬线字体中的粗体、黑体等均可考虑。

(3) 文字颜色：字体的颜色应与海报背景颜色相协调，以强化并突出主题。

(4) 文字排版：主标题的文字排版应简洁大气，整齐有序，避免过于花哨。

(5) 字体对比：主标题的字体应与其他文字形成明显对比，以区分层次。

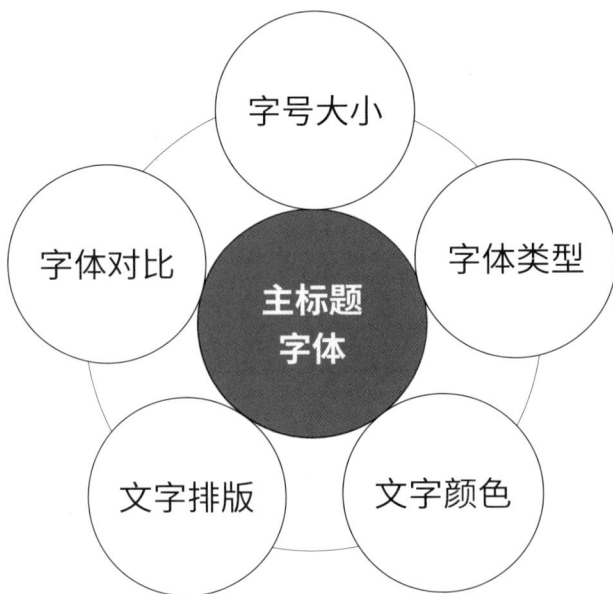

2. 副标题字体

副标题作为对主标题的补充，处于次要地位。因此，其字号大小应小于主标题，但仍需要保持足够的可视性。通常，细体、轻体、字形结构简单的字体或斜体字体是不错的选择。在设计副标题时，需要注意以下 4 个方面。

(1) 大小适宜：副标题的文字大小应适当小于主标题，但不宜过小。

(2) 协调统一：副标题的字体应与主标题保持协调性，确保设计连贯。

(3) 清晰易辨：副标题的字体应清晰易读，避免复杂难辨。

(4) 色彩协调：副标题的颜色应与整体设计相协调，避免与主标题重复。

大小适宜　　　　协调统一

色彩协调　　　　清晰易辨

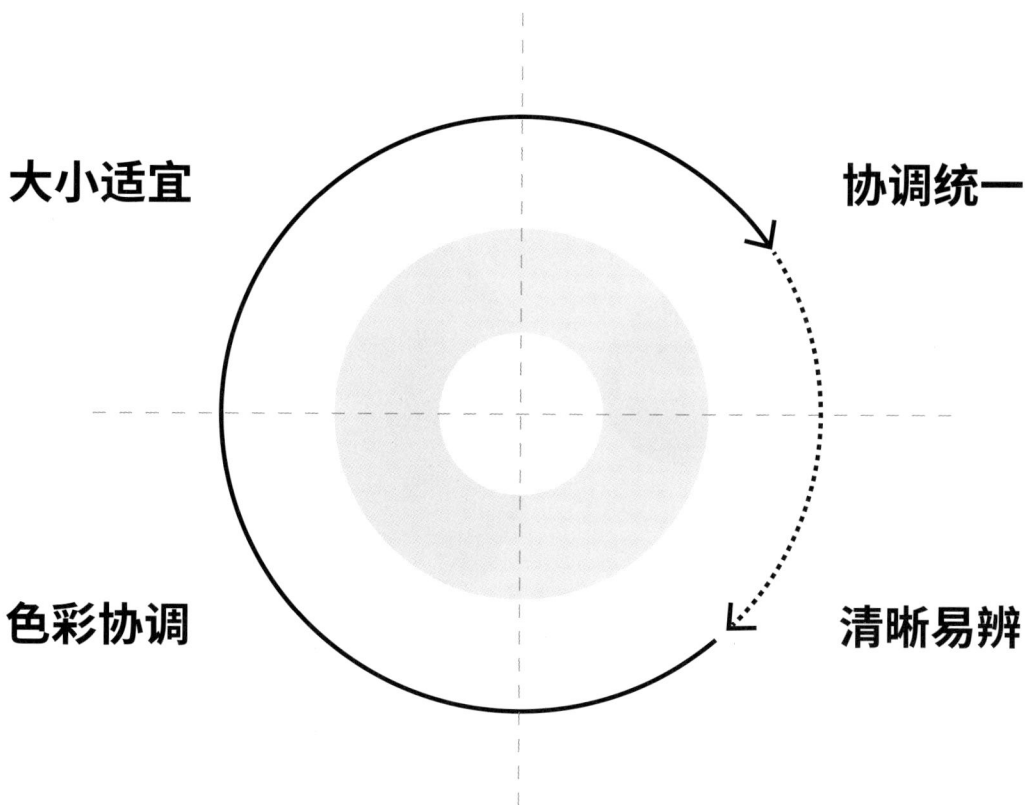

3. 主要展览信息的字体

在展览海报设计中，主要展览信息通常包括展览的时间、地点、联系方式、交通线路等基础内容，这些信息应采用清晰易辨的字体来呈现。

字体的大小和颜色需要与其他设计元素相协调，以达到最佳的视觉效果。一般而言，主要展览信息应选用醒目的颜色，文字大小要适中，排列要整齐有序，且必须确保无错别字，以便观者能够轻松辨认，避免产生误导或干扰。

此外，字体的设计还应根据展览的主题来定制，有时可以选择具有特色的字体，以使海报更具个性和吸引力。

4.1.6 选择海报的色系

在海报设计中，色系的选择至关重要，主要包括以下几个方面。

(1) 主色调：通常选用两种或两种以上的色调作为主色调，以突出海报的主题。例如，若海报主题为博物馆，可以选择蓝色作为主色调，以彰显博物馆的历史文化底蕴。

(2) 辅助色调：辅助色调在海报设计中起到衬托主色调的作用，使其更加鲜明突出。以蓝色为主色调时，可以搭配白色、金色等辅助色调，使设计更具立体感和层次感。

(3) 其他色调：根据海报主题的不同，可以灵活搭配其他色调来营造特定氛围。例如，若海报主题为游乐园，则可以选用粉色、橙色、绿色等明亮活泼的色调，以营造欢乐、充满活力的氛围。

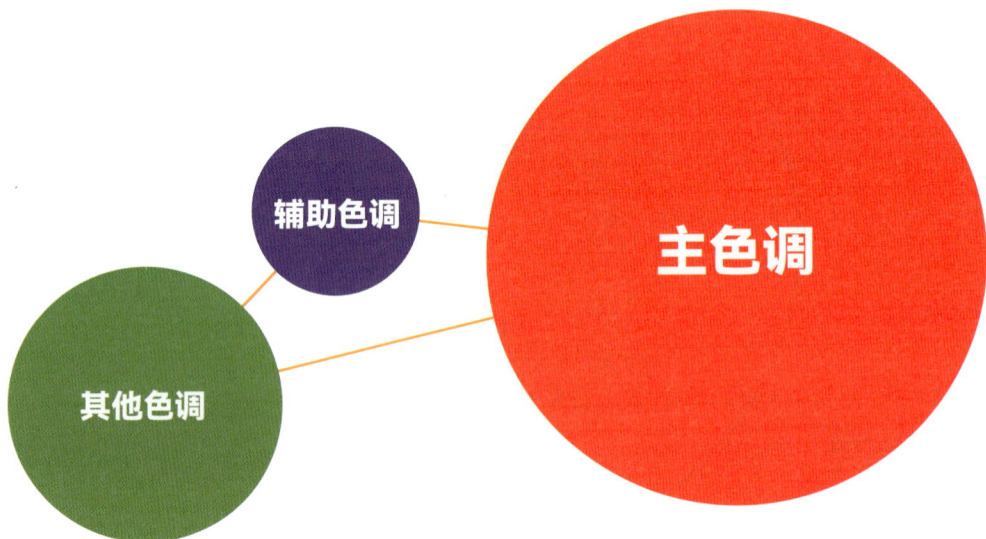

在选择海报设计的色系时，应该紧密围绕海报的主题和内容来进行。例如，如果是活动海报，可以选择充满激情的鲜艳色彩，如红色、橙色、紫色等，以营造热烈、活跃的氛围；而如果是科技类或具有现代感的海报设计，则宜选择具有科技质感的青色、银色、蓝色等，以展现科技与现代的融合。此外，还需要注意色彩的搭配与协调，确保海报上的色彩搭配和谐统一，使海报整体呈现美观大方的气质。

1. 冷色调在海报中的运用

在海报设计中，冷色调的应用方式多种多样。

(1) 冷调铺满：以冷色调为主，使用大面积的深蓝、灰色、浅绿等冷色调，营造出宁静、沉稳的整体氛围。

(2) 渐变融合：运用渐变色系，从冷色调的基调逐渐过渡到更明亮的色调，带来柔和而富有层次感的视觉冲击。

(3) 冷暖交织：将冷色调与暖色调巧妙结合，以冷色调作为整体背景，点缀少量橘黄、粉色等暖色调元素，使海报生动有趣。

(4) 对比凸显：使用高对比度的冷色调组合，如白色、黑色与深蓝的搭配，为海报增添强烈的视觉冲击力。

(5) 拟物梦幻：利用冷暖色调的混合，模拟出夕阳、雨滴、云朵等自然景象，营造出梦幻般的拟物化视觉效果。

冷调铺满

渐变融合

冷暖交织

对比凸显

拟物梦幻

2. 暖色调在海报中的运用

在海报设计中，暖色调的运用可以从背景、字体、图片、画面 4 个维度入手。

(1) 背景：采用暖色调作为背景，能够营造出温馨、温暖的氛围，使海报的主题更加鲜明突出。

(2) 文字：使用暖色调的文字，可以进一步凸显海报的主题，为海报注入活力与动感。

(3) 图片：暖色调的图片能够传递出温馨、欢乐的情感，是海报设计中极为常用且有效的运用方式。

(4) 画面：整体画面运用暖色调，可以营造出一种温馨和谐的氛围，给人以热情洋溢、充满正能量的感受。

3. 黑白色调在海报中的运用

黑白色调在海报设计中的运用方式如下。

(1) 对比运用：利用黑色与白色的鲜明对比，增强海报的视觉冲击力，有效吸引观者的注意力。

(2) 融合流行：将黑白色调与当前流行色调相结合，使海报既具备经典韵味，又充满时尚感。

(3) 简约呈现：通过黑白色调的简约运用，简化海报设计，减少复杂色彩组合，使海报呈现简洁大方的风格。

(4) 质感表达：巧妙利用黑白色调，表达出特定的质感效果，进一步强调海报的主题性及美感。

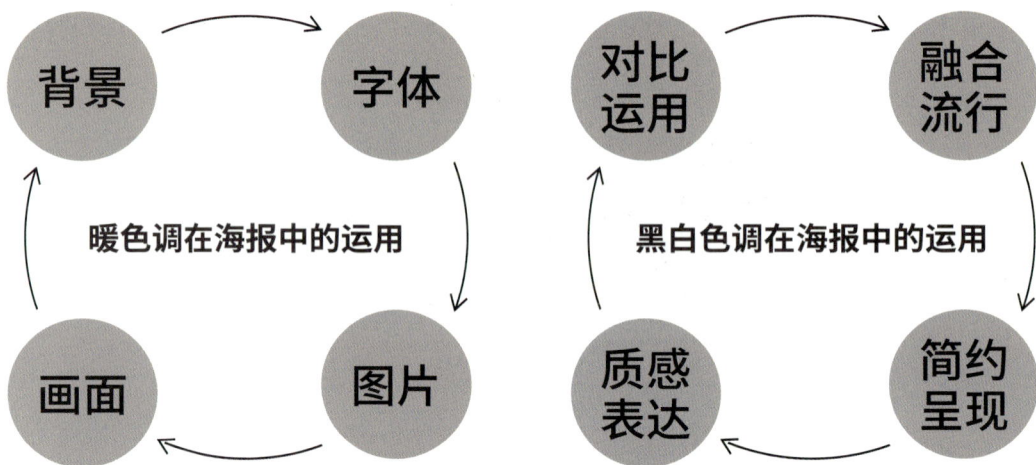

4.2　名片设计实例

名片设计是专为个人或企业量身打造的，用于展示自我或企业形象的简洁而精致的宣传卡片。它通常包含个人或企业的名称、联系方式、Logo、网站等关键信息。名片设计不仅能够凸显名片拥有者的独特个性，还能在客户心中留下深刻而难忘的印象。尽管智能手机时代的到来让微信名片等电子形式日益普及，但在现实生活的诸多场景中，纸质名片依然发挥着不可替代的作用。

4.2.1　分析设计要求

在开始名片设计之前，务必充分了解并分析客户对名片设计的具体需求，通常需要把握以下 5 个关键点。

(1)　明确特殊需求：详细询问客户对设计要求有何特殊之处，包括风格、颜色、大小、材质等方面的偏好。

(2)　了解预期效果：深入了解客户希望名片设计能达到怎样的效果，以便更好地满足客户的期望和目标。

(3)　把握品牌形象：熟悉客户的品牌形象及企业文化，以便更准确地把握客户的细节要求，确保设计与之相契合。

(4)　研究竞争对手：了解客户的竞争对手及其名片设计特点，把握设计热点，并据此为客户提供更具竞争力的设计建议。

(5)　细化设计要求：与客户充分沟通，明确字体、图标、版式、尺寸等具体细节要求，以及客户的其他特殊需求，确保最终的名片设计完全符合客户的期望和标准。

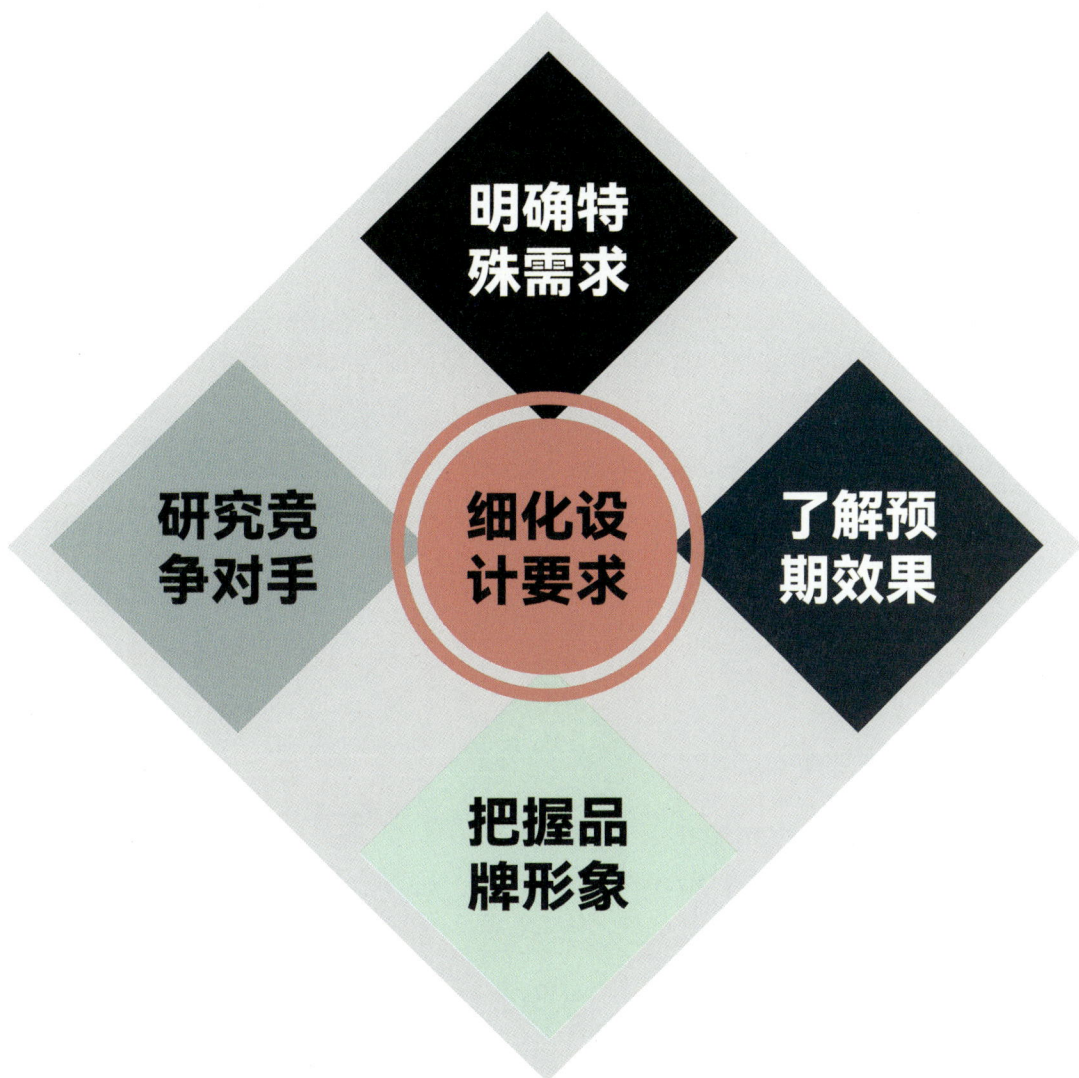

4.2.2 版式与尺寸的设定

一般来说，名片有 3 种常规尺寸：90mm×54mm、90mm×50mm、90mm×45mm。但考虑到制作过程中需要留出出血位，即上、下、左、右各 2mm，因此实际制作尺寸应设定为：94mm×58mm、94mm×54mm、94mm×49mm。

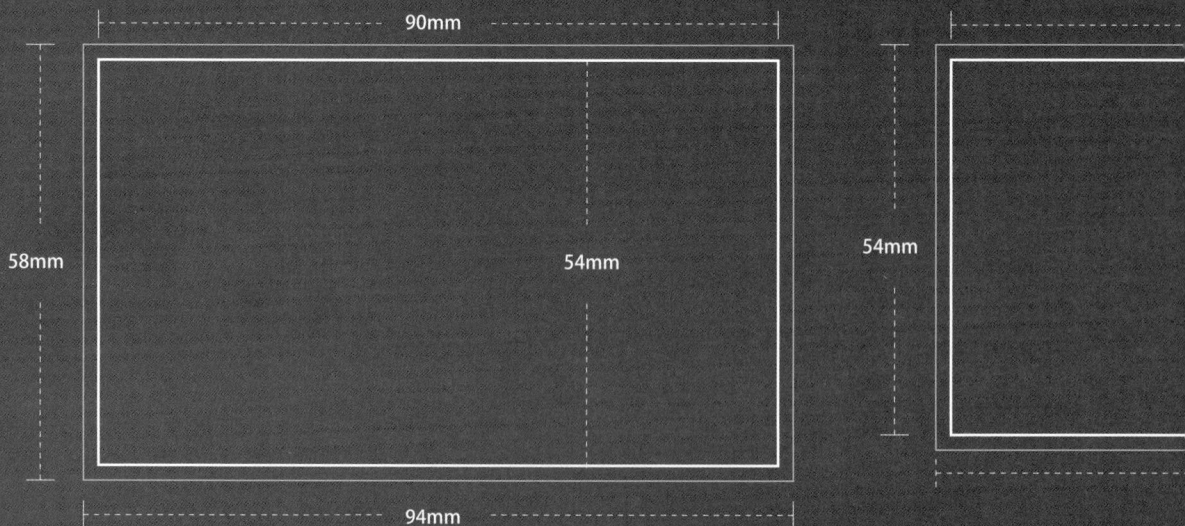

也可以根据客户的具体需求进行定制设计。设计师应充分考虑客户的具体要求，合理安排文字、图标、照片等元素的位置和布局，确保客户的关键信息处于最突出的位置，便于客户快速发现。同时，在版式设计上，要尽可能凸显客户的品牌特色，彰显客户的个性魅力。具体操作中，设计师可参考以下 5 种常规版式进行创作。

单面版式：设计为单面呈现，背面仅包含简单信息或留白，通常采用单面印刷的纸张制作，有助于降低成本。

正面

反面

双面版式：采用双面设计，纸张两面均进行印刷，能够展示更多简要信息。由于设计空间更为充裕，因此可以融入更多创造性元素，展现出更丰富的设计效果。

90mm

50mm

94mm

49mm

90mm

45mm

94mm

版面

出血线

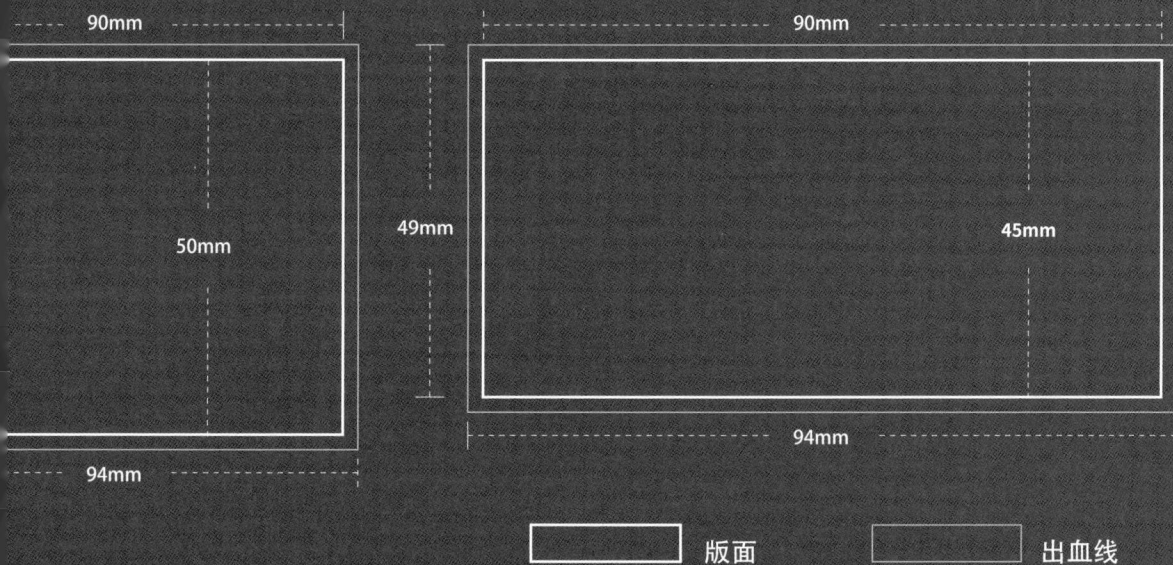

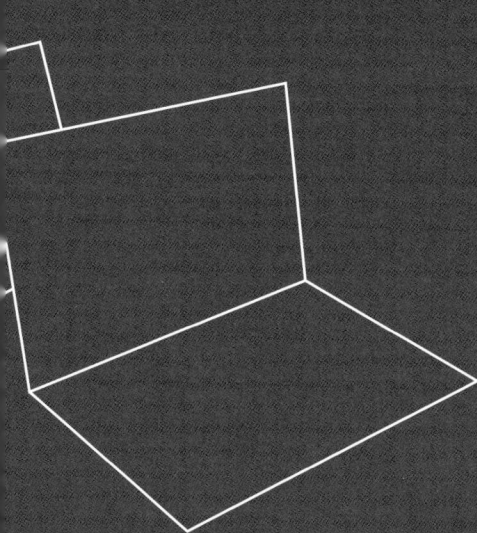

封套版式：封套版式的名片设计包含两面以及一个内部封套，提供了更充足的设计空间。可以充分利用这些区域展示更多的文字内容、产品图片、商标等元素，非常适合用于企业形象的全面宣传和推广。

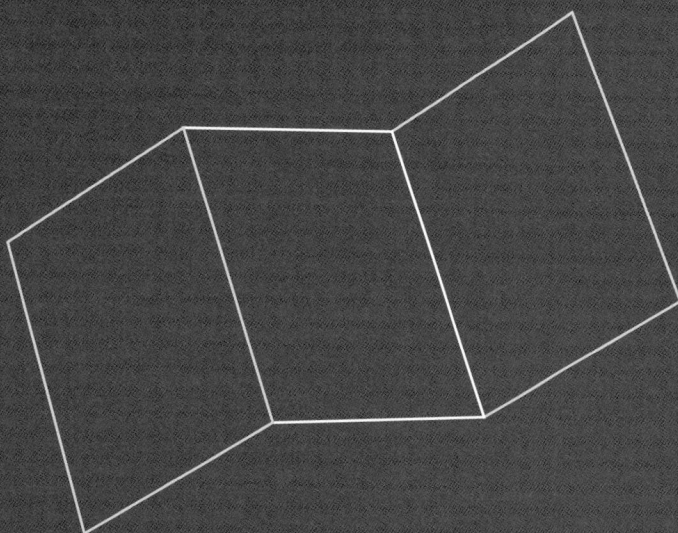

三面版式：三面版式的名片采用特殊的三面印刷纸张制作，能够展示更多简要信息。由于其宽度更宽，设计空间更为广阔，因此可以融入更多创造性元素，实现更加独特和吸引人的设计效果。

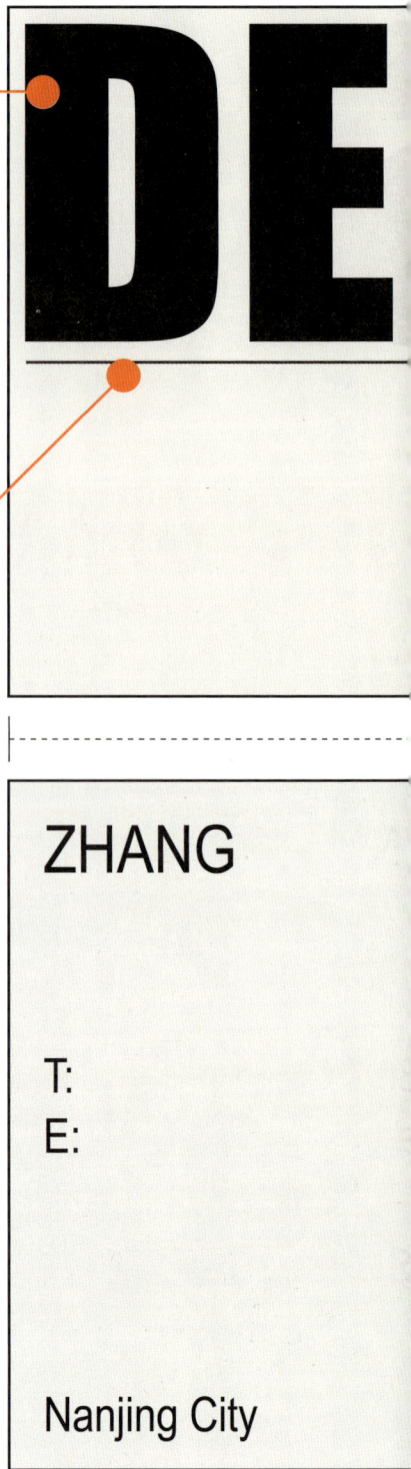

4.2.3 设计成品输出

名片设计完成后，待客户最终确认无误，在成品输出阶段，设计师需要注意以下事项。

色彩模式

为确保印刷品的色彩表现与设计预期一致，建议采用 CMYK 色彩模式进行设计，并避免使用过于深重的色调，以免影响印刷质量。

框线控制

在名片设计中，框线的使用需要恰当控制。框线不宜过细，以免印刷时效果不佳。建议框线宽度设置在 0.25mm~0.3mm，以确保印刷质量。

尺寸准确

设计名片时，需严格遵守常见的名片尺寸标准， 如 90mm×54mm、90mm×50mm、90mm×45mm 等。确保最终设计尺寸与印刷要求完全一致。

DE

58mm

ZHANG

T:
E:

Nanjing City

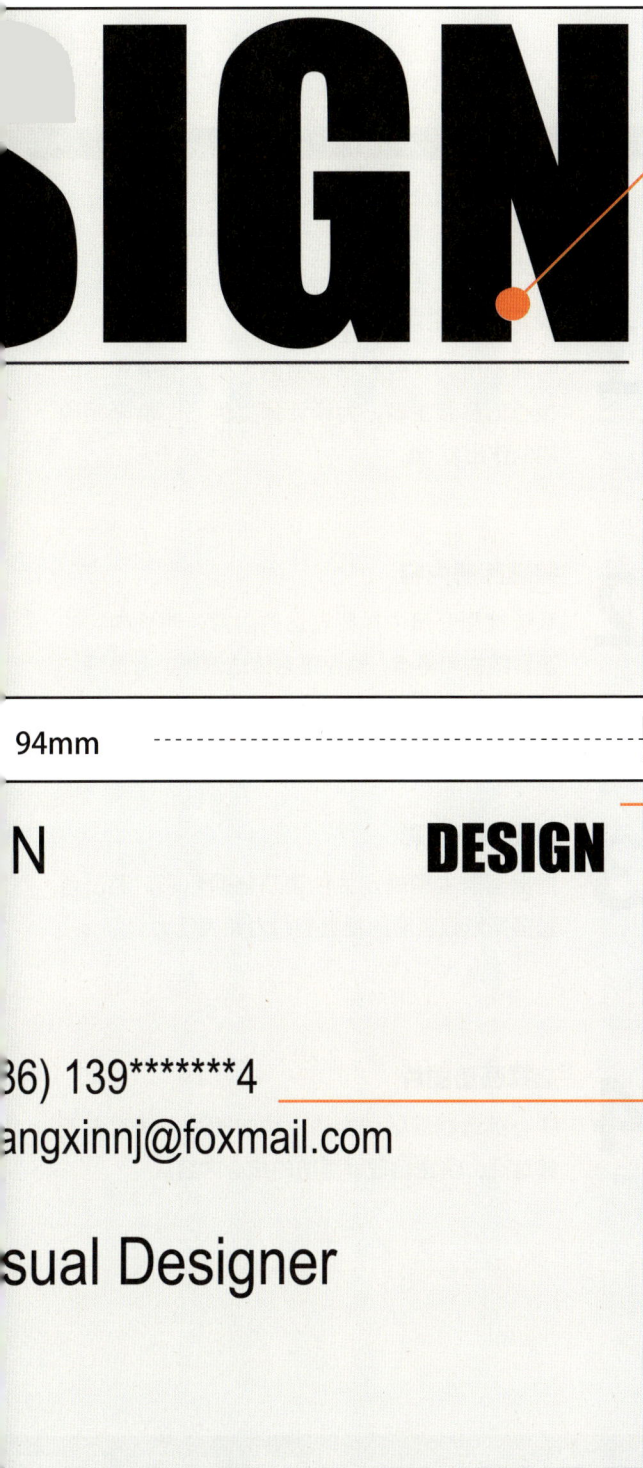

SIGN

94mm

N   DESIGN

36) 139*******4

angxinnj@foxmail.com

sual Designer

图片分辨率

名片中的图片应具备高分辨率，建议使用 300dpi 以上的图片。这样可确保印刷出的图片清晰度高，色彩表现更佳。

元素间距

在设计名片时，需要合理安排各元素之间的距离，确保设计边距充足。这样可以使设计空间更加充裕，设计效果更加简洁大方。

排版清晰

使用清晰的排版方式，确保文字内容不会模糊。字体设计要合理，字号要适中，字距要恰当，而且文字颜色应与背景色形成鲜明对比。

4.3 画册设计

画册是一种融合了插图、照片和文字信息的综合性书册，主要用于宣传和展示，广泛应用于展示艺术作品、介绍产品特性、宣传活动内容或其他特定主题。设计师在进行画册设计时，需关注以下 6 个关键方面。

1 **确定画册主题**
明确画册的定位和核心目的，确定想要传达的核心信息和主题，为设计师提供一个清晰明确的创作出发点。

2 **梳理画册内容**
系统梳理画册中需要表达的内容，明确内容的逻辑结构和重点，确保信息传达清晰、有条理。

3 **搭配画册色彩**
根据画册主题确定主色调及辅助色彩，通过色彩搭配增强画册的视觉吸引力和表现力。

4 **选择画册图片**
精心挑选能够贴切表达主题的图片，使观者能够直观、快速地理解画册的核心内容。

5

设计画册文案

画册中的文案要准确、精练地表达主题，语言清晰易懂，确保读者能够迅速抓住重点信息。

6

画册版面排版

遵循审美规范，合理把握文字和图片的比例，精心布局，提升画册的整体阅读体验和视觉效果。

4.3.1 如何确定画册的尺寸

在常规的画册设计中，设计师首先需要确定画册的尺寸大小。为了准确确定画册的大小，可以采用"三步法"来进行。

首先

画册内容的多少：若画册内容较为丰富，建议选择较大尺寸，以便更好地展现内容细节。

其次

画册的用途：若画册主要用于收藏，可以选择较大尺寸以增添收藏价值；若画册用于展示或携带，则建议选择较小尺寸，便于展示和携带。

最后

画册的制作预算：考虑到制作成本因素，若预算较高，可选择较小尺寸以降低成本；若预算较低，则可选择较大尺寸以提升画册的整体效果。

设计师在确定画册尺寸的大小后，再具体思考画册尺寸时，应该注意如下 7 点。

(1) 内容适配：画册尺寸应根据所需内容、图片尺寸以及打印成本来确定，确保内容呈现完整且清晰。

(2) 设备限制：不同的画册尺寸可能受制于打印机、业务要求或制作工具的限制，需要提前了解并适应相关设备规格。

(3) 制作方式：打印方式可能会影响画册整体效果，应考虑选择符合内容的打印方式，以提升画册的视觉效果。

(4) 成本考量：尺寸过大会增加印刷成本，过小会导致内容显示不清楚，应根据实际内容和打印成本合理选择尺寸，达到性价比最优。

(5) 确定用途：画册尺寸也可以根据画册的用途确定，如展示、收藏、礼品等，不同用途对尺寸有不同要求。

(6) 材料技术：画册尺寸可以根据所选择的材料和装帧技术来确定，不同材料和装帧技术会产生不同的尺寸限制，需要综合考虑。

(7) 效果平衡：画册尺寸过小会影响外观，而过大则会影响携带方便程度，过犹不及。应根据画册尺寸及内容灵活确定，达到整体效果的最佳平衡。

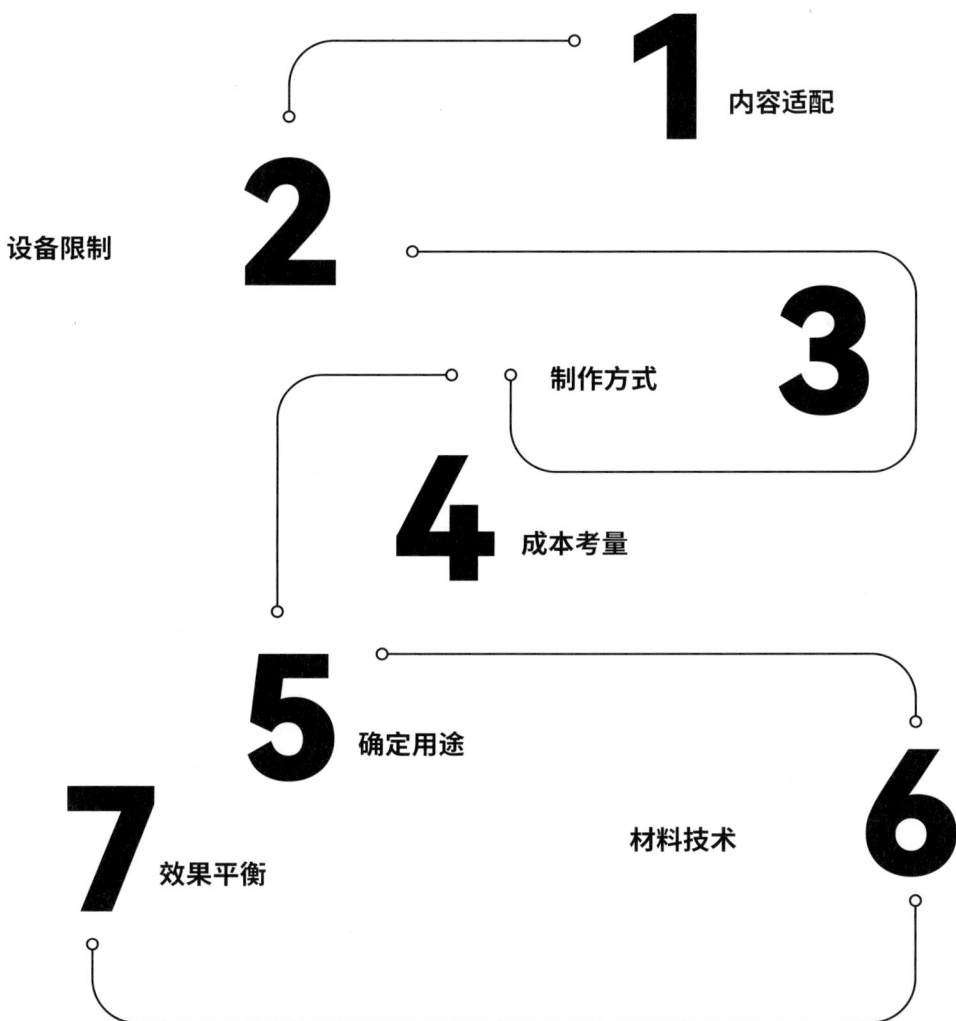

1 内容适配

2 设备限制

3 制作方式

4 成本考量

5 确定用途

6 材料技术

7 效果平衡

4.3.2 确定画册的版式

画册版式的设计至关重要，因为它直接关乎画册的整体外观和氛围营造。版式设计不仅决定了图片、文字和内容的排列方式，还影响着空间的有效利用，这些都对画册的外观及内容表达产生着深远影响。一个恰当的版式选择，能让画册层次分明、趣味横生，更具视觉冲击力，从而大幅提升画册的表现力。

设计师在确定画册版式时，需要紧密结合客户的需求，并充分考虑画册的内容与目的。需要主要考量的因素如下。

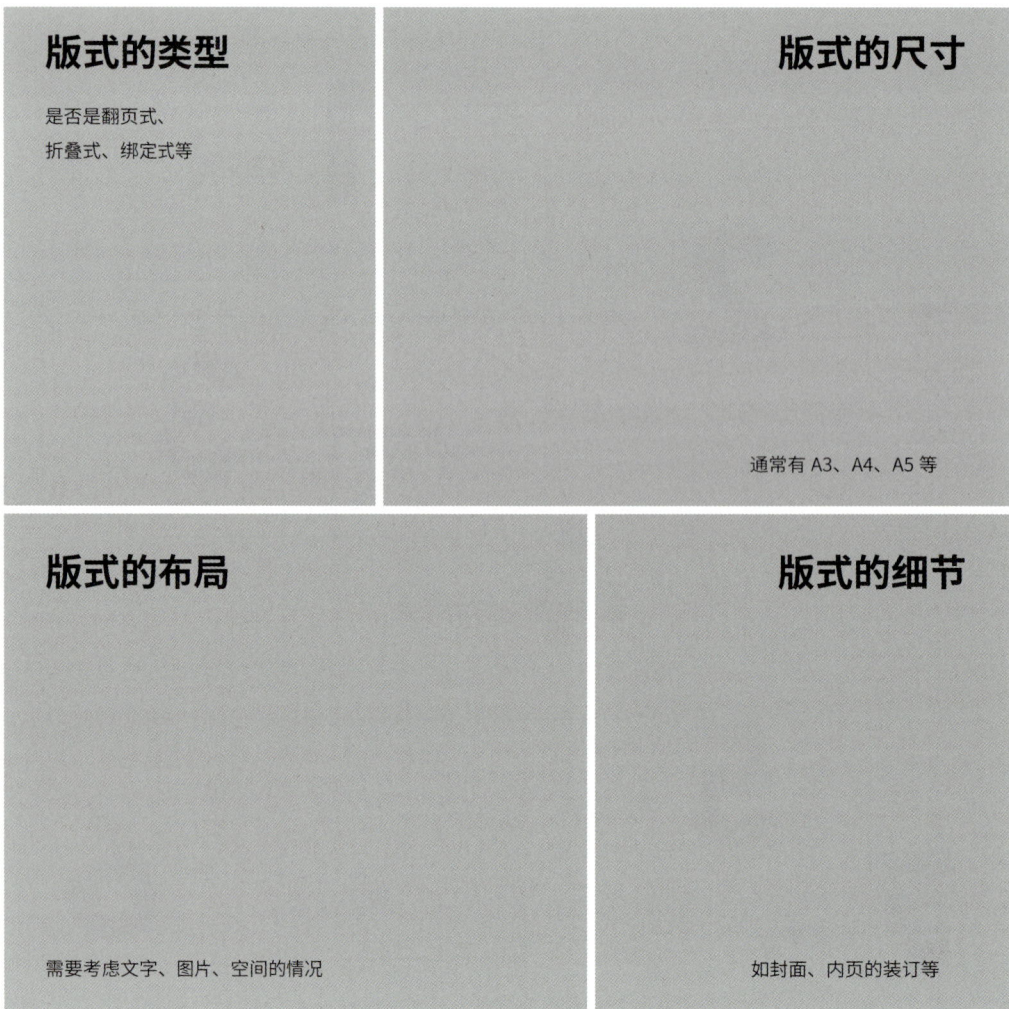

版式的类型

是否是翻页式、
折叠式、绑定式等

版式的尺寸

通常有 A3、A4、A5 等

版式的布局

需要考虑文字、图片、空间的情况

版式的细节

如封面、内页的装订等

4.3.3 画册的图片处理

图片处理在设计画册中具有举足轻重的地位。通过优质的图片处理，不仅能够显著提升图像的质量，使观者能够更轻松地理解图片所传达的意义，还能更精准地展现设计师的设计理念。此外，图片处理还能够帮助调整色调、突出重点，进一步增强图片的视觉冲击力，从而全面提升画册的整体品质。

以下是图片处理的主要步骤。

(1) 图片颜色模式修改：统一将图片颜色模式修改为 CMYK 模式，以确保与印刷流程的兼容性。

(2) 图片尺寸裁切：根据作品需求，将图片裁切成适合呈现的尺寸，以优化画册的版面布局。

(3) 图片颜色校正：参照作品原作，在 Adobe Photoshop 等软件中调整图片的明度、色相、饱和度，务必使处理后的图片最大限度贴近原作色彩。如有条件，建议与印刷厂合作的专业校色工作室进行校色，以确保色彩准确性。

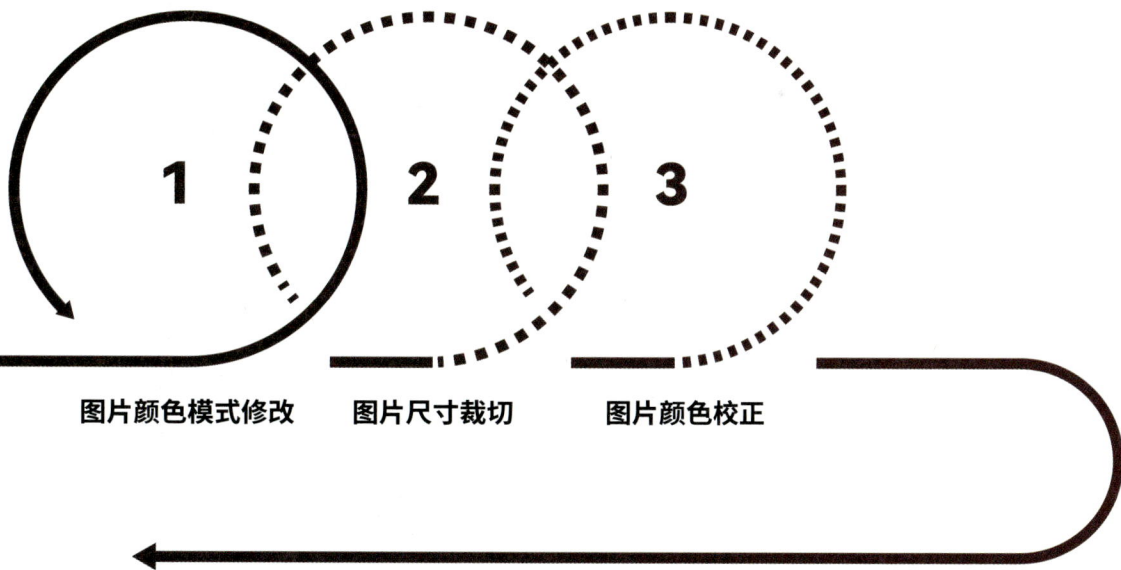

图片颜色模式修改　　　图片尺寸裁切　　　图片颜色校正

4.3.4 画册中的文字版式设计

文字版式设计在设计画册中与图片处理同样重要。它不仅能够帮助清晰、准确地传达信息，还能更好地展示内容，使观者能够更轻松地理解页面内容，提高页面的可读性。此外，精心设计的文字版式还能增添画册的美感，吸引观者的注意力，进而提升画册的整体设计水平。

在进行文字版式设计时，需注意以下几点。

(1) 突出作品图片：文字设计应避免干扰作品的呈现，确保图片能够成为页面的视觉焦点。

(2) 方便阅读：避免大面积的文字堆砌，结合读图时代的特点，将文字与图片有机结合，使页面更加生动有趣，易于阅读。

(3) 减少字体重量：最好选用笔画偏细的等线体，这样在阅读时能减少视觉疲劳，提升阅读体验。

4.3.5　画册的页码设计

页码作为书籍不可或缺的部分，对于读者来说，它如同导航一般，能够迅速指引他们找到画册中的所需内容。而在设计师的眼中，页码则是一个极具创意的设计元素。页码可以灵活地出现在页面的任何位置，其大小也并无固定限制。然而，设计师在运用页码时，必须确保标注有规律可循，避免出现混乱无章的情况，以保证画册的整体美观和实用性。

4.3.6　出血线的设置方法

出血线是一种排版处理技术，用于将图片的边缘略微向外扩展。这一做法旨在避免在打印过程中，图片因紧贴纸张边缘而导致部分内容被裁切或无法完整显示。通过设置出血线，可以确保图片在印刷后能够完整、准确地呈现出来。

通常情况下，出血线的默认设置为 3mm，但在实际应用中，可以根据具体的印刷需求和纸张规格进行适当调整。

4.4 周边物料设计

周边物料设计，是指设计师在满足客户要求的基础上，针对主视觉设计所延伸出的各种相关品和扩展内容，如展签、传单、名片、单页、明信片以及周边礼品等。作为设计中的重要环节，周边物料设计与主视觉设计之间存在着紧密的联系。

主视觉设计是整个设计的灵魂和核心，它奠定了设计的整体风格和基调。而周边物料设计，则是基于主视觉设计的风格和思路，通过精心挑选的字体、颜色、图案等元素，进行合理的创意延伸和拓展，以完美呈现整个设计的完整面貌。因此，可以说主视觉设计是周边物料设计的基础和出发点，而周边物料设计则是对主视觉设计的合理延伸和补充，两者相辅相成，共同构成了一个完整、统一的设计体系。

4.4.1 印刷类物料

印刷类物料包括：海报、大型喷绘、展签、画册、邀请函、展架、导览手册以及前言刻字等。在设计这类印刷周边物料时，需要注意以下问题。

(1) 关注印刷物料的版面设计：需要严格按照客户的定制要求，注重版面的对称性、层次感的营造，以及色彩的和谐搭配，确保整体视觉效果既美观又协调。

(2) 重视字体的选择与使用。应选用清晰易读的字体，文字大小需要与版面布局相契合，同时避免过多使用拉丁文字，以免给观者带来阅读上的不便。

(3) 精心挑选图片：所选图片需要清晰度高，尺寸适宜，并且要与版面中的其他元素在色彩上形成一定的搭配，使版面更加美观大方。

(4) 注重文字内容的编辑与校对：文字内容需要符合语法规范，通俗易懂，尽量避免使用生僻词汇，以确保读者能够轻松理解。

(5) 考虑印刷物料的印刷工艺：需要确定好物料的开版尺寸、印刷方式以及印刷材料，确保印刷品质符合客户要求，达到最佳的印刷效果。

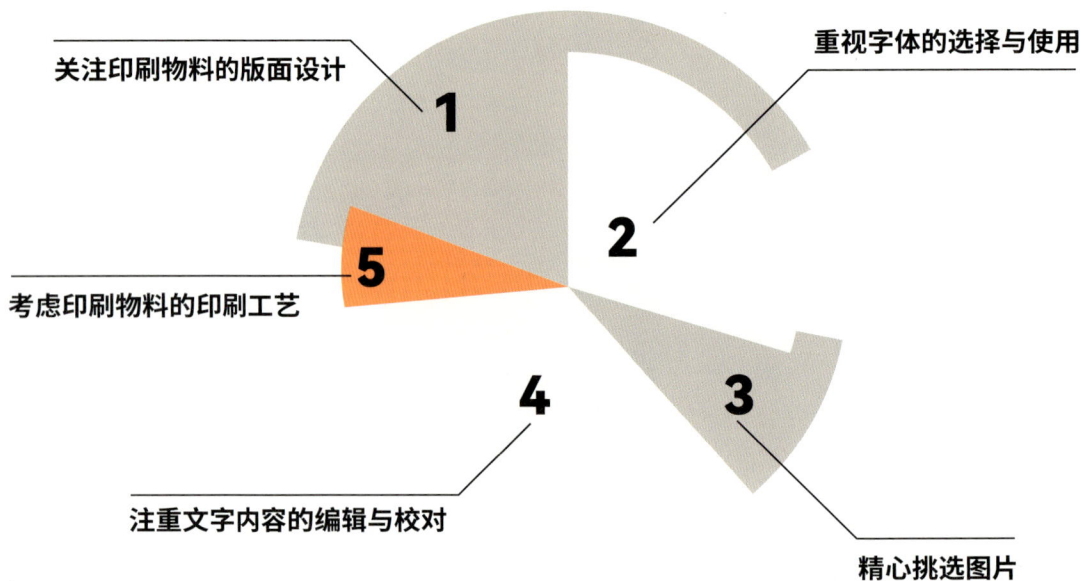

关注印刷物料的版面设计 **1**　**2** 重视字体的选择与使用

考虑印刷物料的印刷工艺 **5**

注重文字内容的编辑与校对 **4**　**3** 精心挑选图片

4.4.2　网络宣传类物料

网络宣传类设计涵盖网站首页、微博首页、公众号首页等。设计师在进行这类物料设计时，需要注意以下几点。

(1) 明确站点目标与定位：设计师应清晰界定站点的性质与功能，明确它是一个什么类型的网站，旨在完成哪些任务，以及需要向用户传递哪些核心信息。

(2) 深入了解用户需求：设计师应针对目标用户群体进行细致调研，收集并分析用户的具体需求，将用户需求与站点定位紧密结合，以确保设计贴近用户实际。

(3) 合理规划页面布局：设计师应基于前两步的调研结果，结合网站的功能模块和内容安排，合理规划网页布局，包括导航栏、品牌标识、主要内容区域等，确保页面结构清晰、易于导航。

(4) 精心选择色彩方案：设计师应根据站点的定位与主题，精心挑选色彩方案，通过色彩来传达网站的情感氛围和品牌形象。

(5) 恰当选用字体风格：设计师应根据网站内容的特性和阅读需求，选择易读性高、风格适宜的字体，确保内容呈现清晰、美观。

(6) 精选图片与图标：设计师应根据网站的定位和风格，精心挑选符合主题的图片或图标，增强网站的视觉吸引力和信息表达力。

(7) 加强与维护人员的沟通协作：设计与网站维护属于不同专业领域，设计师在设计网站首页时，应多与网站维护人员沟通交流，确保设计过程顺畅，设计成果易于实施和维护。

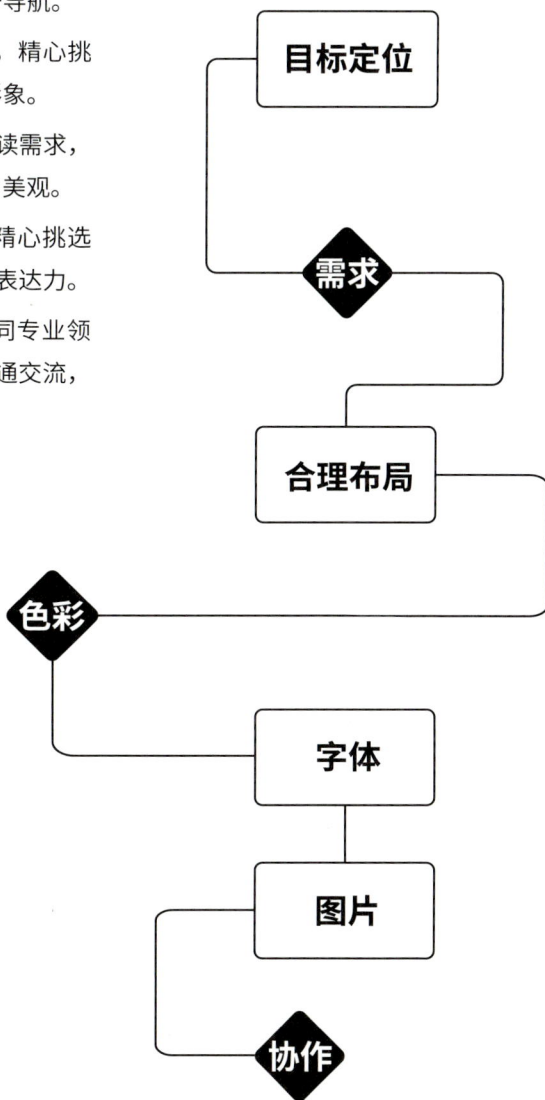

4.4.3　衍生品类物料

设计师在设计布包、贴纸等衍生品类物料时，应注意以下 5 个问题和细节。

(1)　注重品质：其中包括材质、尺寸、款式等，确保设计合理，符合产品使用要求和审美标准。

(2)　控制成本：从甲方的角度出发，替甲方着想，合理控制制作成本，确保设计既经济又实用。

(3)　紧跟潮流：不能一设计出来就已经过时，要紧跟时尚潮流，使设计具有时代感和吸引力。

(4)　有效传播：要考虑衍生品的广告宣传策略，以及如何与受众进行有效沟通，提升产品的知名度和影响力。

(5)　科学保养：熟悉合理的保养和维护方案，以保持衍生品设计的持久性和美观性，更合理、更科学。

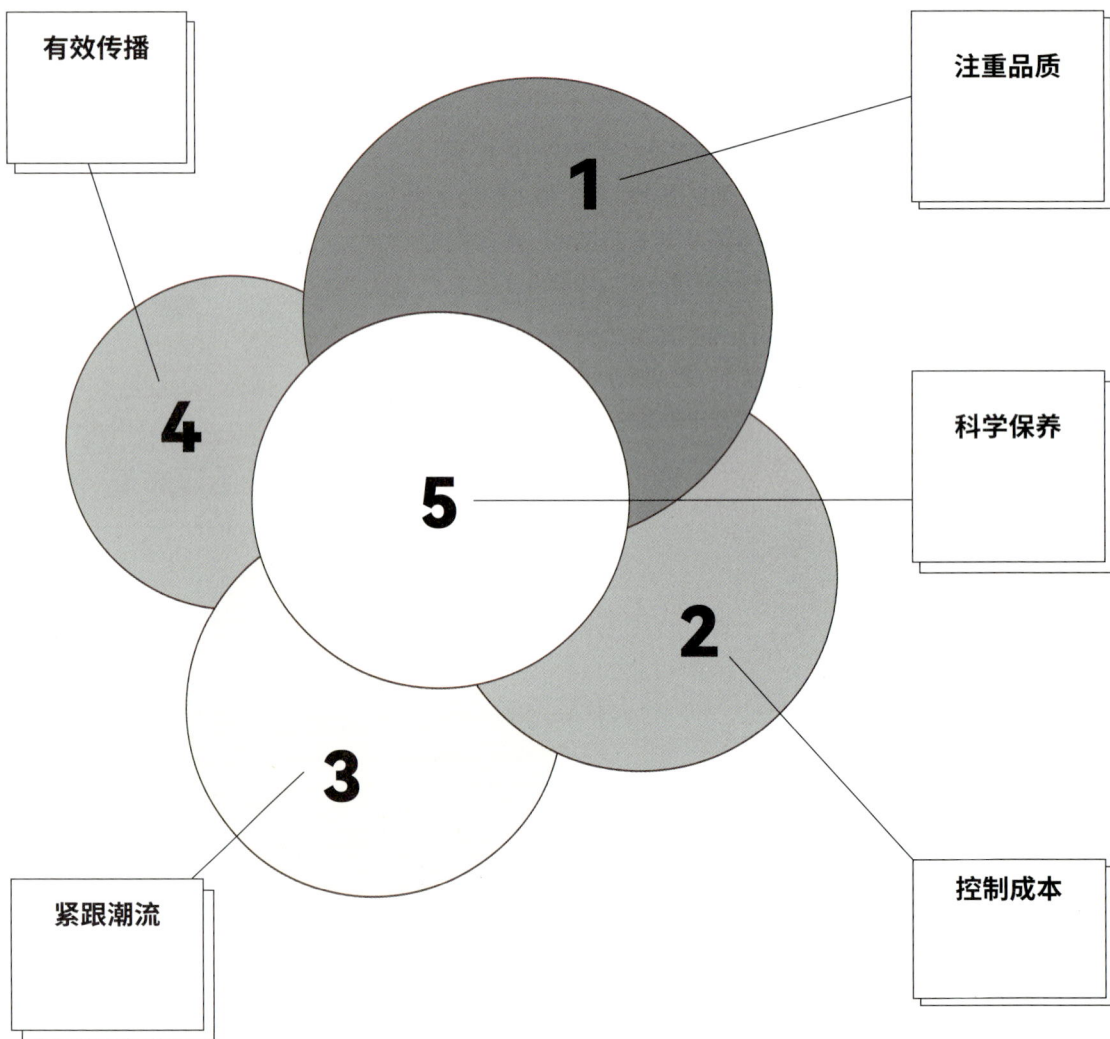

4.4.4　印前准备

印前工作涵盖印刷前校色、纸张选择、印刷过程跟单，以及装订方式确定、特殊工艺安排等环节。设计师在进行印刷前校色时，应注意以下几点。

核查色彩空间

在校色过程中，需要检查文件的色彩空间，确保印刷时色彩准确呈现。一般来说，印刷常用色彩空间为 CMYK，设计师应确保文件色彩空间设置正确，避免因色彩空间不匹配导致印刷色彩偏差。

注意色彩稳定性

设计师要关注每次打印过程中色彩的稳定性，以保证色彩精确度。不同设备、不同时间打印可能会存在色彩差异，可以通过使用色彩管理工具和标准化打印流程来减少这种差异。

校对图像

仔细检查图像的细节，保证印刷时图像清晰。查看图像是否存在模糊、噪点、划痕等问题，对于分辨率不足或质量不佳的图像，应及时替换或进行优化处理。

对比度校准

进行对比度校准，确保图像的对比度和亮度达到最佳效果。合适的对比度和亮度能够增强图像的视觉冲击力，使印刷品更具吸引力。在校准过程中，可以参考行业标准或客户要求，结合实际视觉效果进行调整。

核查和校正尺寸

依据预期的印刷尺寸，检查并纠正文件的尺寸，确保最终印刷效果符合设计要求。尺寸偏差可能会导致印刷品裁剪不准确、排版错乱等问题，因此在校对尺寸时要格外仔细，精确到毫米。

设计师在进行印刷纸张选择时，需留意以下几个关键问题。

(1)　纸张质量与类型：纸张的类型和质量会对最终印刷效果产生显著影响，因此，设计师应依据客户要求或设计需求来挑选合适的纸张。

(2)　色彩模式选择：选用恰当的色彩模式不容忽视。鉴于 RGB 与 CMYK 之间存在较大的色差，为确保最终印刷效果符合预期，选择正确的色彩模式极为关键。

(3)　色彩校正：进行色彩校正工作。需要检查纸张本身的颜色是否准确，若存在偏差，需要进行正确的色彩校正操作，保障最终的印刷效果。

(4)　纸张纹理检查：关注纸张的纹理情况。纸张的纹理会对最终印刷效果产生影响，设计师应确保所选纸张的纹理与设计要求相符。

(5)　纸张厚度考量：把控纸张的厚度。纸张厚度同样会影响最终印刷效果，设计师需要根据客户要求或设计需求来选择合适的纸张厚度。

设计师在印刷过程中进行跟单工作具有重要意义，其目的在于确保印刷效果与设计要求相符，同时保证印刷过程中不出现任何问题，最终实现客户期望的效果。

在印刷跟单工作中，主要需要把握以下几点。

1

保障设计文件质量： 设计师需要确保所设计文件的质量契合印刷标准，涵盖图片分辨率、文件尺寸等关键要素。一般而言，印刷图片分辨率应不低于300dpi，文件尺寸需要与印刷成品尺寸精确匹配，以避免出现模糊、变形或裁剪不当等问题。

2

把控印刷用纸规格： 设计师要确保所选用的印刷用纸满足相关要求，涉及纸张厚度、质地、尺寸等方面。不同的印刷品对纸张特性有不同需求，例如宣传册可能需要较厚、质地较好的纸张以提升质感，而海报则可能更注重纸张的尺寸适配性。

3

协调印刷与设计工作： 设计师应积极协调印刷厂和设计部门之间的工作，保障印刷与设计工作能够高效、顺畅地开展。这包括及时传递设计文件、沟通设计意图、反馈印刷进度等信息，确保双方信息对称，避免出现误解和延误。

4

及时响应印刷厂问题： 设计师需要及时回复印刷厂提出的问题，确保印刷工作能够按计划时间完成。对于印刷厂反馈的技术疑问、文件缺陷等问题，要迅速给予准确答复和解决方案，避免因沟通不及时导致印刷延误。

5

确保印刷质量达标： 设计师要切实确保印刷质量符合既定要求，以此保证客户满意度。在印刷过程中，要密切关注印刷色彩准确性、图文清晰度、装订牢固度等质量指标，对不符合要求的情况及时与印刷厂沟通整改，直至达到满意效果。

4.5　标志设计

标志设计属于图形设计范畴,涵盖标志、标识、图标以及其他各类图形的创作,旨在打造简洁且极具表现力的符号,用于代表商标、企业形象、产品、服务或活动。这些符号既可以是简单的几何图形,如椭圆、三角形、星形,或者抽象图案;也可以是更为复杂的组合形式,将文字、图片、色彩与符号巧妙融合。

标志设计意义重大,它能够加深人们对公司、品牌、产品或服务的认知,使其名称与形象更高效地传递给消费者。同时,优秀的标志设计有助于企业在众多竞争对手中脱颖而出,提高品牌的曝光度。此外,标志还能精准传达企业的品牌价值观以及服务消费者的承诺。

设计师若想打造出出色的标志设计,需要以下 6 点。

1.需求　⟶　2.设计草图　⟶　3.细节

深入了解客户的实际需求,明确设计目的,精准把握客户希望突出展现的元素。只有充分理解客户的意图,才能为后续设计奠定基础。

依据客户需求,运用专业设计软件进行初步草图设计。在设计过程中,要及时对草图进行调整、修改与完善,确保设计方案的完整性和合理性。

注重细节处理,对设计进行精细化打磨,突出标志的主题性。细节决定成败,一个精致的细节往往能让标志更具吸引力和辨识度。

6.延展　⟵　5.简洁　⟵　4.色彩

在设计过程中,要充分考虑标志的可延展性,以及在不同场景、不同材质、不同环境下的使用便利性和可行性。确保标志在各种情况下都能保持良好的视觉效果和表现力。

尽量保证设计的简洁性,精简设计元素,避免过于繁杂的设计影响标志的清晰度和可识别性。简洁的标志更容易被人们记住和传播。

合理选择色彩方案,所选色彩既要与标志主题相契合,又要紧跟时尚潮流,展现独特的魅力。色彩是标志设计中极具表现力的元素,能够直接影响人们的视觉感受。

4.5.1　精细设计

精细设计要求设计师在设计过程中，对每一个细节都进行审慎考量，涵盖色彩搭配、布局规划、字体选择、图片运用、边框设计、版式编排、图表呈现等多个方面，精准把控这些细节，以确保设计具备出色的可视性，从而更有效地吸引受众注意力，展现出尽善尽美的设计效果。

设计师若想在标志设计中不断提升精细设计的能力与水平，可从以下 4 点着手。

(1)　掌握精细设计原则：深入掌握精细设计标志的基本原则，如色彩搭配、线条运用、尺寸设定、字体选择、图案构思、比例协调等。以细腻入微的思维去雕琢每一个细节，让作品更加精致美观。

(2)　熟悉常用设计方法：熟练掌握常用的标志设计方法，例如对比、对称、统一、重复等。学会灵活运用这些设计方法来完成作品，使作品更加丰富多元、富有层次感。

(3)　持续学习前沿理念：保持勤奋钻研的态度，不断接触最新的设计理念，密切关注行业动态。通过持续学习，不断提升标志设计水平，力求将作品做到尽善尽美。

(4)　广泛借鉴优秀作品：积极参考国内外优秀的标志设计作品，广泛收集相关资料，从中汲取创作灵感，深刻领会并吸收其中的精髓，将所学知识巧妙融入自己的设计作品中。

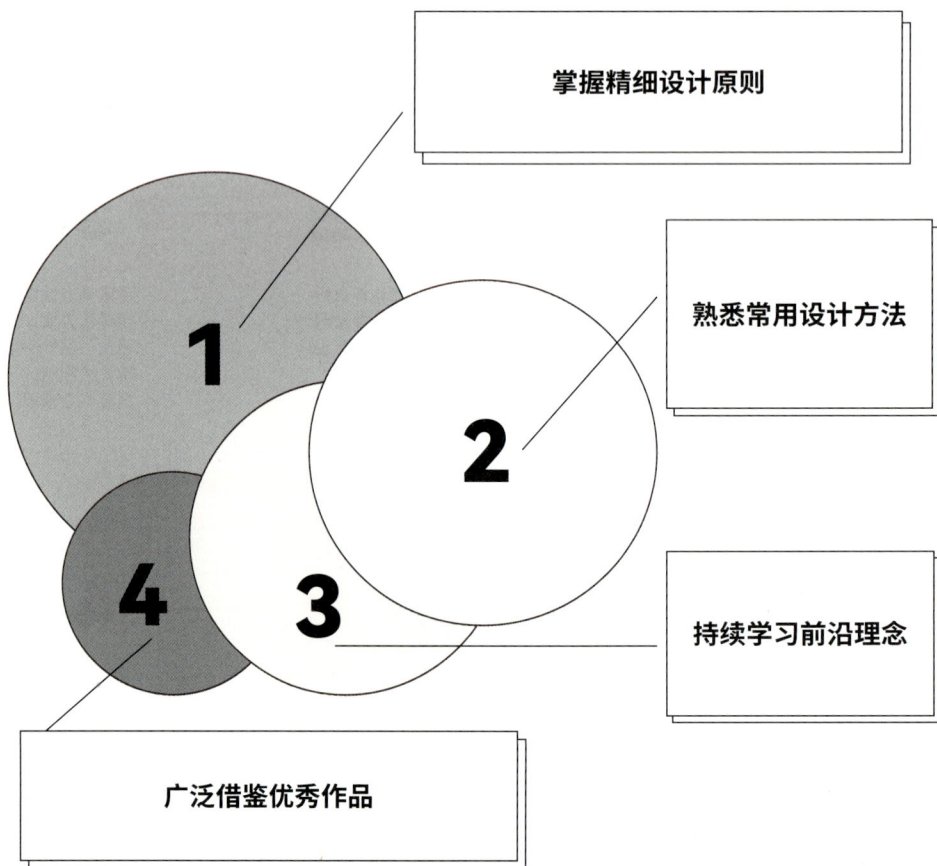

掌握精细设计原则

熟悉常用设计方法

1

2

持续学习前沿理念

4

3

广泛借鉴优秀作品

4.5.2　调整图形

在标志设计过程中，设计师通过不断调整图形来确定标志的最终形态是常见做法，具体方法如下。

(1) 明确设计概念：设计师需要清晰界定标志的设计概念，这有助于激发更多创意灵感，使其明确如何通过持续调整图形来完成标志设计。明确的概念是设计的基石，能为后续工作提供清晰的方向指引。

(2) 绘制草图探索：要善于广泛搜集参考资料，并通过绘制草图来演绎和变化设计思路，以此探寻最佳方案。草图绘制是设计过程中的重要环节，它能让设计师快速记录和表达想法，为后续的精细设计奠定基础。

(3) 精细调整细节：通过反复调整细节，完善标志的形状与细节，以达成更出色的视觉效果。细节决定成败，对标志细节的精心雕琢能提升其品质和辨识度。

(4) 确定最终图形：依据客户反馈意见，按照相关标准进行规范化调整，从而确定标志的最终图形。客户意见是设计的重要参考，结合标准规范能确保标志符合实际应用需求。

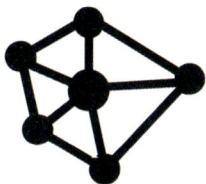

1.明确设计概念

2.绘制草图探索

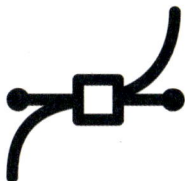

3.精细调整细节

4.确定最终图形

4.5.3 字体的推敲

字体是设计效果的关键决定因素之一。选用恰当、合适的字体，能够帮助设计师精准传达设计意图，并紧扣设计主题。此外，字体的排版形式同样重要。不同字体为设计师提供了多样化的文字排版方式，有助于优化文字的空间布局，从而更有效地传递设计信息。字体的表达能力也不容忽视，不同字体具有独特的表达效果，能够助力设计师更好地诠释设计主题，同时确保信息传达的清晰度。

在标志设计中，字体更是核心元素。它能为标志增添趣味性与艺术感，赋予标志独特个性，使其在同类设计中脱颖而出。正确的字体选择能够强化标志的辨识度，精准传达品牌信息，提升标志的整体质感。因此，设计师在标志设计过程中，对字体的推敲至关重要。这一过程需要设计师根据标志的特性，精心挑选合适的字体，以凸显标志的主题。

那么，设计师在标志设计过程中，应如何不断推敲字体，以打造出完美的标志呢？以下 5 点建议可供参考。

(1) 调整文字大小：合理控制文字大小，使文字更加简洁明了，有助于提升信息的传达效率，同时确保文字的可读性，为观者提供舒适的视觉体验。

(2) 调整文字颜色：通过调整文字颜色，使文字在视觉上更加醒目，增强标志的吸引力，确保信息能够迅速抓住观者的注意力。

(3) 调整字体样式：选用多样化的字体样式，为标志增添更多的表达维度，使设计更具层次感和丰富性。

(4) 调整字体间距：精确控制字体间距，使文字排列更加紧凑有序，增强标志的视觉冲击力，提升整体设计效果。

(5) 优化字体字符：根据标志的特性，对字体字符进行精细化调整，使其更加符合设计需求，提升标志的可视化效果，确保信息传达的准确无误。

4.5.4 色彩的规范

色彩规范在标志设计中占据着举足轻重的地位，它是标志设计的核心要素之一。色彩不仅能够提升标志的品质感，使其更具辨识度，还能有效地传达品牌信息。此外，色彩在标志设计与其他媒体之间的衔接中发挥着关键作用，有助于品牌信息的广泛传播。

在标志设计过程中，应熟知并遵循以下几点原则。

(1) 深入研究客户色彩偏好：全面了解客户期望呈现的品牌形象和主题，确保色彩选择与客户需求高度契合。

(2) 精准选择标志色彩：挑选最能体现客户形象及主题的色彩，使色彩与标志形象相得益彰，形成和谐统一的视觉效果。

(3) 灵活运用色彩理论：掌握并运用色彩对比、色彩搭配、色彩调和等理论，确保色彩运用合理、科学，提升标志的视觉吸引力。

(4) 明确色彩模式：确定色彩模式，如 RGB、CMYK 等，确保设计出的标志色彩在不同输出媒介上保持一致，维护品牌形象的一致性。

(5) 注重色彩视觉效果与心理学效果：在色彩搭配时，充分考虑色调和运动感，使设计的标志具有良好的视觉效果。同时，关注色彩的心理学效果，通过色彩传递品牌情感和价值观。

(6) 针对不同标志类型选择色彩：根据标志的类型和特点，选择最能体现客户形象的色彩，并考虑色彩的变化及表现力，使标志更具独特性和吸引力。

(7) 紧跟色彩流行趋势：经常关注并追踪最新的色彩流行趋势，确保标志的色彩设计不过时，保持品牌的时尚感和前瞻性。

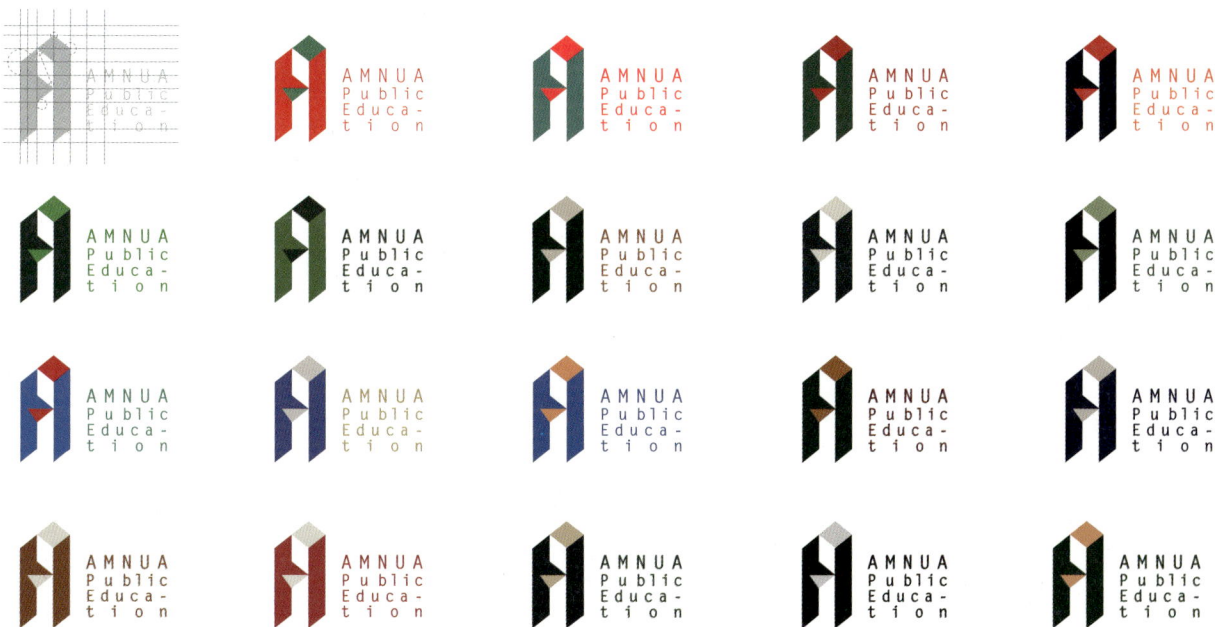

南京艺术学院美术馆 - 公共教育部标志设计配色方案

4.5.5 空间组合关系的搭配

空间组合关系在标志设计中占据着举足轻重的地位，其重要性毋庸置疑。空间组合关系指的是标志中符号、文字等元素之间的位置安排、比例关系以及整体的空间结构。这些因素不仅能使标志呈现出更加美观的视觉效果，还能更有效地传达标志所蕴含的信息和意义。

正确的空间组合关系能让标志显得干净利落、简洁明了，从而更容易被人们记住和识别，进而提升标志的传播效果。在标志设计中，形状、色彩、线条是构成空间组合关系的三大核心要素。设计师可以通过对这三者的合理搭配与组合，创作出完美的标志作品。

形状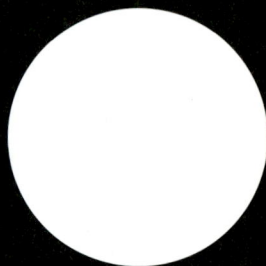

色彩

线条

具体而言，设计师可以通过以下方式运用这些要素。

(1) 形状的组合：通过不同形状（如圆形、矩形、三角形、菱形等）的巧妙组合，可以营造出丰富多样的空间感，
为标志增添层次感和视觉趣味。这种组合不仅能让标志更加生动，还能通过形状的象征意义传达出特定的
品牌信息。

(2) 色彩的组合：在特定的颜色基础上，通过调整色彩的明度、饱和度和色相，可以创造出细腻且富有层次感
的标志。色彩的组合不仅关乎美观，更重要的是能够传达出品牌的情感和价值观，增强标志的辨识度和记
忆点。

(3) 线条的组合：利用直线、曲线等线条元素进行组合，可以营造出更加精致、富有动感的标志。线条的粗细、
长短、曲直变化都能为标志增添独特的韵味，使其在众多设计中脱颖而出。

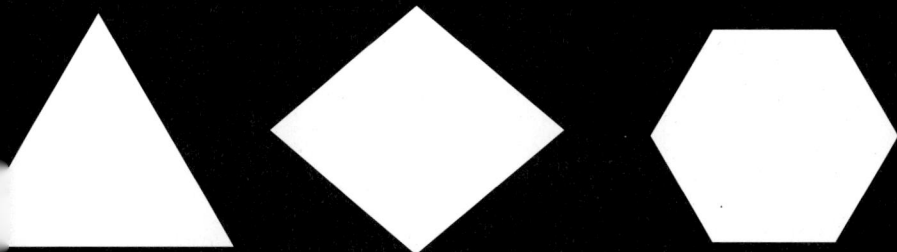

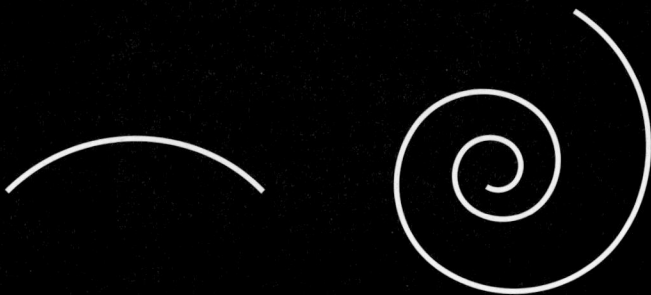

4.5.6 标志设计方法

出色的标志设计方案意味着能够为客户打造一款高质量、极具识别度的标志，该标志不仅能够凸显客户的品牌形象，还能使品牌在众多竞争者中脱颖而出。这样的设计方案能够赋予客户独特的品牌视觉语言，吸引更多消费者的关注，进而为客户品牌的营销活动带来显著成效。

标志设计方案是设计师构建标志的完整流程，从最初的概念构思到最终的可视化呈现，设计师需要将自身的思维、创意与艺术风格融入其中。在此过程中，设计师不仅要关注标志的创意性，还要确保其具备良好的可读性、易记性，并充分考虑标志在不同应用场景下的具体表现。此外，标志设计方案还应涵盖配色方案、字体选择等视觉元素，以及标志在印刷品和数字媒体上的适配性与应用效果。

时尚中古买手店"DesTiempo"标志设计方案

要完成出色的标志设计方案，可以遵循以下 7 个关键步骤。

(1) 精准定位与细节规划：设计师需要明确标志的定位及具体细节，包括深入了解客户的核心需求、所属行业特性以及目标受众的偏好。这一步骤是后续创意发散与设计的基石，确保设计方案能够精准契合客户期望与市场定位。

(2) 创意发散与方案提案：基于客户要求与行业特征，设计师应充分发挥创意，构思并提出多种标志设计方案，同时附上每个方案的创意说明与选择理由。这一环节鼓励创新思维，旨在为客户提供多样化的选择空间。

(3) 方案筛选与深化设计：从众多提案中筛选出最符合客户需求的方案后，进入深化设计阶段。此时需要对标志的每一个细节进行反复推敲与优化，确保设计既符合品牌调性，又具备高度的视觉吸引力。

(4) 图形化设计与案例制作：将筛选并深化后的设计方案转化为具体的图形化表达，完成标志的初步设计。同时，制作详细的设计案例，包括设计思路、色彩搭配、字体选择等，以便客户更直观地理解设计意图。

(5) 设计审视与完美打磨：对已完成的设计作品进行全面审视，从视觉美感、品牌传达效果到实际应用可行性等多个维度进行评估，及时发现并修正不完美之处，力求设计作品的尽善尽美。

(6) 客户沟通与方案调整：将最终的设计作品及详细设计文档呈现给客户，进行深入的沟通与讨论。根据客户的反馈意见，对设计方案进行必要的调整与优化，确保最终成果能够完全满足客户需求。

(7) 方案定稿与交付：经过多轮沟通与调整后，当设计方案获得客户认可时，即完成标志设计方案的最终定稿。此时，需要将设计文件、使用说明等相关资料整理交付给客户，确保客户能够顺利应用该标志。

4.5.7 如何延展运用

对标志进行延展运用，是指设计师将标志应用于不同的场景之中，以构建一种新颖且稳固的视觉识别体系。例如，当标志被巧妙地融入宣传海报、网站界面、产品包装等多元载体时，便实现了其延展运用的价值。在标志延展运用的过程中，设计师需要严格遵循以下 5 个核心原则．

(1) 保持结构与设计理念的连贯性：设计师应细致观察标志的结构组成，确保在延展过程中维持其原有的基本架构与设计理念，避免对标志的核心特征造成破坏。

(2) 灵活运用标志元素进行创意延伸：在延展设计中，可以巧妙利用标志的颜色、线条及形状等元素，并结合其他相关元素进行创意组合，以丰富标志在不同场景下的表现形式。

(3) 维护标志的完整性：应尽量避免对标志内容进行大范围的改动，确保标志在延展运用中保持其原有的完整性与辨识度。

(4) 注重视觉统一与主题聚焦：在延展设计过程中，需要特别关注标志的视觉统一性，避免主题过于分散或杂乱，以确保标志在不同场景下均能呈现一致的品牌形象。

(5) 确保标志在不同情境下的清晰可识别性：无论标志被应用于何种场景，设计师均需确保其具备高度的清晰度和可识别性，以便受众能够迅速、准确地识别出品牌标志。

"DesTiempo"品牌延展

Des Tiempo

Des Tiempo

4.6 导视设计

导视设计是设计领域中的一个重要分支，它运用视觉元素（如色彩、符号、文字、图形等）来提示和引导观者在特定空间中进行游览、观赏、参观或体验。导视设计构建了一种空间信息传导体系，使观者能够轻松、迅速地理解、接受并记忆相关信息。理解导视设计的意义，即在于认识到它将如何助力受众达成预期目标。

导视设计的核心目的在于向受众传递特定信息或指示，协助他们完成某个流程或实现某种目标，而非单纯追求装饰性或美学效果。因此，设计师需要深入掌握导视设计的特定功能，以及这些功能如何有效辅助受众达成其预期目标。

对于设计师而言，导视设计的具体工作内容如下。

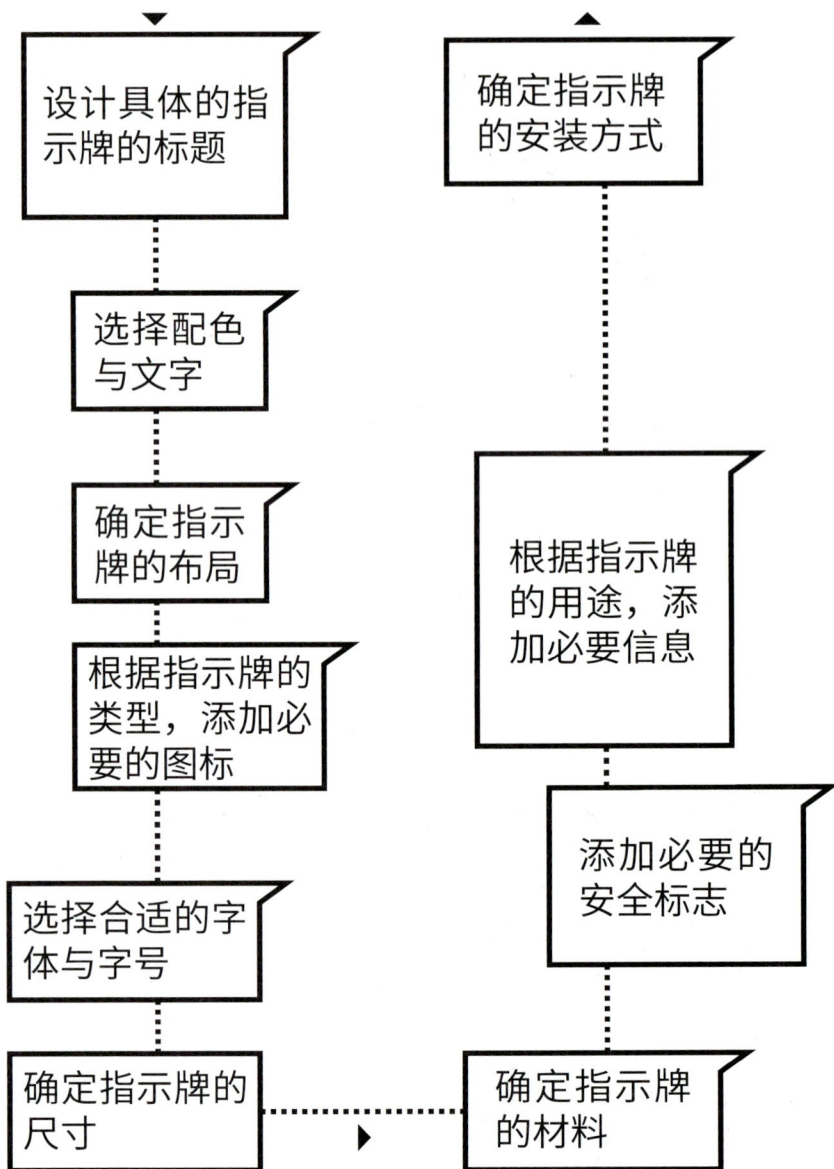

```
设计具体的指              确定指示牌
示牌的标题                的安装方式
    │                        │
选择配色                      │
与文字                        │
    │                   根据指示牌
确定指示                  的用途，添
牌的布局                  加必要信息
    │                        │
根据指示牌的                  │
类型，添加必              添加必要的
要的图标                  安全标志
    │                        │
选择合适的字                  │
体与字号                      │
    │                        │
确定指示牌的  ……▶  确定指示牌
尺寸                      的材料
```

4.6.1 指示牌样式、尺寸、材质

指示牌的样式、尺寸及材质均会对设计师的作品产生显著影响。在设计引导指示牌时，必须充分考虑这些因素，否则将直接影响整体的视觉效果。此外，指示牌的样式、尺寸和材质还会影响其耐用性、色彩表现等，进而关乎其实际使用效果。从安全角度出发，指示牌的材质和尺寸同样至关重要，它们直接决定了指示牌的安全可靠性。因此，设计师必须深入了解指示牌的样式、尺寸和材质，以确保设计的准确性与实用性。

鉴于指示牌的重要性，设计师在进行指示牌设计前，需要遵循以下 5 个关键步骤，以全面掌握指示牌的样式、尺寸和材质。

(1) 明确用途与环境：根据指示牌的用途及所处环境，精准确定其样式、尺寸和材质，确保指示牌与实际应用场景相契合。

(2) 考量安装位置与视觉要求：结合指示牌的安装位置及视觉需求，合理确定其悬挂位置、尺寸及文字大小，以保证指示牌在视觉上的有效传达。

(3) 精选合适材质：根据指示牌的用途、安装位置及环境等因素，综合考量后选择耐用、易清洁且能保持色彩清晰的材质，以提升指示牌的整体品质。

(4) 确定制作方式：依据指示牌的尺寸和材质，选定适宜的印刷及图案制作技术，确保指示牌的字体和图案清晰可辨，提升视觉效果。

(5) 巧妙运用视觉元素：根据指示牌的用途，精心挑选合适的图案，并巧妙把握图案的色彩、线条及构图等要素，使图案既清晰明了又富有吸引力，增强指示牌的视觉冲击力。

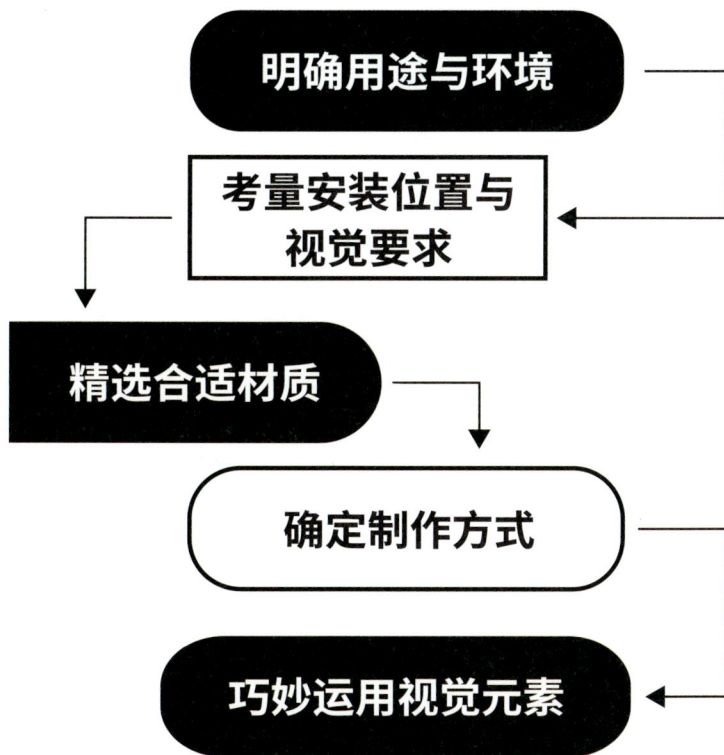

4.6.2 指示牌的色彩设计

色彩设计在指示牌设计中扮演着举足轻重的角色，它能够显著增强指示牌的视觉效果，使其更加引入注目，易于被察觉。色彩设计不仅关乎美观，更能传递重要信息，例如，警示类指示牌常采用红色或黄色以传达警示意味，而导向类指示牌则可能选用绿色来明确指示方向。此外，合理的色彩选择还能提升指示牌的可读性，从而实现更有效的信息传递。

设计师在进行指示牌色彩设计时，需要着重关注以下 4 个方面。

(1) 确定主色调：设计师应明确指示牌的主色调。红色、黄色和蓝色是常用的主色调，它们各自承载着不同的象征意义：红色通常代表危险或紧急警告，黄色则用于警示或注意提醒，而蓝色则多用于提示或引导信息。

(2) 运用色彩变化：设计师可以巧妙利用色彩的变化来传达多样化信息。例如，通过深浅不同的色彩来区分不同级别的要求，利用渐变色彩来直观展示路径方向，或者采用彩色符号来特定标识某些信息。

(3) 增添辅助色彩：在保持主色调的基础上，设计师还可以适当添加绿色、紫色、橙色等辅助色彩，以突出重点内容或传达特定信息，使指示牌更加丰富多彩且易于理解。

(4) 注重视觉效果：设计师需要综合考虑视觉效果，包括色彩的搭配协调、图案与文字的合理排版等，以确保指示牌在美观大方的同时，也能迅速被识别并准确传达信息。

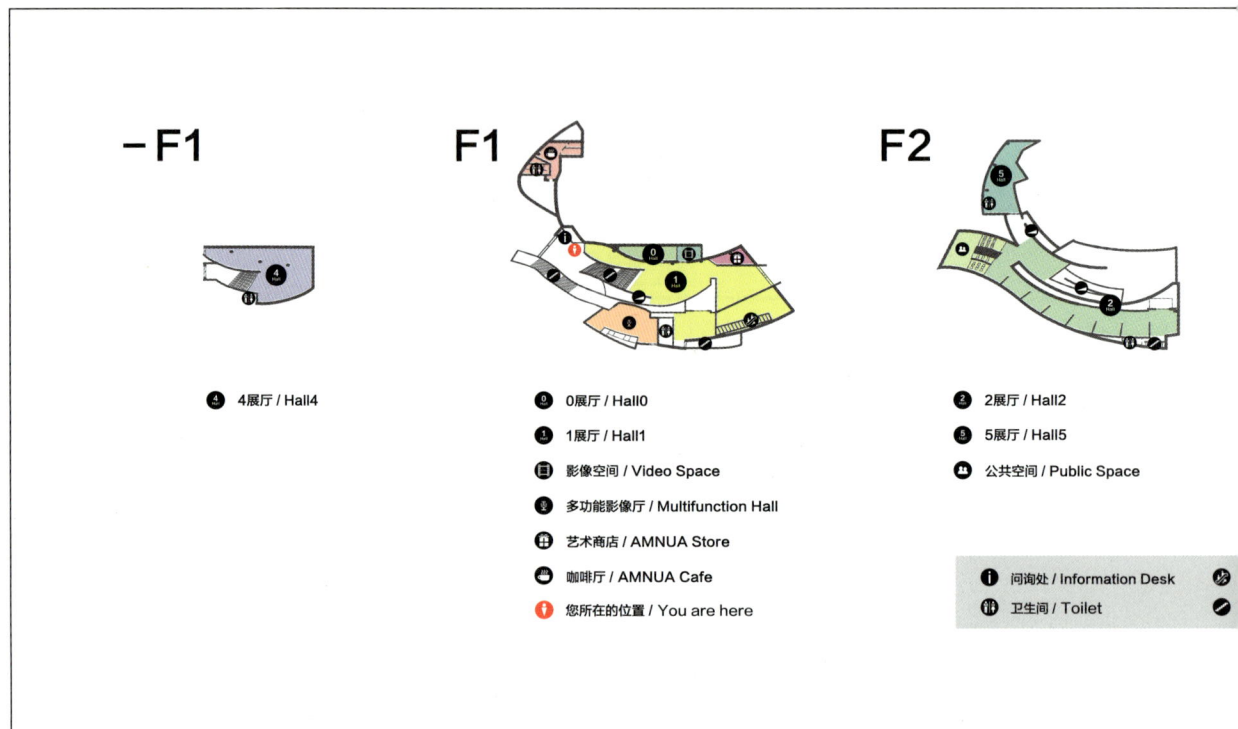

南京艺术学院美术馆导视设计——展厅平面导览

4.6.3 指示牌的图标设计

在指示牌设计中，图标设计对于提升信息传达的有效性至关重要。图标设计能够使指示牌信息更加直观明了，帮助观者迅速理解指示牌的指令，无须长时间阅读，从而提高使用效率。此外，图标设计还能准确传达指示牌的主题，有效吸引观者的注意力。

以下是图标设计的 5 个关键要点。

(1) 图文结合：指示牌图标设计应与文字紧密结合，确保图标表达准确、易懂。图标与文字之间的协调性能够显著提升指示牌的整体效果，使其更加高效实用。

(2) 简洁明了：图标设计应尽可能简洁明了，在保持标识性的同时，尽量简化图标形状，以减轻使用者的认知负担。简洁的图标更易于被快速识别和记忆。

(3) 选材恰当：在设计图标时，应根据指示牌的内容选择合适的表示元素，采用符合观者心理习惯的图标来清晰明确地传达指示信息。恰当的选材能够增强图标的表达力和易懂性。

(4) 色彩协调：图标色彩的搭配应合理，并与文字配色保持一致，以形成统一的视觉效果。色彩协调的图标设计能够提升指示牌的整体美观度和可读性。

(5) 表现生动：图标设计应运用适当的元素来表现一定的动态感，使指示牌更加生动有趣。生动的图标能够吸引观者的注意力，增强指示牌的信息传达效果。

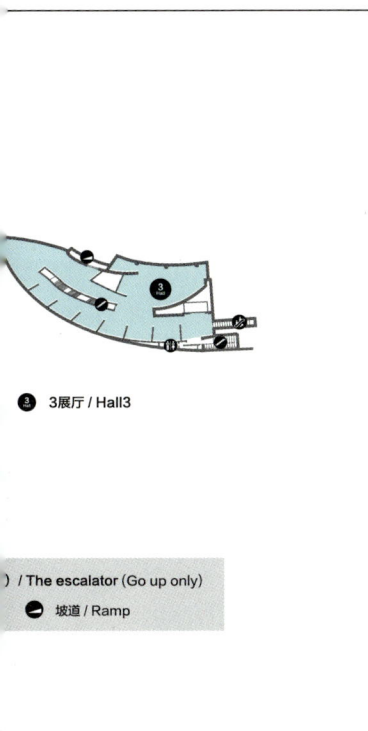

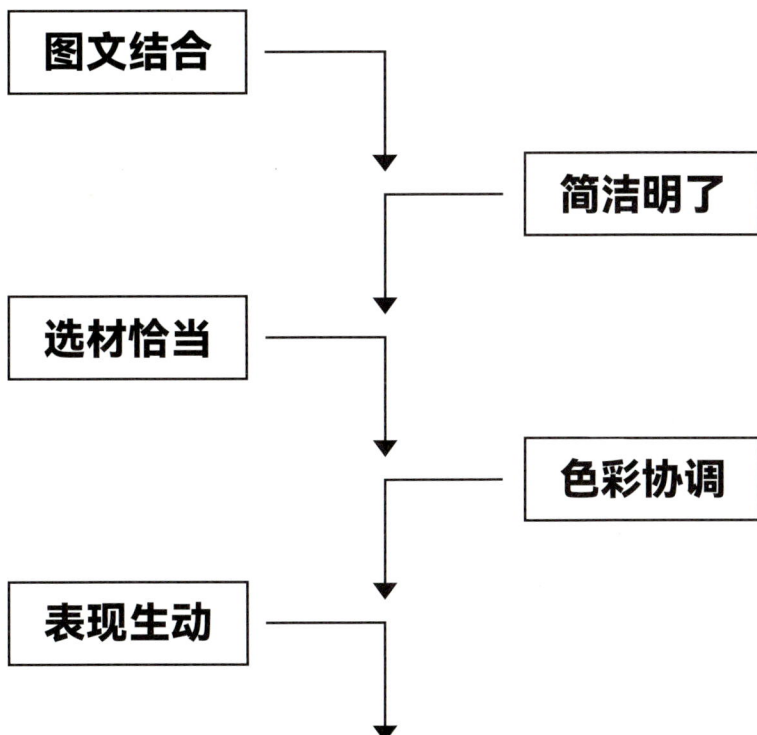

3 展厅 / Hall3

/ The escalator (Go up only)

坡道 / Ramp

图文结合

简洁明了

选材恰当

色彩协调

表现生动

4.7 手提袋设计实例

手提袋设计是指设计师构思并创作手提袋的全过程，涵盖构思创意、选材定料、色彩搭配、版式设计等各个环节，旨在使手提袋兼具美观性、实用性与耐用性，从而充分满足使用者的需求。

在进行手提袋设计前，设计师需要着重关注以下 3 个方面。

(1) 设计师应深入了解手提袋的基本特性，包括其尺寸规格、形状结构、材质选择及颜色搭配等，以便制定出最为合适的设计方案。

(2) 设计师需要明确手提袋的使用对象，因为这将直接影响到设计的主题定位、风格倾向、色彩运用以及字体选择等，从而确保设计方案能够精准契合目标受众的喜好与需求。

(3) 设计师还需要熟悉不同材质的印刷工艺与技术要求，以确保设计作品在印刷过程中能够保持高质量，进而保证最终产品的品质与效果。

4.7.1 设计要求

手提袋设计与海报设计、标志设计和导视设计存在显著差异，具体体现在以下几个方面。

(1) 设计元素构成不同：手提袋设计主要聚焦于视觉形象的塑造，通过材质、色彩与造型的巧妙结合来展现其独特魅力；而海报、标志和导视设计则更多依赖于文字与图形的创意编排，以传达特定的信息或理念。

(2) 设计目的不同：手提袋设计的核心目的是提升商品的吸引力，促进销售或品牌传播；而海报、标志和导视设计则旨在向目标客户精准传达品牌信息、活动主题或导航指引，引导受众产生相应的行为或认知。

(3) 设计内容侧重不同：手提袋设计需要综合考虑材料选择、色彩搭配、尺寸规划等实际制作要素，以确保手提袋的实用性与美观性并重；而海报、标志和导视设计则可能更侧重于品牌形象塑造、宣传语构思及视觉元素布局，以强化品牌识别度和信息传达效果。

(4) 设计侧重点倾向不同：手提袋设计在追求美观的同时，更强调实用性，确保手提袋既美观又耐用，便于携带和使用；而海报、标志和导视设计则更注重视觉冲击力和美学效果，以吸引观者注意并留下深刻印象。

因此，手提袋设计需遵循以下 6 点原则，以确保设计成果既符合审美要求，又具备实用价值。

(1) 熟悉手提袋特性：设计师需要对手提袋的外观、结构和尺寸有深入了解，熟悉不同形式、材料和颜色的搭配技巧，以打造出既美观又实用的手提袋。

(2) 具备时尚设计感：设计师应拥有良好的设计感，能够紧跟时尚潮流，设计出富有个性、独具魅力的手提袋，满足消费者的审美需求。

(3) 保持创新意识：设计师需要具备创新意识，不断推陈出新，更新手提袋款式，以满足客户多样化的需求和市场竞争的挑战。

(4) 掌握专业技能：设计师应具备较强的文字和数字素养，以及精湛的绘图技巧，能够准确地将自己的设计意图转化为实际作品，确保设计效果的完美呈现。

(5) 灵活应对客户需求：设计师需要能够根据客户提出的特殊要求，对手提袋进行灵活调整和改进，以满足客户的个性化需求，提升客户满意度。

(6) 了解制作工艺：设计师应对手提袋的制作工艺有一定了解，包括印刷、裁剪、缝制等各个环节，以确保设计出的手提袋不仅美观大方，而且制作实用性强，能够顺利投入生产并达到预期效果。

4.7.2 分析与构思

对于设计师而言，若能在设计手提袋时遵循以下 5 点原则，便能胸有成竹，游刃有余。

(1) 明确设计宗旨：设计师需要精准把握设计宗旨，深入分析客户需求，并结合自身专业能力与实际情况，量身定制出既符合客户期望又具备市场竞争力的设计方案。

(2) 确立设计风格：根据客户的具体要求，明确手提袋的设计风格，如现代简约、休闲时尚或商务稳重等，确保设计风格与品牌形象及目标受众相契合。

(3) 洞察市场需求：设计师需要密切关注市场动态，考察潮流趋势，深入研究竞争对手的产品特点与优势，以便在设计中融入创新元素，提升产品的差异化竞争力。

(4) 精心构思设计：广泛收集设计素材，深入思考设计理念，紧密结合实际需求，通过创意构思与反复推敲，形成既满足客户需求又富有创意的设计方案。

(5) 完善设计细节：根据设计方案，对设计的每一个细节进行精雕细琢，确保色彩搭配和谐、图案布局合理、文字排版清晰，使手提袋在整体上呈现出完美的视觉效果与实用功能。

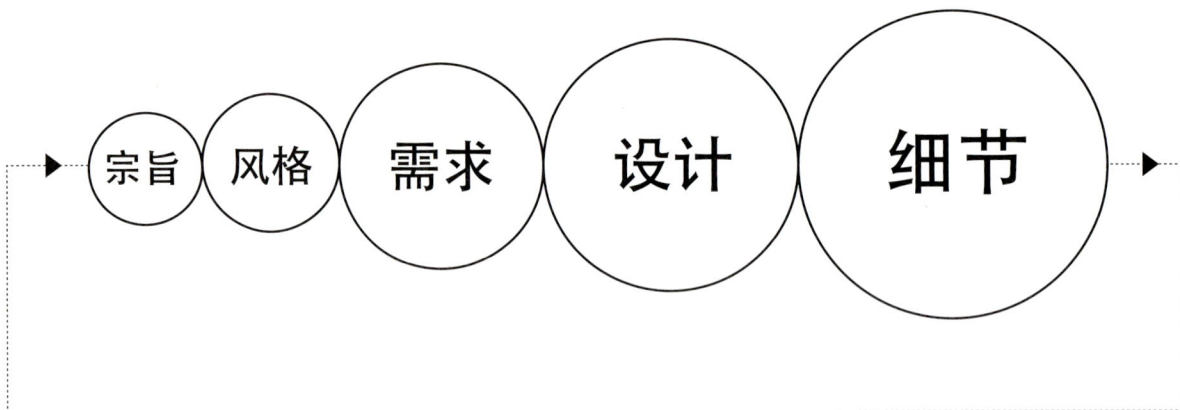

4.7.3 设计方法

在手提袋的设计过程中，设计师需要着重关注以下 4 个关键问题与细节。

(1) 设计师应深入考量手提袋的使用价值及其具体应用场景。需要明确手提袋的主要用途，例如它是用于装载何种物品、保存特定物件，还是作为携带工具使用。这一步骤对于确保手提袋设计的实用性和针对性至关重要。

(2) 设计师需要根据手提袋的具体功能和用途，精确确定其尺寸与容量。合理的尺寸设计不仅能满足使用需求，还能提升手提袋的整体美观度和便携性。

(3) 设计师应关注手提袋的外观设计。手提袋的外观风格可多样化，如时尚前卫、精致典雅、简约大方，或者充满创意与个性。外观设计需要与品牌形象及目标受众相契合，以吸引消费者的注意并提升品牌识别度。

(4) 设计师需要精心选择手提袋的制作材料。材料的选择应综合考虑舒适性、耐用性和安全性等因素，以确保手提袋在使用过程中既能满足消费者的实际需求，又能展现出高品质的制作工艺。

4.7.4 效果运用与设计方案提交

手提袋设计完成后，在向客户展示效果并提交最终方案时，可遵循以下方法。

(1) 制作全景展示图：将设计好的手提袋进行多角度拍照，并精心制作一份全景展示图。此举有助于客户更直观地了解手提袋的外观细节、功能特性及整体效果，从而增强客户对设计方案的感知与理解。

(2) 编制详细介绍文档：撰写一份详尽的手提袋介绍文档，内容涵盖手提袋的材质选用、尺寸规格、重量参数、建议售价等关键信息。通过文档的形式，为客户提供全面而细致的设计说明，便于客户深入了解手提袋的各项特性。

(3) 寄送实物样品：在条件允许的情况下，可以将设计好的手提袋实物样品寄送至客户处，供客户亲自审核设计效果。实物样品的触感与视觉效果往往能更直接地传达设计意图，有助于客户更准确地评估设计方案的可行性。

(4) 进行线上或线下展示：主动与客户取得联系，通过线上会议、线下拜访等方式，向客户展示设计好的手提袋，并详细阐述设计理念、制作工艺及创新点。在展示过程中，可以结合客户的反馈与需求，对设计方案进行进一步的优化与调整，以确保最终方案能够充分满足客户的期望。

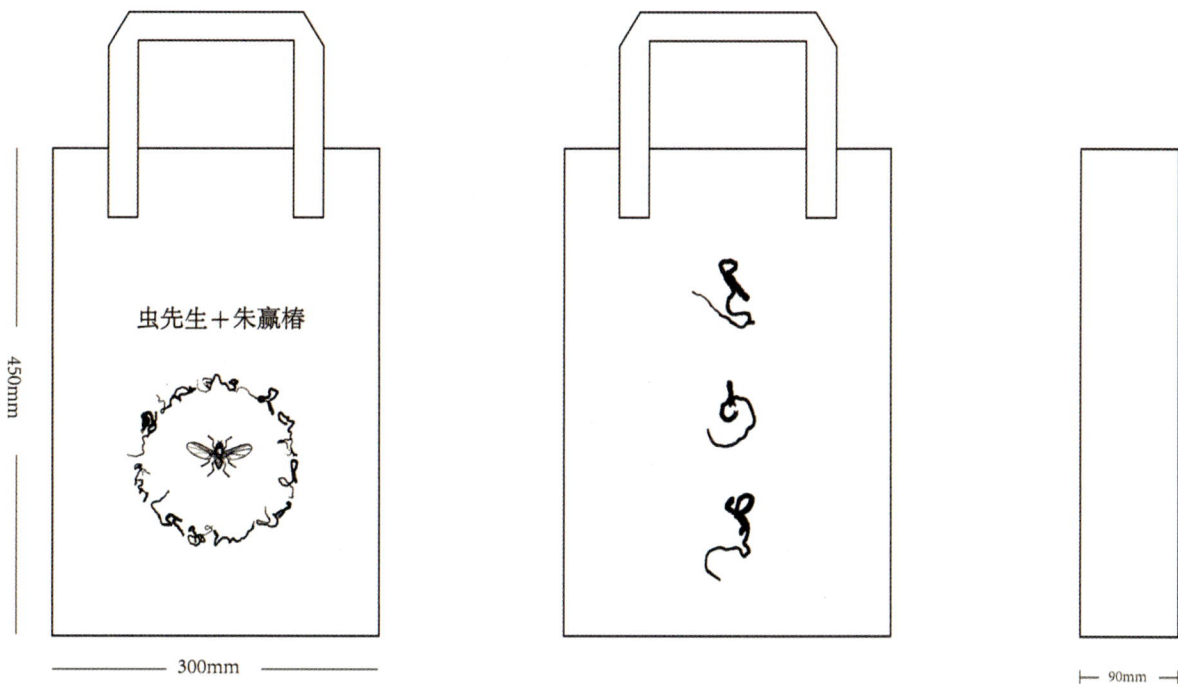

《虫先生》朱赢椿个展——布包设计图

05

设计案例解析

5.1 案例解析："L.S. 洛瑞：艺术家·人民"展

展览背景

由南京艺术学院美术馆主办，柯瑞卡尔曼艺术机构（英国）、艺触机构（英国）及英国总领事馆文化教育处协办，索尔福德市政府（英国）及洛瑞中心（英国）合作支持的"L.S. 洛瑞：艺术家·人民"展，于 2014 年 11 月 14 日至 12 月 16 日在南京艺术学院美术馆盛大展出。劳伦斯·斯蒂芬·洛瑞（L.S. 洛瑞，1887—1976）作为英国 20 世纪最重要且知名的现代艺术家之一，此次展览汇聚了其近 30 幅具有代表性的油画及纸本作品，均源自英国重要的公共及私人收藏。此次《L.S. 洛瑞：艺术家·人民》展览，是继 2013 年英国泰特美术馆大型回顾展之后，洛瑞在英国本土以外美术馆的首次个展，为中国观众提供了近距离欣赏洛瑞作品并深入了解其艺术价值的宝贵机会。

前期沟通与设计要求

本次展览由南京艺术学院美术馆主办，出品人为李小山馆长，策展人为王亚敏博士。他们直接与设计师（本书作者）沟通，明确了展览的视觉设计要求及方向。

(1) 设计一套包含海报、大型喷绘、展签、画册、邀请函在内的全套视觉系统。

(2) 视觉设计需要充分体现艺术家的特点。

(3) 作为一次国际性的艺术家个展，视觉设计既要具备国际化视野，又要彰显艺术家的个人风格。

艺术家作品与场地信息

通过阅读策展人的展览前言及网络搜索，设计师了解到洛瑞是世界上首位将人物描绘成火柴棒形状的艺术家，被誉为"火柴人"画家。他的作品色彩柔和，画面中常出现众多小人物或"火柴人"。洛瑞的绘画风格源于他作为波尔购物中心物业公司收租人的身份，在徒步穿越曼彻斯特工业区的过程中逐渐形成。展览场地为南京艺术学院美术馆的 4 号展厅，这是一个位于地下室的展厅，观众需要通过层层楼梯步入其中。

收集创作资料与构思设计方向

在深入了解艺术家及作品背景、实地考察展厅入口位置后，设计师向策展团队索要了展览作品的高精度图片作为设计基础素材。在具体设计过程中，设计师将海报作为主视觉元素，其他如大型喷绘、展签、邀请函等作为延展内容。因此，首要任务是确定主视觉海报的设计方案，一旦海报设计敲定，其他延展内容的设计将相对容易进行。

主视觉形象设计

根据与主办方的前期沟通及要求，设计师确定了主视觉图像必须包含的 3 个关键词：工业区厂房、火柴人、烟囱。随后，设计师根据策展团队提供的展览作品图片进行筛选，确定了符合要求的图片作为设计素材。

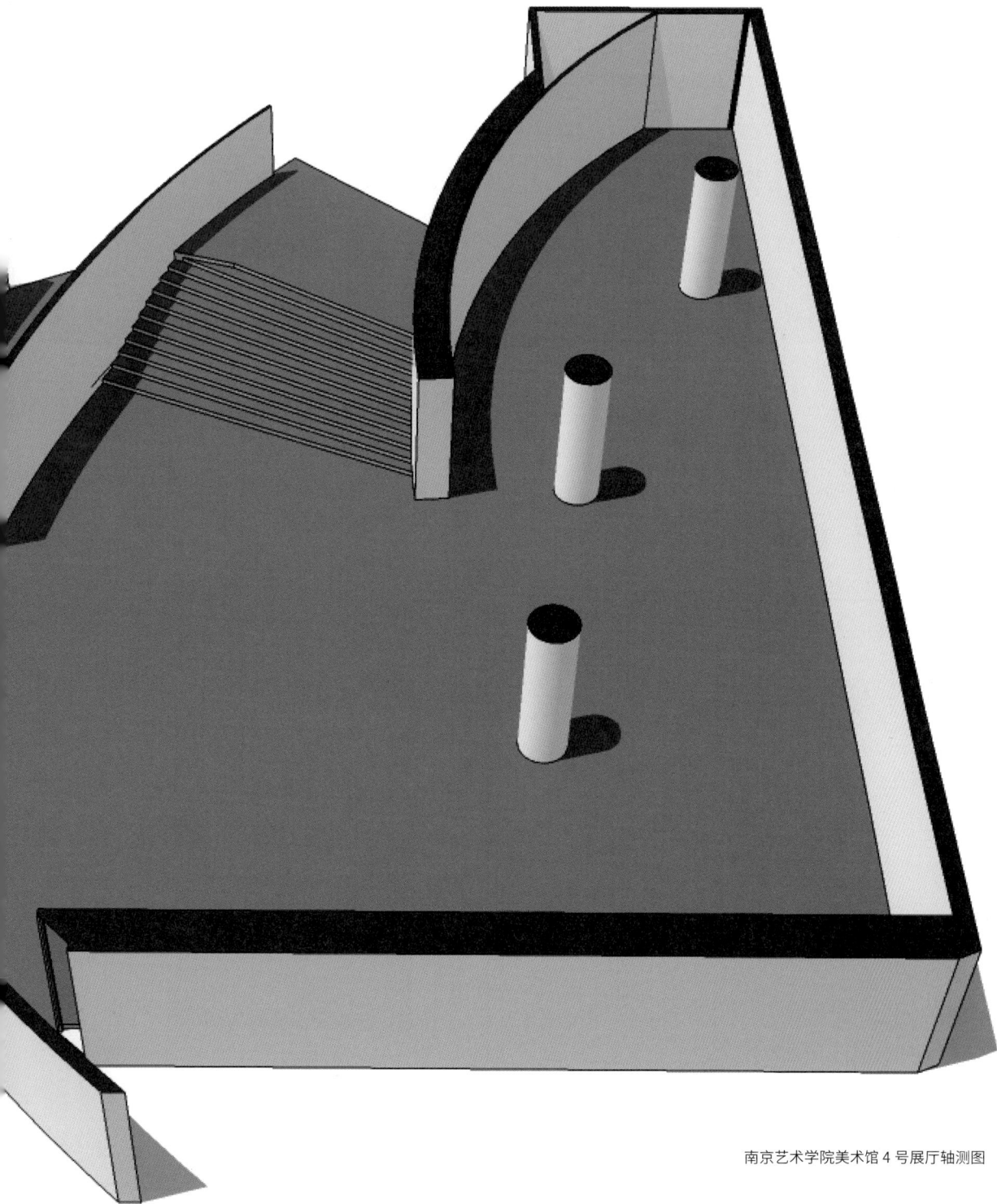

南京艺术学院美术馆 4 号展厅轴测图

5.1.1 主海报设计

经过反复比较与筛选，设计师从 6 张符合设计需求的参展作品图片中，最终选定了一张作为主视觉画面。

选出的代表性作品

选中的海报作品

1. 确定海报尺寸、版心尺寸

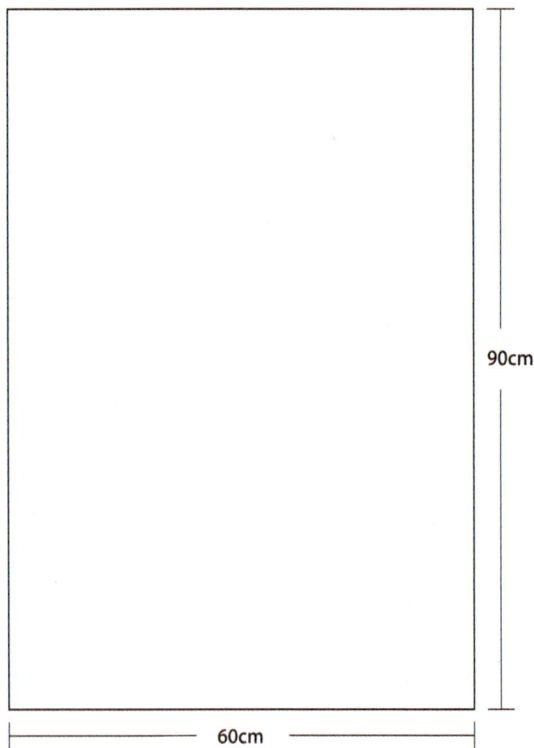

确定海报尺寸为 60cm×90cm

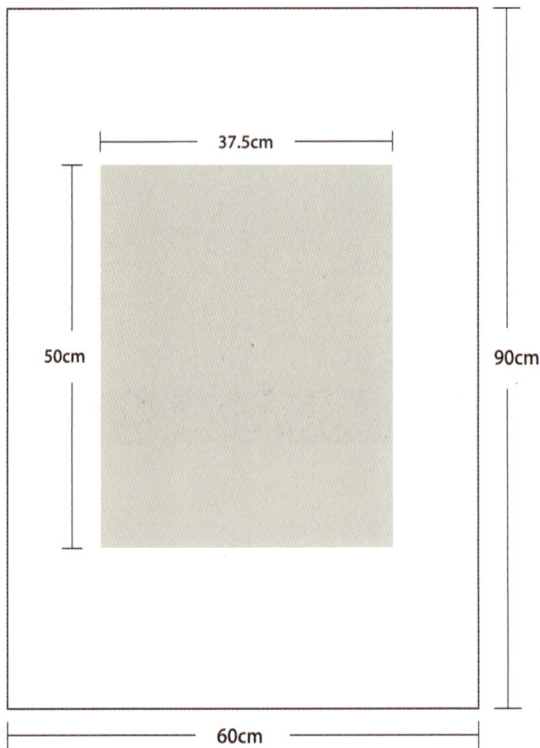

根据海报大小，确定版心尺寸为 37.5cm×50cm

2. 根据版心尺寸，截取画面元素

用专业相机拍摄后，进行校色

截取烟囱、厂房、火柴人等画面元素

3. 选择标题字体

方正粗俊黑简体、Helvetica 等无衬线字体，以其简洁无饰、横竖笔画粗细均匀、笔形方头方尾、黑白对比鲜明的特点，显得尤为醒目且便于阅读。这类字体常被广泛应用于标题、导语、标志等场景，尤其适合作为主视觉海报的设计元素。

中文-"方正俊黑简体"——
L.S洛瑞:艺术家·人民

中文-"华文黑体"——
L.S洛瑞:艺术家·人民

中文-"兰亭黑简体"——
L.S洛瑞:艺术家·人民

中文-"手札体简"——
L.S洛瑞:艺术家·人民

中文-"方正粗俊黑简体"——
字号：205pt；字间距：-120；行距：246pt
L.S洛瑞:艺术家·人民

确定中文标题字体、字号间距等

英文-"Arial"——
L . S . Lowry:Artist of the People

英文-"Helvetica - Bold"——
字号：130pt；字间距：0；行距：138pt
L . S . Lowry:Artist of the People

确定英文标题字体、字号间距等

英文-"Impact"——
L . S . Lowry:Artist of the People

英文-"ChunkFive Roman"——
L . S . Lowry:Artist of the People

英文-"Arial - Bold"——
L . S . Lowry:Artist of the People

4. 确定正文字体、字间距和行距

中文字体："冬青黑体-简"；字号：35pt；字间距：0；行距：48pt

出品人／李小山

策展人／王亚敏

安德鲁·卡尔曼

中文字体"冬青黑体-简"；字号：32pt；字间距：0；行距：48pt

开幕时间/2014 年 11 月 14 日下午 3 点

时间／2014 年 11 月 14 日—2014 年 12 月 16 日

地点／南京术学院美术馆第 4 展厅

主办／南京艺术学院美术馆

协办／英国文化协会（英国总领事馆文化教育处）

索尔福德市（英）洛瑞中心（英）

柯瑞卡尔曼艺术机构（英）艺触机构（英）

英文字体：Helvetica；字号：32pt；字间距：0；行距：50pt

Duration Time/ 14th Nov. – 16th Dec. 2014

Opening Time/ 14th Nov. 2014 15:00

英文字体：Helvetica；字号：27pt；字间距：0

Venue/ Art Museum of Nanjing University of the Art No.4 Hall

英文字体：Helvetica；字号：29.1pt；字间距：0；行距：36.5

Producer/ Li Xiaoshan

Curator/ Wang Yamin / Andrew Kalman

英文字体：Helvetica；字号：25pt；字间距：0；行距：35

Organizer/ Art Museum of Nanjing University of the Art

Co-organizer/ British Council(UK) Salford City Council (UK)

The Lowry(UK) Crane Kalman Gallery(UK) Art Touch(UK)

5. 选择配色

鉴于主视觉图片的颜色相对偏灰，为增强视觉冲击力、突出主题，特选用高饱和度的红色作为海报的主色调。

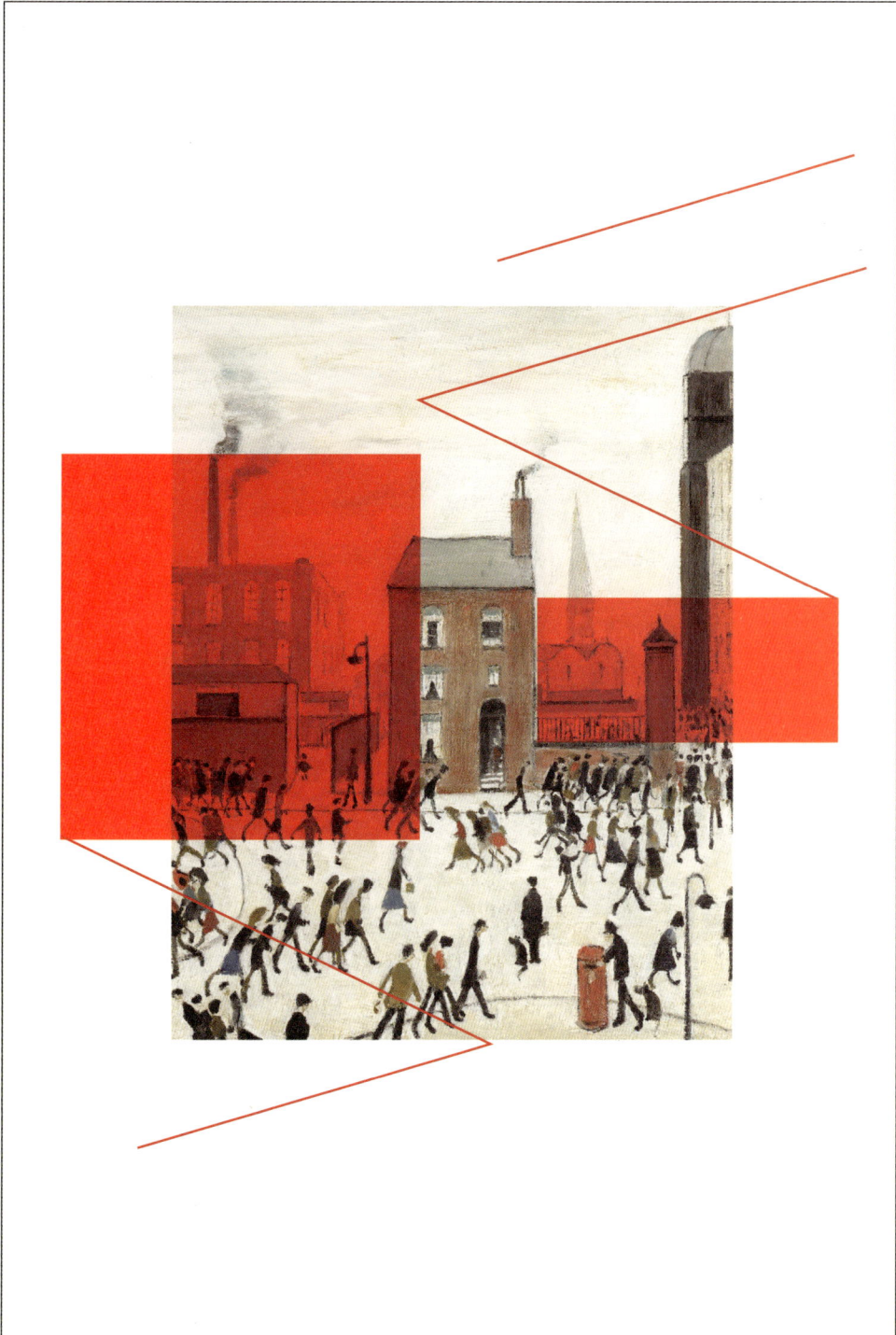

6. 版式设计分析

矩形元素在版心画面的左右两侧有序排列，一主一次，巧妙形成视觉张力。矩形延伸出的线条巧妙构成箭头状三角形，不仅引导观者的视线走向，更显著增强了画面的视觉冲击力。

14th Nov–16th Dec. 2014
Opening time / 14th Nov. 2014 15:00

L.S. 洛瑞
艺术家·人民

出品人 / 李小山
策展人 / 王亚敏
安德鲁·卡尔曼
展览统筹 / 肖朗
策展助理 / 李沁灵 刘丹杨
主办 / 南京艺术学院美术馆
协办 / 克莱恩·卡尔曼画廊（英）
艺触咨询（英）英国总领事馆文化教育处
合作 / 洛瑞中心（英）萨尔福德市政府（英）
赞助 / 韦莱（全球保险经纪人与风险顾问）、安盛艺术品保险

开幕时间 / 2014年11月14日下午3点
时间 / 2014年11月14日—2014年12月16日
地点 / 南京艺术学院美术馆第4展厅

Producer / Li Xiaoshan
Curator / Wang Yamin
& Andrew Kalman
Coordinator / Xiao Lang
Assistant Curator /
Lee Qinling & Liu Danyang

L. S. Lowry:
Artist of the People

LS Lowry Mill Scene 1965 (detail) The Lowry Collection, Salford © The Estate of LS Lowry. All rights reserved DACS 2014

Venue / Art Museum of Nanjing University of the Arts No.4 Hall
Organizer / Art Museum of Nanjing University of the Arts   Cultural and Education Section of the
Co-organizer / Crane Kalman Gallery (UK)   ARTouch Consulting (UK)   Salford City Council (UK)
British Consulate-General   Supported by / The Lowry (UK)   Sponsors / Willis (Global Insurance Broker and Risk Adviser)   AXA

AMNUA
南京艺术学院／美术馆

CRANE KALMAN GALLERY LTD
LONDON

THE LOWRY   Salford City Friends

Willis   安盛天平   ART

根据画面导视线，组织排列展览文字信息。

7. 海报设计过程

5. 海报最终完成

1. 选取画面中的重要元素并放入版心位置

2. 矩形元素、线条与海报画面组合

4. 加入展览信息，并调整细节

3. 标题与海报画面组合

5.1.2 展签设计

展签作为每件作品的信息名片，通常承载着作品名称、艺术家姓名、创作材料、创作年份等关键信息。因此，在设计展签时，应以清晰传达信息为主，并适当融入与主视觉海报相协调的元素。需要特别注意的是，展签在色彩搭配与构图设计上必须与主视觉海报保持高度一致。基于此原则，设计师选取了海报主视觉中的红色调以及三角形构成元素，以确保展签与整体视觉风格的统一。

L. S. 洛瑞:艺术家·人民

L. S. Lowry:Artist of the People

荒芜之地 / Wasteground
木板油彩 / Oil on board
1940
34 x 42 cm
私人收藏 （鸣谢英国克莱恩·卡尔曼画廊）
Private Collection, c/o Crane Kalman Gallery
Private Collection, c/o Crane Kalman Gallery Ltd. All rights reserved DACS 2014.

L.S. 洛瑞:艺术家·人民

L. S. Lowry:Artist of the People

莫顿沼泽城 / Moreton in Marsh
布面油彩 / Oil on canvas
1947
46 x 56 cm
私人收藏 （鸣谢英国克莱恩·卡尔曼画廊）
Private Collection, c/o Crane Kalman Gallery

L.S. 洛瑞:艺术家·人民

L. S. Lowry:Artist of the People

皮尔公园里的音乐台 / Bandstand, Peel Park
木板油彩 / Oil on board
1928
30.1 x 40.6 cm
洛瑞中心，萨尔福德 / The Lowry, Salford

L.S. 洛瑞:艺术家·人民

L. S. Lowry:Artist of the People

街景（圣·西蒙教堂）/
A Street Scene (St Simon's Church)
布上油彩 / Oil on board
1928
43.8 x 38 cm
洛瑞中心，萨尔福德 / The Lowry, Salford

L.S. 洛瑞:艺术家·人民

L. S. Lowry:Artist of the People

穿风衣的男子 / Man in a Trenchcoat
纸本铅笔 / Pencil on paper
1945
22.5 x 12.5 cm
私人收藏 （鸣谢英国克莱恩·卡尔曼画廊）
Private Collection, c/o Crane Kalman Gallery

L.S. 洛瑞:艺术家·人民

L. S. Lowry:Artist of the People

男子头像 / Head of a Man
纸本铅笔 / Pencil on paper
1920
20 x 20 cm
私人收藏 （鸣谢英国克莱恩·卡尔曼画廊）
Private Collection, c/o Crane Kalman Gallery

L.S. 洛瑞:艺术家·人民

L. S. Lowry:Artist of the People

老年男子头像 / Head of an Old Man
木板油彩 / Oil on board
1915
39 x 30 cm
私人收藏 （鸣谢英国克莱恩·卡尔曼画廊）
Private Collection, c/o Crane Kalman Gallery

5.1.3 导览折页设计

作为导览手册，其核心功能在于简明扼要地传达展览信息，并精选具有代表性的作品进行介绍，以便观者能够迅速且全面地了解展览概况。在设计方面，导览手册严格遵循与主视觉海报相统一的字体、色彩及构成元素，确保整体视觉风格的连贯性与一致性。图文排列上，力求简洁明了，摒弃繁复设计，以朴实大气的风格呈现，从而极大地方便观者阅读。

最终成品采用经典的三折页设计，选用 300g/m² 铜版纸作为印刷材质，表面进行亚光覆膜处理，以增强质感与耐用性。色彩模式设定为 CMYK，确保印刷色彩准确还原；分辨率高达 300dpi，保证图像清晰锐利。此外，出血设置严格遵循 3mm 的标准，以确保裁切后的成品边缘整齐、无白边。

放入 10 张精选作品及作品信息介绍。

正文字体选择了方正系列等线体。

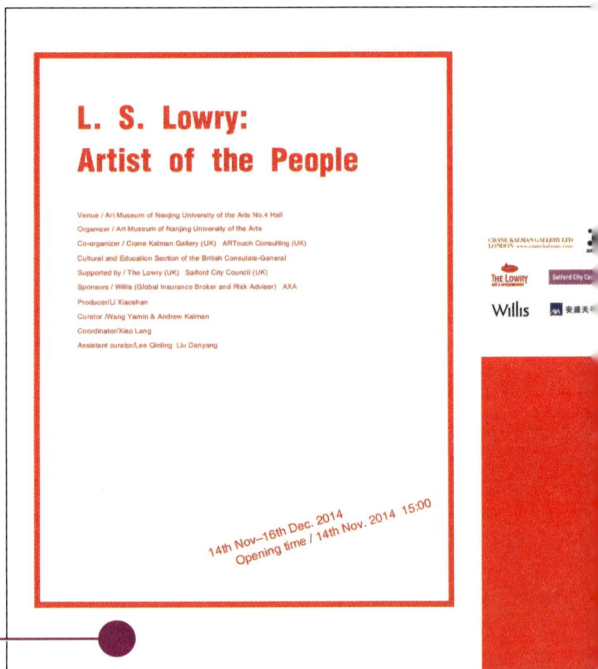

主视觉色彩选择了红色，背景则
采用大面积留白。

中文标题字体依然沿用了主视觉海报的方正
粗俊黑简体；英文标题字体则用了 Helvetica-
Narrow-Bold 字体。

L.S. 洛瑞
L. S. Lowry:
Artist of the People

艺术家·人民

L.S. 洛瑞: 艺术家·人民

2014年11月14日——12月16日
开幕 / 2014年11月14日下午3点
地点 / 南京艺术学院美术馆第4展厅

AMNUA

24cm

22.6cm

24cm

68cm

5.1.4 邀请函设计

邀请函的设计以海报主视觉为灵感源泉，整体布局分为两个页面（P）。其中一页为海报主视觉的巧妙变体，另一页则承载邀请函的详尽文字内容。在设计语言的运用上，主要采用方块与三角箭头等几何元素，这些元素不仅作为视觉符号贯穿始终，更确保了邀请函与整体视觉系统的高度一致性。

中文标题字体依然沿用了主视觉海报的方正粗俊黑简体；英文标题字体则用了Helvetica-Narrow-Bold 字体。

色彩依旧沿用了主视觉海报的配色。

15cm

20cm

尊敬的/ Dear

诚挚邀请您出席于2013年11月14日15:00在南京艺术学院
美术馆举办的"L.S.洛瑞：艺术家•人民"画展开幕式。

You are cordially invited to attend the Opening Ceremony of
L.S. Lowry: Artist of the People on14th Nov 2014
at 15:00 at the Art Museum of Nanjing University of the Arts(AMNUA)

展览时间：
2014. 11. 14 ——2014. 12. 16
展览地点：
地点/南京艺术学院美术馆第4展厅

14th Nov.-16th Dec.2014

Venue/Art museum of Nanjing University of the Arts No.4 Hall

主办/南京艺术学院美术馆
协办/克莱恩•卡尔曼画廊（英），艺触咨询（英），英国总领事馆文化教育处
合作/萨尔福市政府(英)，洛瑞中心（英）
赞助/韦莱（全球保险经纪人与风险顾问），安盛艺术品保险
Organizer /Art Museum of Nanjing University of the Arts
Co – organizer /Crane Kalman Gallery(UK)，ARTouch Consulting(UK)，
Cultural and Education Section of the British Consulate--General
Supported by/The Lowry(UK)，Salford City Council (UK)
Sponsors/Willis (Global Insurance Broker and Risk Adviser), AXA

中文字体使用了微软
雅黑，英文则使用了
Helvetica 字体。

最终呈现选择了
300g/m² 白班卡纸。
色彩模式为CMYK，
分辨率 300dpi，出
血设置为3mm。

5.1.5 画册设计

画册详尽地介绍了此次展览作品的详细信息，系统地阐述了策展人对展览的构思以及对画册设计的考量。画册内容基本以还原洛瑞的作品风格、呈现其生平年表为主。在封面设计、图文版式方面，力求简约大气，避免过度设计，以便读者能够轻松阅读。整个设计过程严格遵循"少即是多"的原则，注重以简洁的设计语言传达丰富的信息。

56

封底标志使用凹版压印工艺，使画册更有整体感。

AMNUA
南京艺术学院 | 美术馆

封底和封面整体用银色艺术纸包裹，采用硬精装工艺。

28cm

1.2c

L.S.洛瑞：艺术家·人民
L. S. LOWRY:
ARTIST OF THE PEOPLE

封面使用了银色艺术纸张印刷，采用硬精装工艺。

中文标题字体依然沿用了主视觉海报的方正粗俊黑简体。英文标题字体则用了 Helvetica-Narrow-Bold 字体。

28cm

封面字体使用凹版压印工艺，使封面更加具立体感。

根据内页选择的纸张和画册页数，提前测量出书脊的厚度，预留设计空间。

画册设计过程

画册制作流程如下：

(1) 设计完成后，导出符合印刷要求的格式文件，并发送给印刷厂。

(2) 与印刷厂就印刷尺寸、纸张型号、书籍装帧工艺、封面工艺以及特殊工艺进行详细确认。

(3) 印刷厂将提供打印样稿，经仔细核对无误后签字确认，印刷厂随即开始制版工作。

(4) 确定好下厂印刷的具体时间，提前到达印刷厂，对文件、纸张等进行全面检查。

(5) 打印好校色后的标准文件，开机印刷后，取出印刷样品在自然光和灯光下反复校对。若色差偏大，需要在印刷机上手动调整，直至色差范围合理，方可在印刷页面上签字同意印刷。

(6) 印刷完成后，需要等待 2~5 天（具体时间视天气情况而定）以便纸张干燥。

(7) 确定好装帧和特殊工艺的时间，提前到达印刷厂检查相关文件。样稿出来后，经核对无误可签字确认。

(8) 封面装帧阶段，同样需要提前到达检查文件。样稿确认无误后，可签字同意进行下一步。

(9) 全部制作完成后，将画册装箱运输至美术馆，并进行清点签收。

CURATORS STATEMENT

/ 策展人语

连瑞常说他很乐意做一个闲云野鹤般的人，但是画面中他只是小男孩之后创作成熟幻想中带来的自己。他只瞄水和手，或者借某种特殊的时候满自己最喜欢的构图，公文包上有各自的形态，所以那一定是最喜欢自己的物身。这幅画是守了艺术家最的幽默感和时安景事的静坐，同时也体现的本人最的生去评价。连瑞常说这幅画是基于他的观察制作而来的，"那是炎热夏日的一天，我所见的巴土突然经过了一个躺在墙上的男子，很懂你有真更看到的这件。"

躺在墙上的男子
Man Lying on a Wall
布面油彩
Oil on canvas
1957
40.7 x 50.9 cm
连瑞中心，萨尔福德
The Lowry, Salford

5.1.6 艺术布设计

300cm

L. S. 洛瑞：艺术家·人民

策展人语

一百年前，L. S. 洛瑞（1887—1976年）在英格兰北部的曼彻斯特开始了他的艺术生涯，当时的曼彻斯特迎来了一场英国社会不可阻挡的大变迁，洛瑞和曼彻斯特城一起处在了英国工业蓬勃发展的中心，工业的突飞猛进，随之而来的是社会变革，城市里挤满了人，林立的工厂和烟囱将人们层层包围（《工厂层层》，1965），这也正是中国与洛瑞作品之间的共鸣之处，这也是在中国举办小型洛瑞作品回顾展的原因。中国是世界第一大工业国，也是世界经济发展最迅速的国家之一，工业化、城市化、现代化愈发显著，这与大约一个世纪前洛瑞对英格兰北部的那场工业变革的观察和记录有着高度相似性。

洛瑞对人们在这样的城市中的行为表现出了极大的兴趣，他既画过被大雨浇成落汤鸡还一步一滑走去工作的人（《穿风衣的男子》，1945），也画过拍卖行里喧嚣的人群（《拍卖会》，1957），这是洛瑞的创作"食粮"，这就是洛瑞，一位属于人民的艺术家。

这场小而精的展览汇聚了洛瑞的油画与素描作品，它将首次把洛瑞——这位在英国深受喜爱的艺术家的作品展现在中国观众面前。我们希望中国观众可以结合自己在像南京这样一座繁华又忙碌的城市中的那些愉悦或富有戏剧化的生活体验，对洛瑞的作品产生共鸣。

——安德鲁·卡尔曼

L. S. 洛瑞（L. S. LOWRY, 1887—1976）是英国20世纪最重要和知名的现代艺术家之一，但却不为英国圈外的人们所熟知。此次展现已取的近三十幅画作具有代表性作品均选自私有及公共收藏。《L. S. 洛瑞：艺术家·人民》是继2013年泰特英国举办洛瑞的大型回顾展之后，洛瑞在英国本土之外的首次完整的首次个展，这次展览期望能让洛瑞走出英国并在公众面前得到了新的价值体现。所以，我们很荣幸在当下向公众展出策展的这些作品。

50多年来，洛瑞一直在英国北部描绘那些围绕在他身边的生活与社会。他的作品描绘的都是在家乡的工作与游乐、公园及运动场中土工作的磨难场景，这些图像通常是在画中的矿井、水塔和钢铁工业社会生活的创作中，财宽及诚风景却被当今人们所喜爱的英国公众所广泛喜爱和欣赏。

但是，"艺术界"内部的争议从未停止，洛瑞的作品也不能逃脱卷入这些，而其中关键之一是洛瑞艺术的核心价值，艺术和人民紧密相联，"一切坚固的东西都将烟消云散了"，一切神圣的东西都将被亵渎了，马克思在一社会政治现代主义的代宣言中，这个19世纪中息同以来的原代性艺术集中中不可被越论，艺术和人人的关系成为根源。但是，与此同时，人民是艺术中常出不穷的美话，现代主义之后，当代艺术的政治性实践——是政治美学实践，道德问题就像诗审只真，艺术或者却如何才成为人民服务的创造性之一。

洛瑞的作品主要描绘城市工业革命以及其逐渐衰败的现代性社会生活，他以其过"棉都"曼彻斯特的工业区，及其民友幽默诙谐和风画像，加以对生生生活细节的动情描绘以及人们无的气息，绘不穷愁了，居素幽趣，我们可以看到，人民能如何不幸和非幸的生命的深处不幸——环境使得那末的苦痛切人人都来的状切切，人为社会过剩设想的创造者，我也希望之一，我们能看到现代性生活中的"英雄主义"的就是性与中，这种意义正是优美界性格描述为现代人格的英雄。洛瑞个人其的生活和艺术作则与人民紧密相关，洛瑞作为人民之下可——属于人民自大众的艺术家，他却我们自不了一个艺术家的明示在人民中存在，并被人们所爱戴，洛瑞宣称称他的作品均是"自画像"——因为为对人民的尊重就是对人类的尊重（美贝尔）。

因为中国当下的历史进程及其现实，也怨惯社会发展所带来的问题，人（与人）横深的道遇等等，这件作品在南京时的这场展出必将引发我们们的共鸣和反思，"艺术家作为人民的一员"，"人民如何看待艺术"等问题是当下活的艺术实践中很重要的（创参与、介入、公共性等等），人民大众在艺术中的反映都更是一块真正的试金石。

——王亚敏

L. S. Lowry:
Artist of the People

L. S. Lowry (1887-1976) began his career as an artist in the city of Manchester a hundred years ago. Manchester had at this time come to represent an irreversible change in Britain. And so Lowry was at the heart of British industrial growth and in turn came social change. This city environment was of course full of people like Lowry, surrounded by factories, mills and chimneys (Mill Scene, 1965, P55). This is why the idea of making a small Lowry retrospective in China resonated. China's evolution from economy rooted substantially in agriculture to one driven by the manufacture of products, quite often for export, mirrors changes Lowry observed and recorded in northern England nearly a century earlier.

Lowry was fascinated by human behaviour within this cityscape, from the image of a rain-soaked man shuffling to work (Man in a Trenchcoat, 1945, P29) to the noisy clamour of an auction house sale thronging with people (The Auction, 1957, P41). This was Lowry's 'food and drink'. This is Lowry, the artist of the people.

This concise exhibition of paintings and drawings will present a flavour of this hugely popular artist's work to a new audience in China, who will hopefully empathize with the joys and dramas of living in a great bustling city, such as Nanjing.

—— Andrew Kalman

CURATORS'
STATEMENT

L. S. LOWRY (1887-1976) is one of the most important and famous British artists of the Twentieth Century, yet he is still an artist who is barely recognised outside the UK. With nearly thirty of paintings and works on paper selected carefully from British public and private collections, L. S. Lowry: Artist of the People is Lowry's first solo museum show outside the UK. Following his widely acclaimed retrospective exhibition at Tate Britain in 2013, the collection of works at AMNUA will enable a new public to explore and value Lowry's art—in Nanjing, China and hopefully beyond. We are proud to present this exhibition, with its events, to the public at this moment.

For more than 50 years, Lowry painted the life and society that surrounded him, in Manchester in Northern Britain. Images of ordinary people at work and play, amongst the mills and factories, parks and football pitches of his home-town. These honest observations, sometimes with harsh imagery of the industrial landscape but other times full of wit and humour, are today enjoyed and admired by the general British public.

But controversies are always raised within the "Art World" and so to an acceptance of Lowry. One of the key questions is the core value of Lowry's art, the close relationship between art and the people. All of the sturdy things are vanished, all of the holy things are profaned, this declaration of Marx about Modernity by the approach of socialism pluralistic was also echoed in the Modern Art revolution since 19th century with its stress on the relationship between art and the people. But at the same time, the presence of the people in art was and is often bleached. With Modernism, one of the key practices of contemporary art is the Political practice as Aesthetics practice, morality question is just aesthetic question. How art can serve the people becomes one of the knots in artists' minds.

The main context of Lowry's art was modern life against the backdrop of the British Industrial Revolution and its gradual decline. He was renowned for his industrial landscapes of the "Cotton Capital" Manchester, with the everyday grassroots of life, witnessed in the streets and lanes of the city. Such depictions of contemporary life could evoke an atmosphere of frustration and loneliness but with dignity and humour. We can see how the people bear the dilemma brought about by modern life: the deterioration of the living environment and the estrangement of people from society. In this sense, we would like to call Lowry's art a kind of "heroism" among modernity disillusioned. Such heroism was particularly represented by Lowry personally. Lowry's life and art practices were tied closely with common peoples. Insisting on being an artist of the people, Lowry showed us how a painter survived and even thrived. Lowry declared all his paintings were "self-portraits" —to respect the people is to respect the humankind (Goncourt).

Because the historical process of China with its reality of the moment, time social problems caused by the development, cornered dwelling of people, etc., this exhibition in Nanjing will provoke resonance and reflection. An artist as one of the people, how the people occupy ART, etc., all of these are also present important art proposition for many fashionable contemporary art practices (Participation, Intervention and Public, etc.), the fineness of the people reflected in art is really a touchstone.

—— Wang Yamin

578cm

150cm

标题字体依然沿用主视觉海报的方正粗俊黑简体。
正文中、英文字体则选用了微软雅黑 - 常规体。

最终呈现选择了户外艺术布喷绘形式，色彩模式为 CMYK，分辨率为 72dpi。

红色、白色为主色调的配色，黑色文字。

5.1.7 户外大型喷绘设计

220cm

540cm

14th Nov–16th Dec. 2014
Opening time / 14th Nov. 2014 15:00

L.S. 洛瑞
艺术家·人民

中文标题字体依然沿用了主视觉海报的方正粗俊黑简体。英文标题字体则采用Helvetica-Narrow-Bold字体。

色彩依旧沿用主视觉海报的配色。

出品人 / 李小山
策展人 / 王亚敏
安德鲁·卡尔曼
展览统筹 / 肖明
策展助理 / 李沁荣 刘丹梅
主办 / 南京艺术学院美术馆
协办 / 克莱恩·卡尔曼画廊（英）
艺术资讯（英）英国总领馆文化教育处
合作 / 洛瑞中心（英）萨尔福市政府（英）
赞助单位《卫报》保险经纪人与风险顾问）· 安盛艺术品保险

开幕时间 / 2014年11月14日下午3点
时间 / 2014年11月14日—2014年12月16日
场地 / 南京艺术学院美术馆第4展厅

L. S. Lowry:
Artist of the People

LS Lowry Mill Scene 1965 (detail) The Lowry Collection, Salford. © The Estate of LS Lowry. All rights reserved DACS 2014.

Venue / Art Museum of Nanjing University of the Arts
Organizer / Art Museum of Nanjing University of the Arts No.4 Hall
Co-organizer / Crane Kalman Gallery (UK) ARTouch Consulting (UK) Cultural and Education Section of the
British Consulate-General
Supported by / The Lowry (UK) Salford City Council (UK)
Sponsors / Willis (Global Insurance Broker and Risk Adviser) AXA

AMNUA

Willis

户外大型喷绘最终输出设置：采用CMYK色彩模式，分辨率建议设置在30~72dpi，选用专业的户外广告喷绘布材质。画面四周各预留5cm出血区域，且边缘向内5cm范围内尽量避免放置文字等重要内容，以确保画面安装后的完整性和视觉效果。

5.1.8 展架设计

80cm

180cm

14th Nov–16th Dec. 2014
Opening time / 14th Nov. 2014 15:00

L. S. 洛瑞
艺术家 · 人民

中文标题字体依然沿用了主视觉海报的方正粗俊黑简体。英文标题字体则采用 Helvetica-Narrow-Bold。

出品人 / 李小山
策展人 / 王亚敏
安德鲁 · 卡尔曼
展览统筹 / 肖酩
策展助理 / 李心灵 刘丹杨
主办 / 南京艺术学院美术馆
协办 / 克莱恩 · 卡尔曼画廊（英）
艺术咨询（英）英国总领事馆文化教育处
合作 / 洛瑞中心（英）萨尔福德政府（英）
赞助 / 韦莱（全球保险经纪人与风险顾问）安盛艺术品保险

开幕时间 / 2014年11月14日下午3点
时间 / 2014年11月14日—2014年12月16日
地点 / 南京艺术学院美术馆第4展厅

色彩依旧沿用了主视觉海报的配色。

展架最终输出设置：采用 CMYK 色彩模式，分辨率设置为 72~150dpi，选用背胶海报纸作为输出材质。画面四周各预留 3mm 出血区域，且画面边缘 5cm 范围内不宜放置任何信息内容，以确保展架画面在裁切和展示时的完整性与美观度。

L. S. Lowry:
Artist of the People

LS Lowry Mill Scene 1965 (detail) The Lowry Collection, Salford © The Estate of LS Lowry. All rights reserved DACS 2014.

Venue / Art Museum of Nanjing University of the Arts
Organizer / Art Museum of Nanjing University of the Arts   ARTouch Consulting (UK)   Cultural and Education Section of the
Co-organizer / Crane Kalman Gallery (UK)
British Consulate-General
Supported by / The Lowry (UK)   Salford City Council (UK)   AXA
Sponsors / Willis (Global Insurance Broker and Risk Adviser)   AXA

正文信息选用了微软雅黑常规体和加粗体。

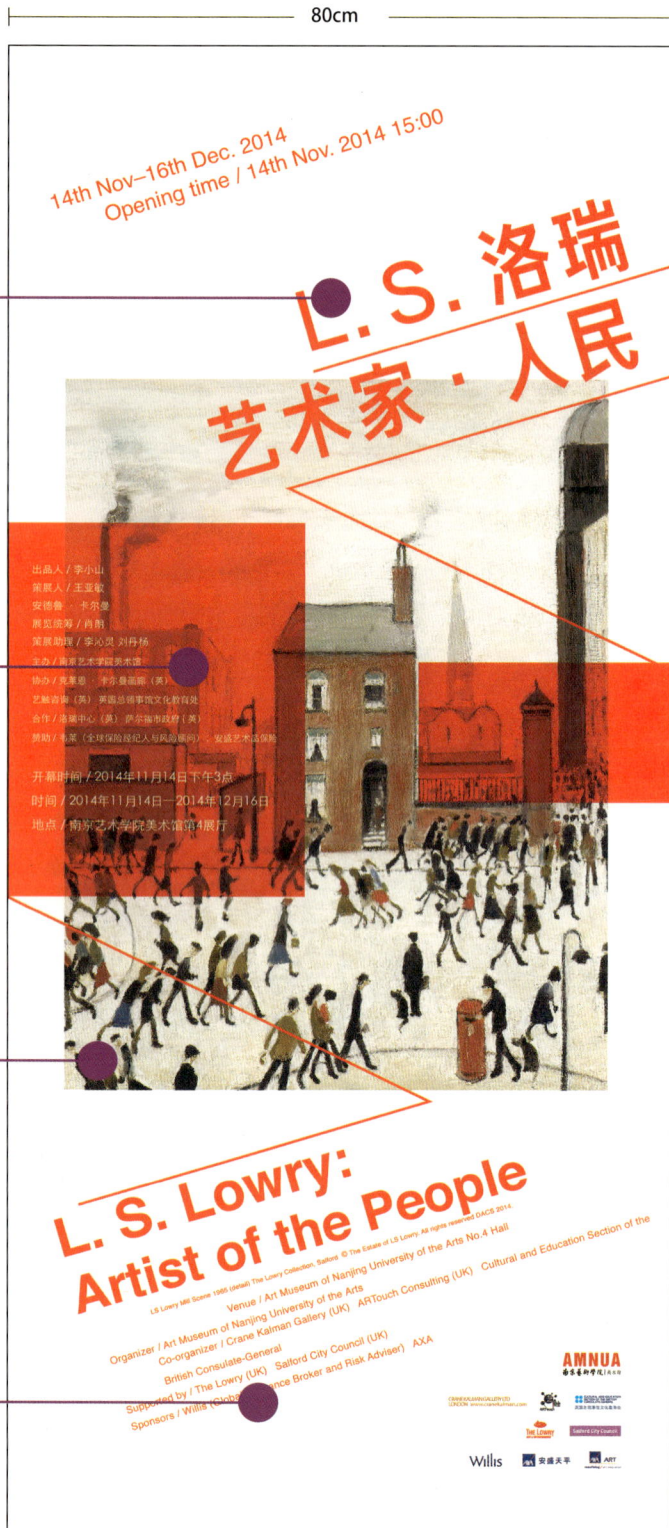

AMNUA
南京艺术学院｜美术馆

CRANE KALMAN GALLERY LTD
LONDON / www.cranekalman.com

The Lowry   Salford City Council

Willis   安盛天平   ART

5.1.9 官方网站首页、报告厅投影设计

英文标题采用 Helvetica-Narrow-Bold 字体，正文采用微软雅黑字体。

输出时色彩模式使用 RGB，分辨率为 300dpi。

色彩依旧沿用了主视觉海报的配色。

标题字体使用了方正粗俊黑简体，正文字体使用了微软雅黑。

正文字体采用微软雅黑。

输出时色彩模式使用 RGB，分辨率为 300dpi。

色彩依旧沿用了主视觉海报的配色。

标题字体使用了方正粗俊黑简体，英文字体为 Helvetica-Narrow-Bold。

5.2 案例解析:"AMNUA 国际计划——外包｜内销"展

展览背景

"AMNUA 国际计划——外包｜内销"展由南京艺术学院美术馆出品并主办。策展人为道格拉斯·路易斯(Douglas Lewis,特邀策展人,加拿大)与王亚敏(中国)。该展览得到了加拿大驻上海总领事馆、荷兰王国驻上海总领事馆以及加拿大艺术委员会的支持。来自全球各地的 28 位艺术家个人及团体参与了此次展览。

前期沟通 / 设计要求

此次展览由南京艺术学院美术馆主办,前期主要沟通人为中方策展人王亚敏博士。在沟通中,明确了展览的视觉设计要求及方向。

(1) 设计一套涵盖海报、户外大型喷绘、展签、导览手册、邀请函的全套视觉系统。

(2) 设计需要充分体现展览主题。

(3) 鉴于这是一次国际性的学术群展,视觉设计既要具备国际化风格,也要蕴含一定的学术内涵。

艺术家作品 / 场地信息

展览共选取了 28 位艺术家的 57 件作品。展览场地为南京艺术学院美术馆最大的 3 号展厅。

收集创作资料,构思设计方向

在了解艺术家和作品的背景后,实地察看了展厅的入口位置。随后,设计师(本书作者)向策展团队提出提供展览作品高精度图片的要求,以此作为设计的基本素材。

在具体的设计工作中，将海报作为主视觉，把户外大型喷绘、展签、邀请函等其他内容作为延展设计。因此，首要任务是确定主视觉海报的设计方案。一旦海报设计方案确定，其他延展内容的设计便会相对轻松。

根据与主办方的前期沟通及相关要求，设计师明确了主视觉图像必须体现的 3 个关键词：消费主义、飞机、宜家。初版海报采用了宜家的经典黄蓝配色，以折纸飞机的抽象图形象征飞机，拉近了内外沟通的距离；而在最终版海报中，通过购物车图片来体现消费主义元素。

此外，设计师建立了该项目的资料库，将策展人前言、参展作品图片、网络搜集资料等分类存放，以便在设计过程中随时调用。

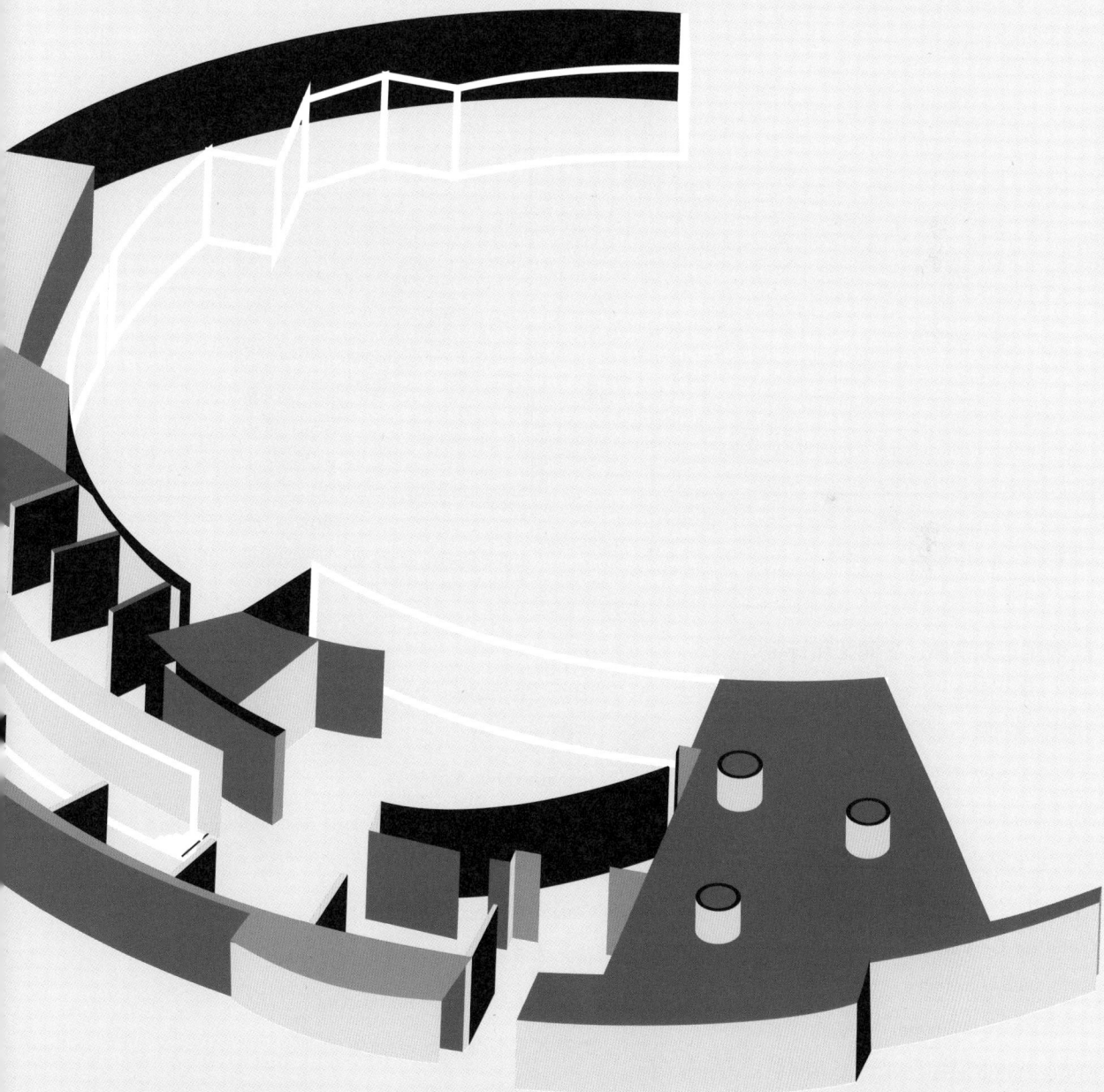

南京艺术学院美术馆 3 号展厅轴测图

5.2.1 主海报设计

1. 确定海报尺寸、版心尺寸

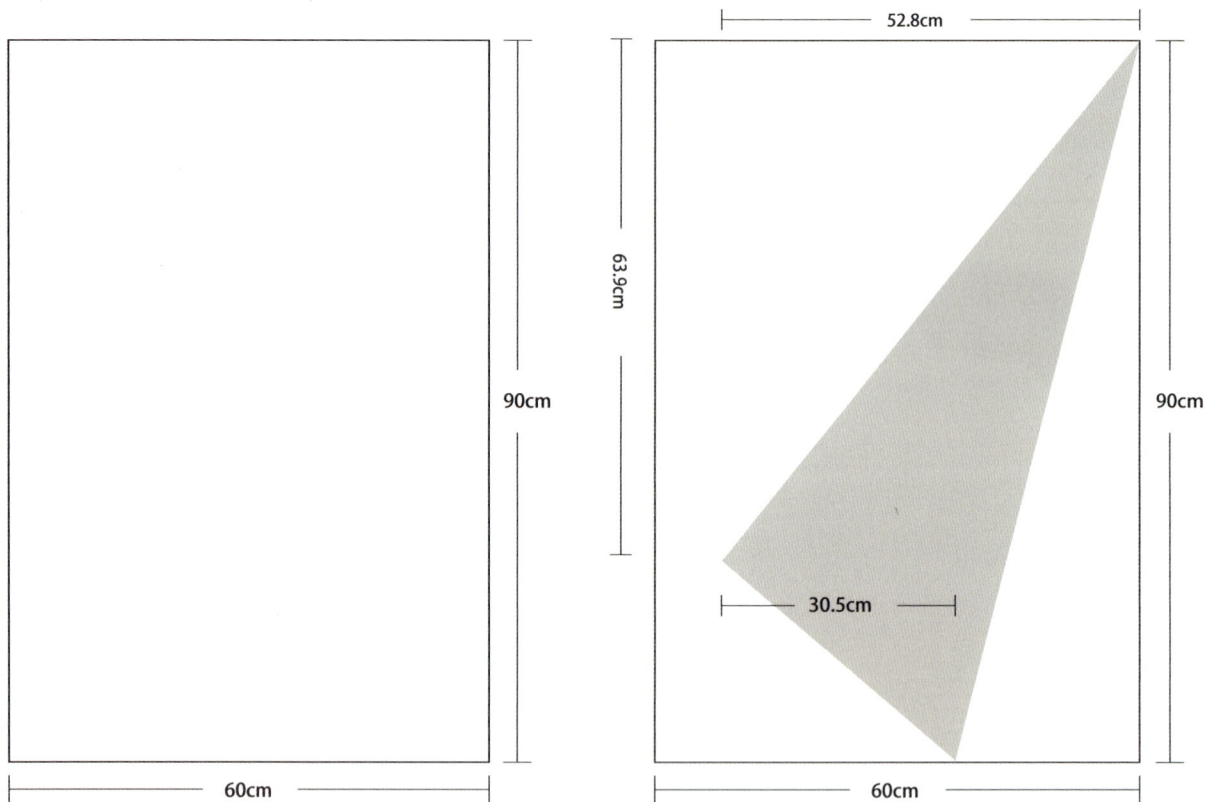

确定海报尺寸为 60cm×90cm

根据海报尺寸，确定三角形区域大致的版心尺寸和位置

2. 确定正文字体、字间距和行距

中文 / 英文字体："方正兰亭粗黑 - 简"；字号：33pt；字间距：0；行距：60pt

开幕及媒体活动（艺术表演等）

2014 年 12 月 10 日 下午 3 点——4 点 30 分

南京艺术学院美术馆咖啡厅及第 3 展厅，虎踞北路 15 号，南京，中国

Openina Ceremonv&Press Conterence (Artists Pertormances included,

1Uth Dec. 2014 3:00pm - 4:30pm

Coffee House &Hall N0.3 . AMNUA, NANJING, 15 Hu Ju North Road, Nanjing

中文 / 英文字体："苹方 - 简"；字号：16pt；字间距：0；行距：21.6pt

Supported by/ 支持

Consulate General of Canada | Consulat general du Canada/ 加拿大驻上海总领事馆

Canadian Consulate General - Shanghai / 荷兰王国驻上海总领事馆

The Canada Council for the Arts / 加拿大艺术委员会

3. 选择标题字体

方正兰亭粗黑简体、Helvetica 等无衬线字体，具有简洁、无装饰的特点，其横、竖笔画的粗细在视觉上近乎相等，笔形方头方尾，黑白分布均匀。这些特性使它们极为醒目，便于阅读，常被应用于标题、导语、标志等场景。也正因如此，这类字体特别适合用于主视觉海报设计。其蕴含的力量感与画面中的三角形元素相得益彰，能够营造出强烈的视觉冲击力。

中文–"方正兰亭粗黑简体"——
字号：243pt；字间距：0；行距：291pt
国际计划 外包｜内销

确定中文标题字体、字号、间距等

中文–"华文黑体"——
国际计划 外包｜内销

中文–"兰亭黑简体"——
国际计划 外包｜内销

中文–"手札体简"——
国际计划 外包｜内销

中文–"方正粗俊黑简体"——
国际计划 外包｜内销

英文–"方正兰亭粗黑简体"——
AMNUA

英文–"Helvetica – Bold"——
字号：243pt；字间距：0；行距：291pt
AMNUA

确定英文标题字体、字号、间距等

英文–"Impact"——
AMNUA

英文–"Radiate Sans Regular"——
AMNUA

英文–"Arial – Bold"——
AMNUA

中文 / 英文字体："苹方 - 简"；字号：16pt；字间距：0；行距：21.6pt

Artist/ 艺术家

Adad Hannah (Canada)/ 阿达德．汉娜（加拿大）

Andy Denzler (Switzerland)/ 安迪．丹兹勒（瑞士）

Darshana Prasad(Sirlanka)/ 达尔善．普拉萨德（斯里兰卡）

Freee art collective(UK)/ 自由艺术集体（英国）

Uptopia Group-Deng Dafei+ He Hai(China) / 乌托邦小组 - 邓大非 + 何海（中国）

Double FLy (China)/ 双飞（中国）

Cheng Huasha(China)/ 陈华沙（中国）

Ed Pien (Canada)/ 艾德．皮恩（加拿大）

Gao Brothers (China)/ 高氏兄弟（中国）

Isabelle Wenzel (Germany)/ 伊莎贝拉．温策尔（德国）

4. 选择配色

展览主视觉配色最终选定了宜家的经典黄蓝搭配。这种配色方案极为醒目、突出，能够有效吸引观众目光，同时也起到了强调展览主题的作用。

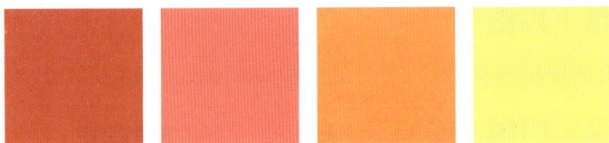

5. 版式设计分析

三角形元素于版心的中心位置有序排列，一主一次，巧妙营造出张力。从三角形延伸而出的线条构成箭头状，不仅引导着观者的视觉动线，还显著增强了画面的视觉冲击力。

依据画面中的导视线，对展览文字信息进行有序
组织与排列。

10/12/2014-20/01/2015 | 2014年12月10日——2015年1月20日
Art Museum of Nanjing University of the Arts(AMNUA)/
Nanjing China/南京艺术学院美术馆(AMNUA) 南京 中国

Opening Ceremony&Press Conference (Artists Performances included)
10th Dec. 2014 3:00pm - 4:30pm
Coffee House &Hall N0 3 , AMNUA, NANJING, 15 Hu Ju North Road, Nanjing
开幕及媒体活动（艺术表演等）
2014年12月10日 下午3点——4点30分
南京艺术学院美术馆咖啡厅及第3展厅，虎踞北路15号，南京，中国

AMNUA INTERNATIONAL PROJECT-IN | OUT SOURCE

AMNUA 国际计划

外包 | 内销

AMNUA
南京艺术学院

尚隐公司

6. 海报设计过程

1. 确定版心尺寸及位置。

2. 确定板块的颜色搭配。

3. 确认主标题字体及大小。

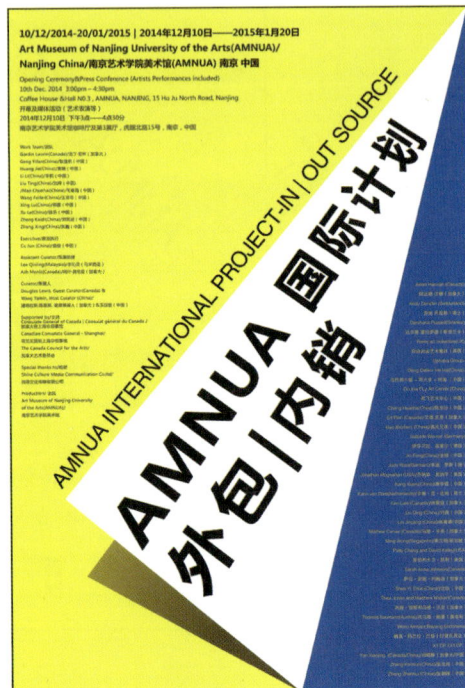

4. 加入展览信息,并调整细节。

10/12/2014-20/01/2015 | 2014年12月10日——2015年1月20日
Art Museum of Nanjing University of the Arts(AMNUA)/
Nanjing China/南京艺术学院美术馆(AMNUA) 南京 中国

Opening Ceremony&Press Conference (Artists Performances included)
10th Dec. 2014 3:00pm – 4:30pm
Coffee House &Hall N0.3 , AMNUA, NANJING, 15 Hu Ju North Road, Nanjing
开幕及媒体活动（艺术表演等）
2014年12月10日 下午3点——4点30分
南京艺术学院美术馆咖啡厅及第3展厅，虎踞北路15号，南京，中国

Work Team/团队
Gordin Laurin(Canada)/戈丁·劳林（加拿大）
Geng Yifan(China)/耿逸帆（中国）
Huang Jie(China)/黄婕（中国）
Li Li(China)/李莉（中国）
Liu Ting(China)/刘婷（中国）
/Mao Chunhai(China)/毛春海（中国）
Wang Feifei(China)/王菲菲（中国）
Xing Lu(China)/邢露（中国）
Xu Le(China)/徐乐（中国）
Zheng Kaidi(China)/郑凯迪（中国）
Zhang Xing(China)/张鑫（中国）

Executive/展览执行
Cu Jun (China)/曲俊（中国）

Assistant Curator/策展助理
Lee Qinling(Malaysia)/李沁灵（马来西亚）
Ash Moniz(Canada)/阿什·莫尼兹（加拿大）

Curator/策展人
Douglas Lewis, Guest Curator(Canada) &
Wang Yamin, Host Curator (China)/
道格拉斯·路易斯, 客席策展人（加拿大）& 王亚敏（中国）

Supported by/支持
Consulate General of Canada | Consulat général du Canada /
加拿大驻上海总领事馆
Canadian Consulate General - Shanghai/
荷兰王国驻上海总领事馆
The Canada Council for the Arts/
加拿大艺术委员会

Special thanks to/鸣谢
Shine Culture Media Communication Co.ltd/
尚隐文化传媒有限公司

Production/ 出品
Art Museum of Nanjing University
of the Arts(AMNUA)/
南京艺术学院美术馆

AMNUA INTERNATIONAL PROJECT-IN | OUT SOURCE

AMNUA 国际计划

外包 | 内销

Adad Hannah (Canada)/
阿达德·汉娜（加拿大）
Andy Denzler (Switzerland)/
安迪·丹兹勒（瑞士）
Darshana Prasad(Srilanka)/
达尔善·普拉萨德（斯里兰卡）
Freee art collective(UK)/
自由自由艺术集体（英国）
Uptopia Group-
Deng Dafei+ He Hai(China)/
乌托邦小组－邓大非＋何海（中国）
Double FLy Art Center (China)/
双飞艺术中心（中国）
Cheng Huaishai(China)/陈怀少（中国）
Ed Pien (Canada)/艾德·皮恩（加拿大）
Gao Brothers (China)/高氏兄弟（中国）
Isabelle Wenzel (Germany)/
伊莎贝拉·温泽尔（德国）
Jin Feng(China)/金锋（中国）
Judy Ross(German)/朱迪·罗斯（德）
Jonathan Mognahan (USA)/乔纳森·莫纳罕（美国）
Kang Xuevu(China)/康学儒（中国）
Karin van Dam(Netherlands)/卡琳·范·达姆（荷兰）
Ken Lum (Canada)/林荫庭（加拿大）
Liu Ding (China)/刘鼎（中国）
Lin Jingjing (China)/林菁菁（中国）
Mathew Carver (Canada)/马修·卡弗（加拿大）
Ming Wong(Singapore)/黄汉明新加坡）
Patty Chang and David Kelley(USA)/
张怡和大卫·凯利（美国）
Sarah Anne Johnson(Canada)/
萨拉·安妮·约翰逊（加拿大）
Shan Yi Elsie (China)/沈怡（中国）
Thea Jones and Matthew Walker(Canada)/
西娅·琼斯和马修·沃克（加拿大）
Thomas Baumann(Austria)/托马斯·鲍曼（奥地利）
Wimo Ambala Bayang (Indonesia)/
威莫·阿巴拉·巴扬（印度尼西亚）
X1 DP./X1 DP.）
Yan Xiaojing (Canada/China)/闫晓静（加拿大/中国）
Zhang Kechun(China)/张克纯（中国）
Zhang Zhaohui (China)/张朝晖（中国）

AMNUA
南京艺术学院｜美术馆

Government of Canada
Consulate General of Canada
Gouvernement du Canada
Consulat général du Canada
Kingdom of the Netherlands
Canada Council Conseil des arts
for the Arts du Canada

尚隐公司
Shine Company

海报最终完成。

5.2.2 户外大型喷绘设计

字体沿用了主视觉海报的正文字体——
方正兰亭粗黑、苹方等字体

户外大型喷绘最终输出要求如下：采用
CMYK 色彩模式，分辨率为 30~72dpi，
选用户外广告喷绘布材质。画面四周各
预留 5cm 出血位，在距离画面边缘向
内 5cm 的范围内，尽量避免放置重要
信息等内容。

色彩沿用了主视觉海报的黄、
蓝、白配色。

标题字体沿用了主视觉海报上
的方正兰亭粗黑与 Helvetica
- Bold 字体，文字沿着画面中
三角形的倾斜方向进行延伸。

220cm

540cm

10/12/2014-20/01/2015 | 2014年12月10日——2015年1月20日
Art Museum of Nanjing University of the Arts(AMNUA)/
Nanjing China/南京艺术学院美术馆(AMNUA) 南京 中国

NO.3 Hall of AMNUA/第3展厅
Opening Ceremony&Press Conference (Artists Performances included)
10th Dec. 2014 3:00pm – 4:30pm
Coffee House &Hall N0.3 , AMNUA, NANJING, 15 Hu Ju North Road, Nanjing
开幕及媒体活动（艺术表演等）
2014年12月10日 下午3点——4点30分
南京艺术学院美术馆咖啡厅及第3展厅，虎踞北路15号，南京，中国

Work Team/团队
Gordin Laurin(Canada)/戈丁·劳林（加拿大）
Geng Yifan(China)/耿逸帆（中国）
Huang Jie(China)/黄婕（中国）
Li Li(China)/李莉（中国）
Liu Ting(China)/刘婷（中国）
/Mao Chunhai(China)/毛春海（中国）
Wang Feifei(China)/王菲菲（中国）
Xing Lu(China)/邢鹿（中国）
Xu Le(China)/徐乐（中国）
Zheng Kaidi(China)/郑凯迪（中国）
Zhang Xing(China)/张鑫（中国）

Executive/展览执行
Cu Jun (China)/崔俊（中国）

Assistant Curator/策展助理
Lee Qinling(Malaysia)/李沁灵（马来西亚）
Ash Moniz(Canada)/阿什·莫尼兹（加拿大）

Curator/策展人
Douglas Lewis, Guest Curator(Canada) &
Wang Yamin, Host Curator (China)/
道格拉斯·路易斯, 客座策展人（加拿大）& 王亚敏（中国）

Supported by/支持
Consulate General of Canada | Consulat général du Canada /
加拿大驻上海总领事馆
Canadian Consulate General - Shanghai/
荷兰王国驻上海总领事馆
The The Canada Council for the Arts/
加拿大艺术委员会

Special thanks to/鸣谢
Shine Culture Media Communication Co.ltd/
尚隐文化传媒有限公司

Production/ 出品
Art Museum of Nanjing University
of the Arts(AMNUA)/
南京艺术学院美术馆

AMNUA INTERNATIONAL PROJECT-IN / OUT SOURCE
AMNUA 国际计划
外包|内销

5.2.3 展架设计

正文字体选用了微软雅黑常规体和粗体。

色彩沿用了主视觉海报的黄、蓝、白配色。

展架最终输出要求如下：采用 CMYK 色彩模式，分辨率设置为 72~150dpi，选用背胶海报纸材质。画面四周各预留 5cm 出血位，在距离画面边缘向内 5cm 的范围内，尽量避免放置重要信息等内容。

标题字体沿用了主视觉海报中的方正兰亭粗黑和 Helvetica - Bold 字体，文字沿着画面中三角形的倾斜方向进行延伸排列。

5.2.4 官方网站首页、报告厅投影画面设计

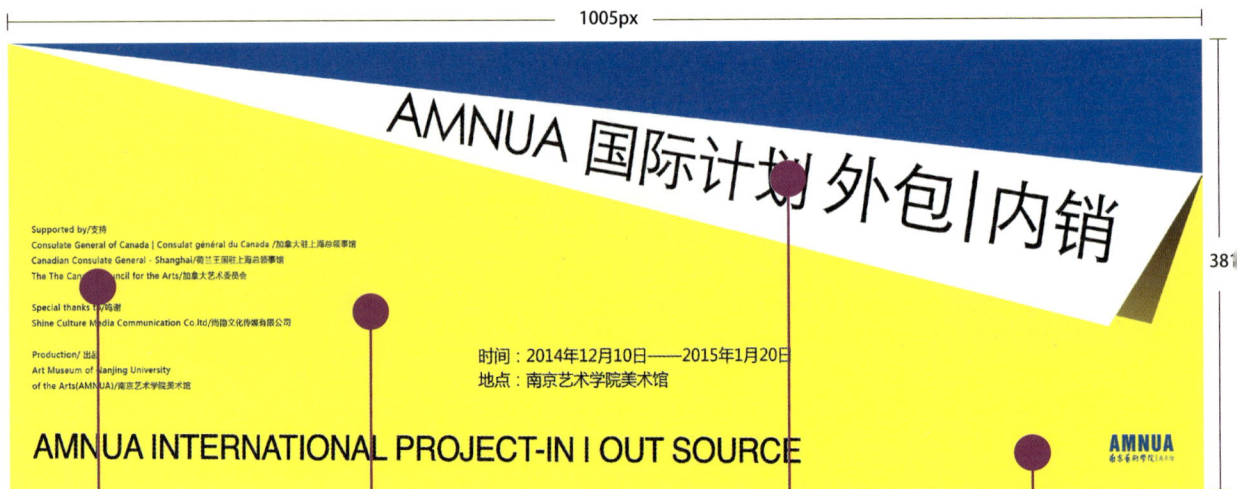

信息字体使用了微软雅黑常规体。

标题字体也使用微软雅黑常规体。

色彩沿用了主视觉海报的
黄、蓝、白配色。

输出时色彩模式为 RGB，分辨率
为 300dpi。

1280px

800px

AMNUA 国际计划 外包 内销

Supported by/支持
Consulate General of Canada | Consulat général du Canada /加拿大驻上海总领事馆
Canadian Consulate General – Shanghai/荷兰王国驻上海总领事馆
The at Canada Council for the Arts/加拿大艺术委员会

Special Thanks to/鸣谢
Shine Culture Media Communication Co.ltd/尚晚文化传媒有限公司

Production/ 出品
Art Museum of Nanjing University
of the Arts(AMNUA)/南京艺术学院美术馆

时间：2014年12月10日——2015年1月20日
地点：南京艺术学院美术馆

AMNUA INTERNATIONAL PROJECT-IN | OUT SOURCE

AMNUA
南京艺术学院 | 美术馆

标题字体使用了方正兰亭粗
黑简体。

色彩沿用了主视觉海报的
黄、蓝、白配色。

信息字体使用了苹方 -Regular。

输出时色彩模式为 RGB，分
辨率为 300dpi。

5.3 案例解析："虫先生 + 朱赢椿"个展

展览背景

本次展览名为"虫先生 + 朱赢椿"，将"虫先生"置于前，"朱赢椿"列于后，这样的命名方式引发了大众的好奇——"虫先生"究竟是谁？实际上，虫先生是书衣坊的常客，在书衣坊中自在惬意、来去自如。5 年前，朱赢椿在工作室旁开垦了一块菜地，不施农药，采用人工施肥的方式，用绿色的蔬果供养着虫先生。朱赢椿用眼睛观察、用相机记录、用文字书写虫先生的生活点滴，而虫先生也保证了较高的"出勤率"与"出镜率"，这便是朱赢椿与虫先生之间独特的"条件交换"。

本次展览的几乎所有作品都源自朱赢椿 5 年多来对虫先生的观察。去年出版的《虫子旁》以及新书《虫子书》皆由此而来。在这里，虫先生已不仅是一只或一群虫的代称，它们是朱赢椿创作自然作品的灵感源泉，是朱赢椿观察世界、发现美的一种自我表达态度，也是朱赢椿以微观视角感悟世界、于方寸之间见乾坤的一贯创作方法。

（林书传文）

前期沟通与设计要求

此次展览由南京艺术学院美术馆主办，艺术总监为李小山，策展人为林书传。在与林书传和朱赢椿的沟通中，明确了展览的视觉设计要求及方向。

(1) 设计一套涵盖大型喷绘、展架、展签、衍生品布包等在内的全套视觉系统。

(2) 充分展现艺术家的个人特色。

艺术家作品与场地信息

朱赢椿是知名书籍设计师，他设计或策划的图书多次荣获国内外设计大奖，并数次荣获"中国最美的书"和"世界最美的书"称号。"虫先生 + 朱赢椿"是朱赢椿的首个大型个展。展览场地选在南京艺术学院美术馆的 4 号展厅，这是一个地下室展厅，观众需要沿着层层叠叠的楼梯徒步进入展厅。

收集创作资料，构思设计方向

在了解艺术家及其作品的背景后，实地察看了展厅的入口位置，随后向策展团队索要展览作品的高精度图片，作为设计的基本素材。

在具体设计过程中，将海报作为主视觉，把大型喷绘、展签、邀请函等作为延展内容。因此，首要任务是确定主视觉海报的设计方案。一旦海报设计方案确定，其他延展内容的设计相对就会更加顺利。

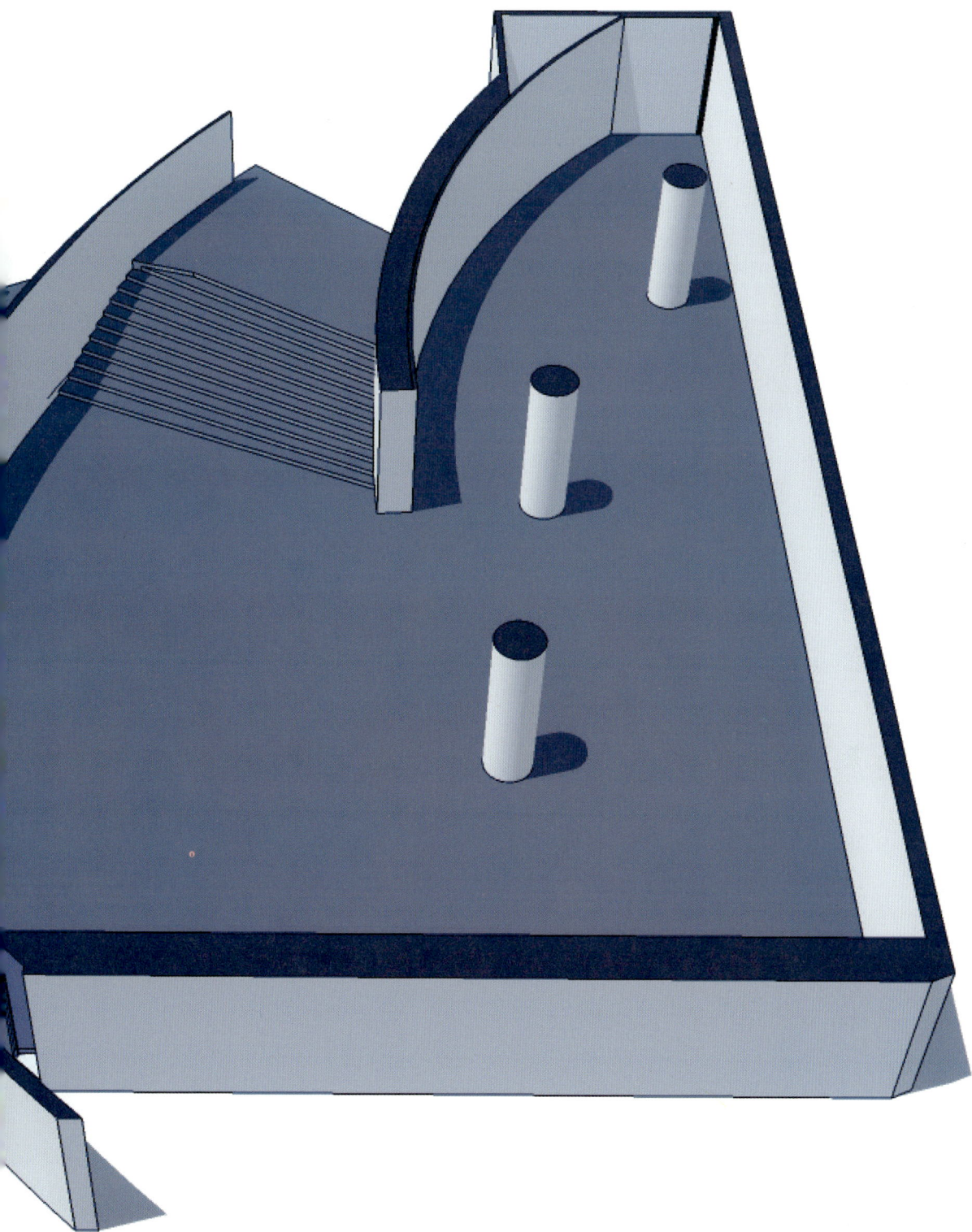

南京艺术学院美术馆 4 号展厅轴测图

5.3.1 主海报设计

展览主视觉海报由朱赢椿老师亲自设计。

标题字体选用方正博雅刊宋简体。

虫子字。

1. 配色选择

由于主视觉图片的色彩基调偏灰，为增强视觉醒目度、突出主题，
同时与昆虫的爬行轨迹相呼应，故选用了一款黑色标题字体。

信息字体选用方正中宋繁体。

虫子的爬行轨迹。

虫子在宣纸上爬行。

虫先生 + 朱赢椿

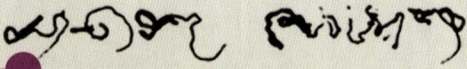

AMNUA
南京藝術學院 | 美术馆

藝術總監：李小山

展覽地點：南京藝術學院美術館四號展廳　展覽時間：二零一五年九月三十日——十月二十日

策展人：林書傳

90cm

60cm

2. 版式设计分析

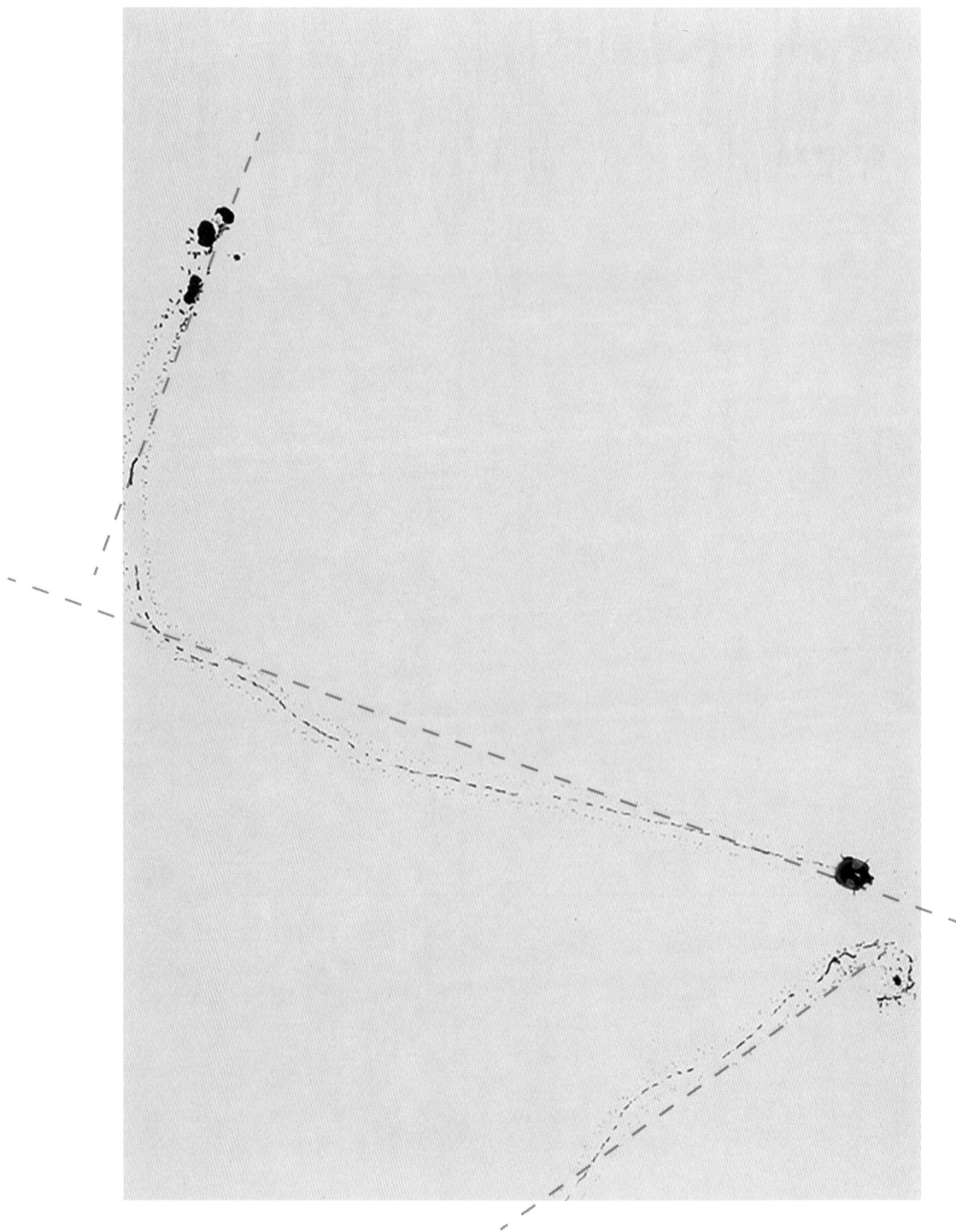

昆虫的爬行轨迹呈 S 形，该轨迹巧妙地引导着观者的视觉动线，极大地增强了画面的视觉冲击力。

虫先生 + 朱赢椿

AMNUA
南京藝術學院│美术馆

藝術總監：李小山

策 展 人：林書傳

展覽地點：南京藝術學院美術館四號展廳 ｜展覽時間：二零一五年九月三十日——十月二十日

依据画面导视线的走向，对展览文字信息进行有序组织与排列。

5.3.2 艺术布设计

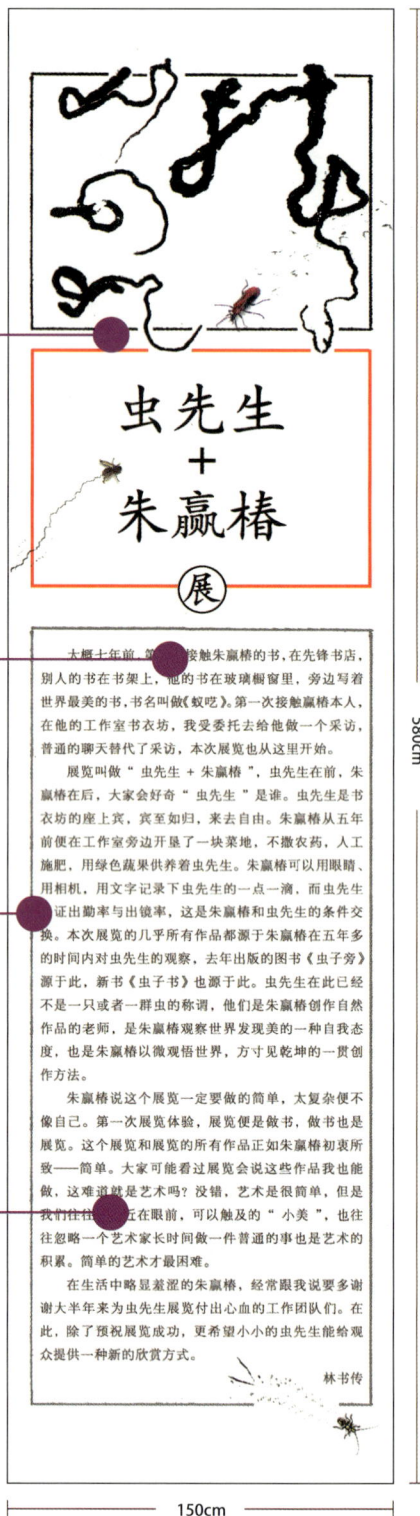

标题字体依旧沿用了主视觉海报所运用的虫子字体。

正文文字选用了宋体（简体）。

最终呈现方式采用户外艺术布喷绘，色彩模式设定为 CMYK，分辨率为 72dpi。

采用灰色背景搭配黑色字体，并运用红色线框对主标题加以强调突出。

5.3.3 户外大型喷绘设计

标题字体依旧沿用了主视觉海报所运用的虫子字体。

在标题下方增添了"虫子画"元素，同时融入了主视觉中昆虫的爬行轨迹。

信息文字选用了汉仪中宋字体。

在设计中增添了"虫子画"所特有的宋画色调，以灰色作为背景色，搭配黑色字体，并运用红色线框对主标题进行强调突出。

户外大型喷绘的最终输出参数如下：采用 CMYK 色彩模式，分辨率设置为 30~72dpi，选用户外广告喷绘布作为输出材质。

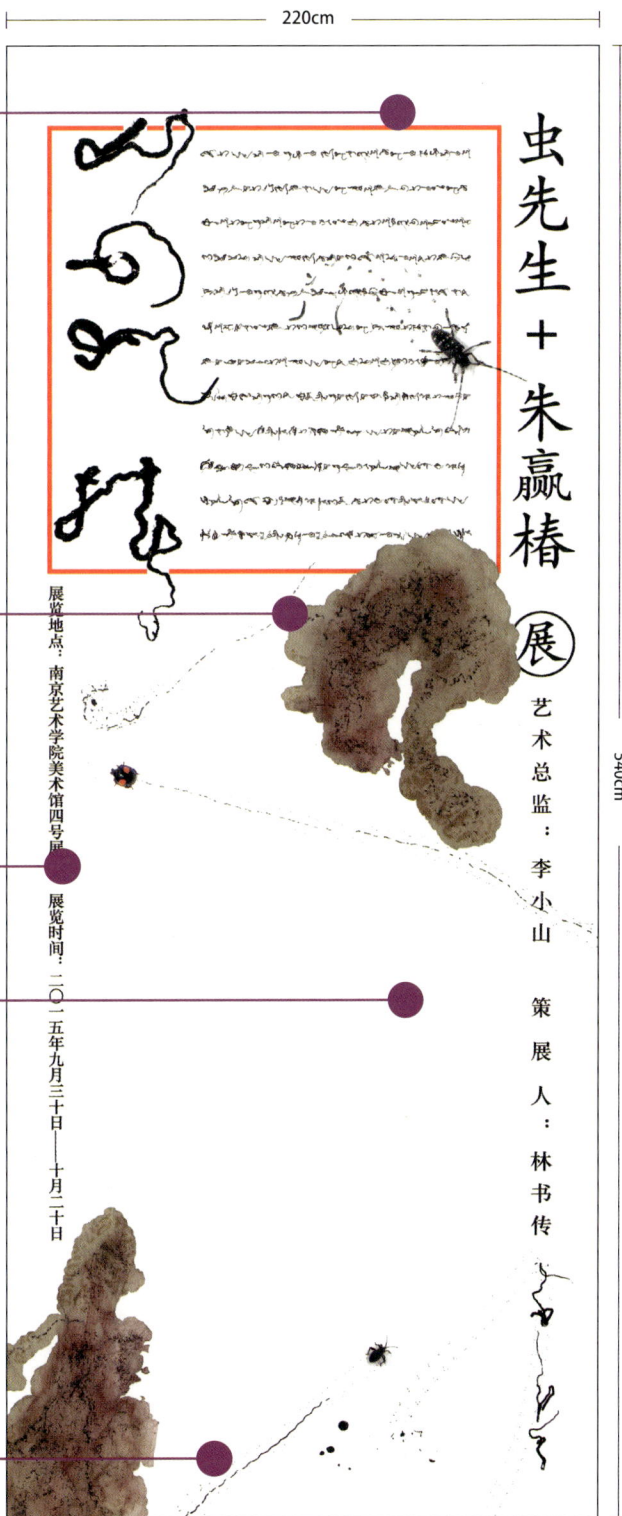

220cm

540cm

虫先生＋朱赢椿

展

艺术总监：李小山

策展人：林书传

展览地点：南京艺术学院美术馆四号展

展览时间：二〇一五年九月三十日——十月二十日

5.3.4 艺术布丝网印刷设计

最终呈现方式采用丝网印刷工艺，选用原色麻布作为材质，输出原大矢量文件，色彩模式设定为灰度。

居中悬挂于展厅入口处。

画面中心采用丝网印刷工艺印制了环形排列的虫子字。

以黑色和棉麻布原色作为主色调进行配色。

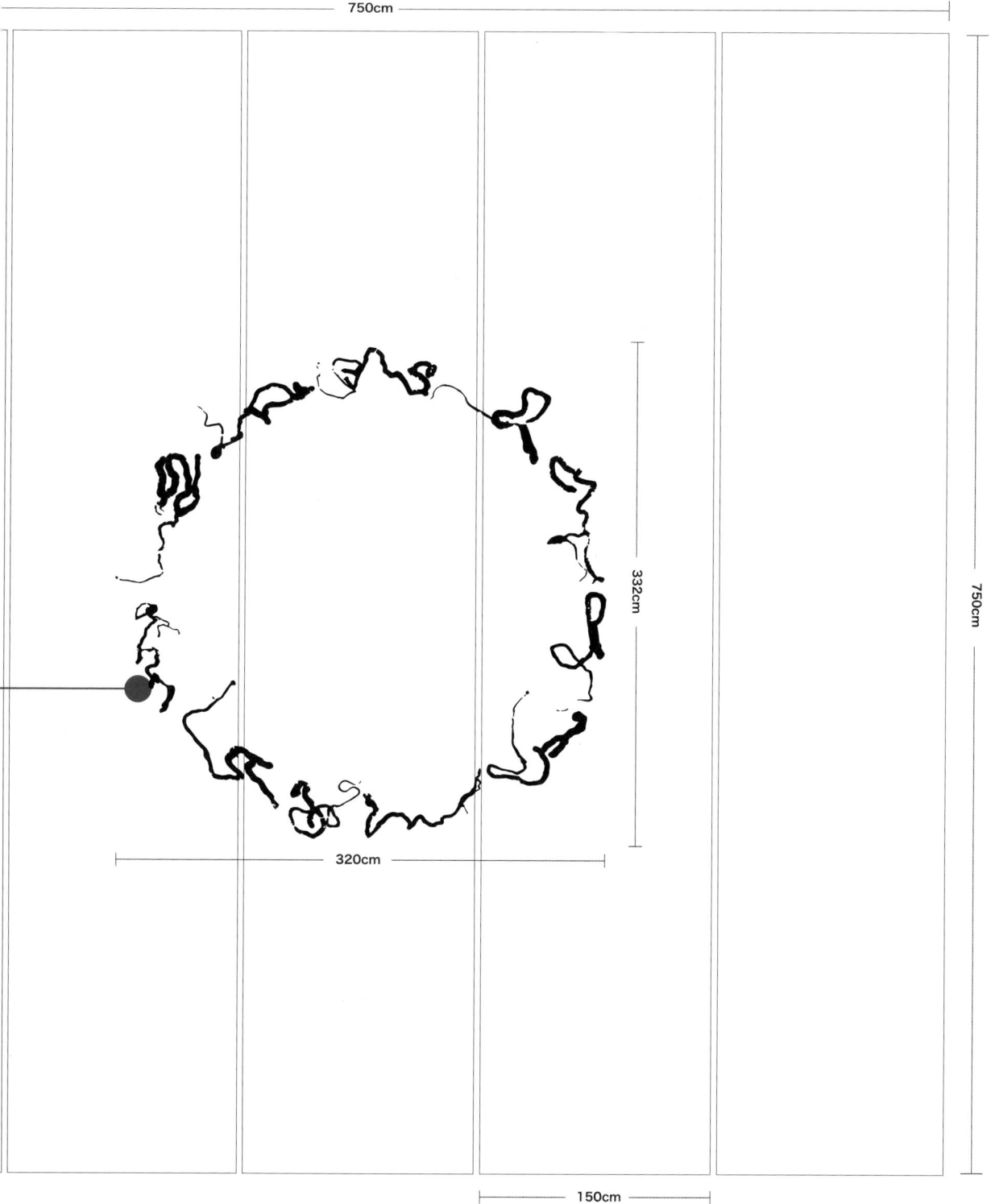

5.3.5 官方网站首页设计

艺術總監：李小山

图像呈现的是黑斑衣在纸上移动
所留下的轨迹。

输出时采用 RGB 色彩模式，分辨
率设置为 300dpi。

00px

469px

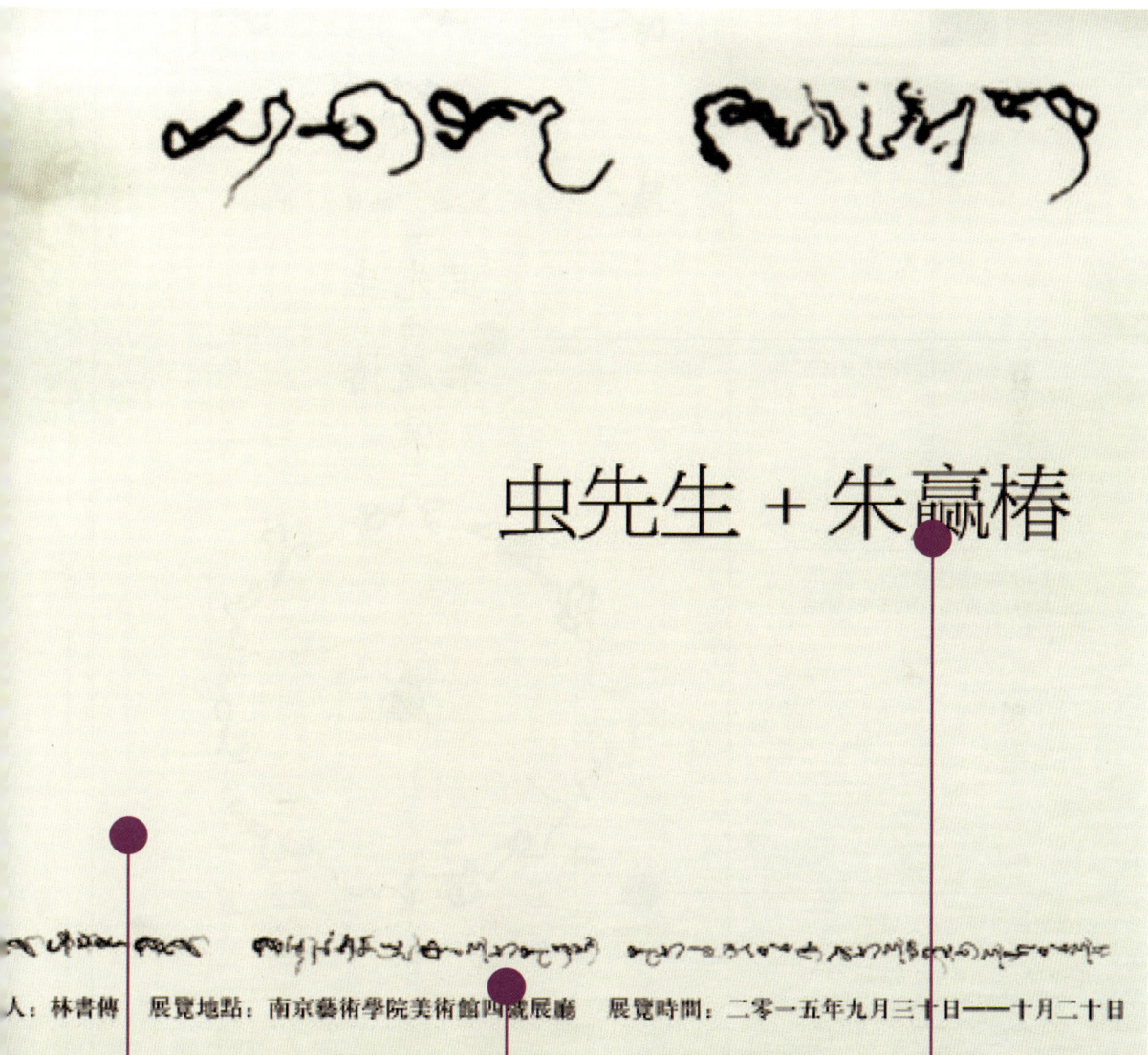

虫先生 + 朱赢椿

人：林書傳　展覽地點：南京藝術學院美術館四樓展廳　展覽時間：二零一五年九月三十日——十月二十日

信息文字选用了汉仪中宋繁体字体。

标题字体依旧沿用主视觉海报所采用的方正博雅刊宋简体，同时搭配与之对应的虫子字体。

在色彩配色方面，运用了黑、白、灰的经典搭配。

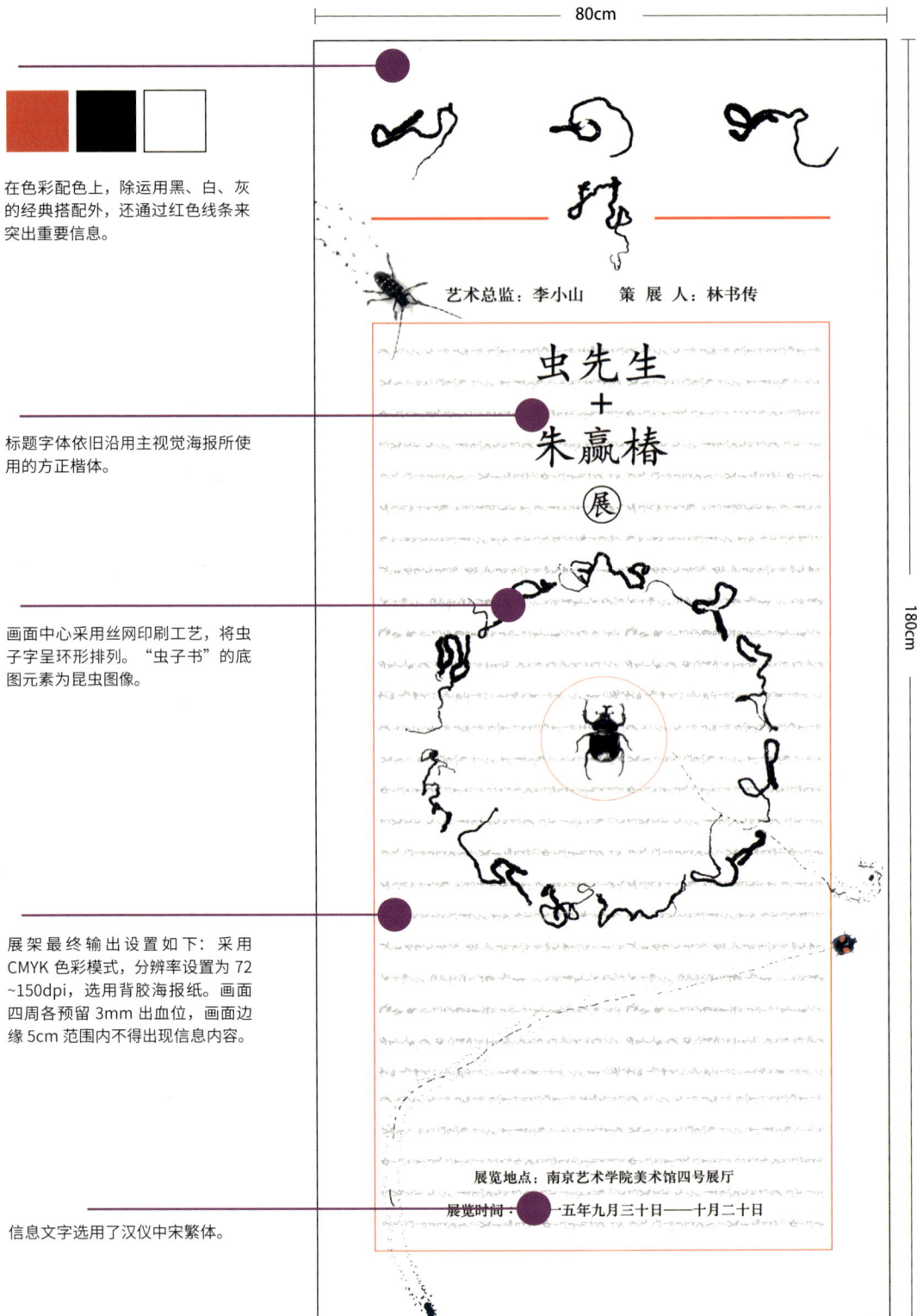

5.3.6 展架设计

80cm

180cm

在色彩配色上，除运用黑、白、灰的经典搭配外，还通过红色线条来突出重要信息。

艺术总监：李小山　策 展 人：林书传

标题字体依旧沿用主视觉海报所使用的方正楷体。

虫先生
+
朱赢椿
展

画面中心采用丝网印刷工艺，将虫子字呈环形排列。"虫子书"的底图元素为昆虫图像。

展架最终输出设置如下：采用CMYK 色彩模式，分辨率设置为 72~150dpi，选用背胶海报纸。画面四周各预留 3mm 出血位，画面边缘 5cm 范围内不得出现信息内容。

展览地点：南京艺术学院美术馆四号展厅
展览时间：二〇一五年九月三十日——十月二十日

信息文字选用了汉仪中宋繁体。

21cm

180cm

文件输出设置如下：采用灰度色彩模式，分辨率设置为 300dpi。选用背胶透明胶片作为输出材质，采用激光打印方式。画面四周各预留 3mm 出血位。

画面中心运用丝网印刷工艺，将虫子字以环形方式排列呈现。"虫子书"以昆虫图像作为底图元素。

5.3.7 衛生品布包设计

虫先生＋朱赢椿

450mm

布包正面依旧沿用主视觉海报里的标题字体。
画面中心采用丝网印刷工艺，把虫子字呈环
形排列。"虫子书"以昆虫图像作为底图元素。

300mm

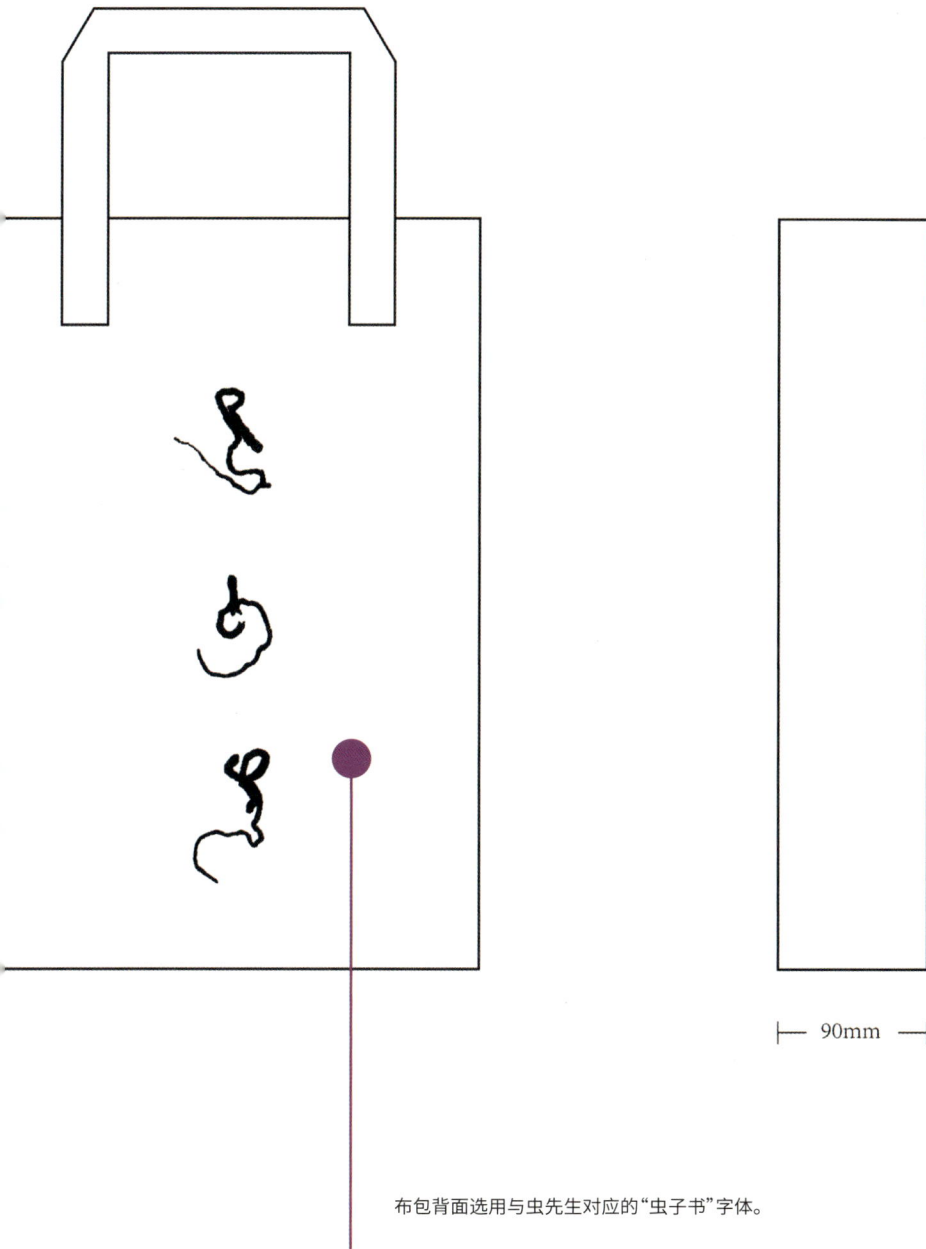

90mm

布包背面选用与虫先生对应的"虫子书"字体。

5.4 案例解析："保科丰巳 - 黑色之光"个展

展览背景

艺术家保科丰巳是日本久负盛名的高等艺术学府——东京艺术大学美术学院的院长。此次，他在中国顶尖的综合性艺术大学——南京艺术学院美术馆举办个人展览。这一展览不仅是中日两所高等艺术大学之间的一次重要交流活动，更是在亚洲艺术与东方文化的宏观视野下，带有独特思考的互动展示。我们满怀期待，希望此次展览能够借助保科丰巳的作品，展现东方艺术表现中存在的问题以及相关认识，促进各方相互讨论，并将这种交流延展至艺术表现以及亚洲以外艺术表现的发展领域。

同时，本次展览活动并非局限于作品本身，还将在教学理念和教学方式方法等方面展开深入交流探讨。

前期沟通与设计要求

此次展览由南京艺术学院美术馆主办，艺术总监为李小山，策展人为陈瑞。他们直接与设计师（本书作者）沟通，明确了展览的视觉设计要求及方向：

(1) 设计一套涵盖海报、大型喷绘、展签、邀请函在内的全套视觉系统。

(2) 设计要充分彰显艺术家的特点。

(3) 作为南京艺术学院和东京艺术大学美术学院的学术交流展览，视觉设计既要具备国际化视野，也要蕴含一定的学术内涵。

艺术家作品与场地信息

通过研读策展人的展览前言，并与策展人深入沟通，设计师了解到保科丰巳作为日本当代著名艺术家和教育家，在当代艺术的探索与传统艺术的革新方面始终保持着积极的姿态，同时对作品的文化背景、材料选择和形式表现都有着独到的见解。展览场地选在南京艺术学院美术馆的 4 号展厅，艺术家的作品中有不少大型的立体装置，需要与展厅环境相契合。

收集创作资料，构思设计方向

在了解艺术家和作品的背景后，设计师实地察看了展厅的入口位置，随后向策展团队索要展览作品的高精度图片，作为设计的基本素材。

在具体设计过程中，将海报作为主视觉，把大型喷绘、展签、邀请函等作为延展内容。因此，首要任务是确定主视觉海报的设计方案。只要海报设计方案确定，其他延展内容的设计就会相对容易。

根据与主办方的前期沟通和要求，设计师确定了主视觉图像必须包含的 3 个关键词：纸、竹子、墨。同时，依据策展团队提供的展览作品图片，进行筛选，确定符合要求的图片。

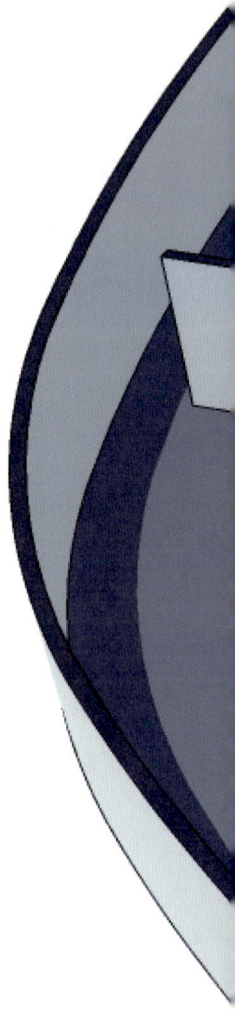

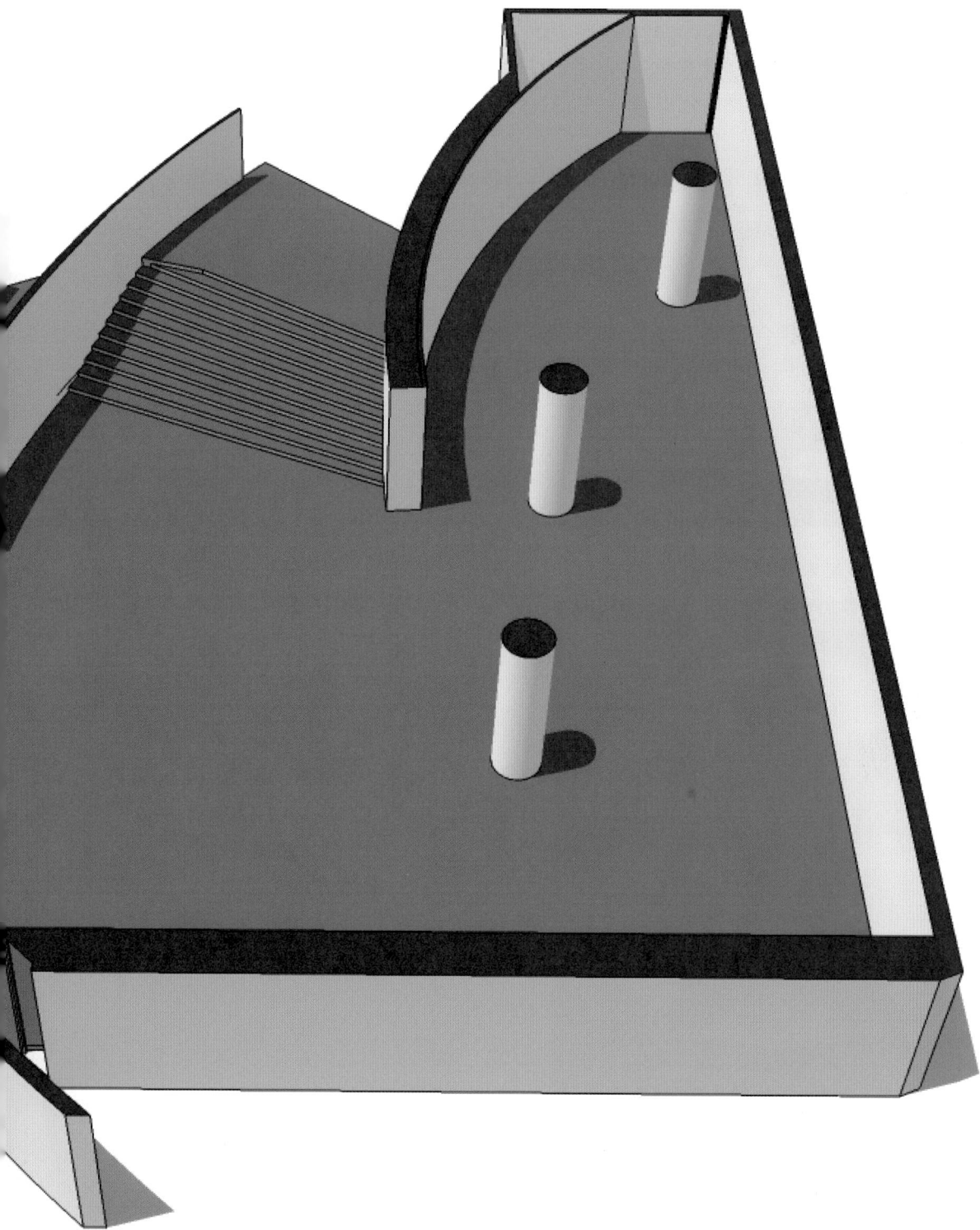

南京艺术学院美术馆 4 号展厅轴测图

5.4.1 主海报设计

1. 选择作品

经过反复比较，设计师从选定的 8 张参展作品图片中，挑选了最右侧那一张作为主视觉画面。原因在于，这张图片更具视觉冲击力，其仰视角度也与作品更为契合。

2. 根据版心尺寸，截取画面元素

不进行裁切，直接将其运用到海报版面中，以此增强海报的视觉冲击力。

3. 确定海报尺寸、版心尺寸

60cm

确定海报尺寸为 60cm×90cm

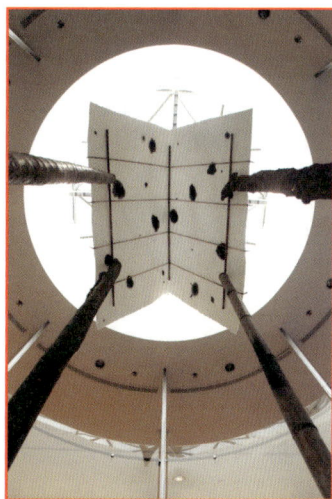

4. 选择标题字体

中文–"方正俊黑简体"——
保科丰巳-黑色之光

中文–"华文黑体"——
保科豊巳-黑色之光

中文–"ＭＳ Ｐゴシック"——
字号：126pt；字间距：0；行距：175pt
保科豊巳 – 黑色之光

确定中文标题字体、字号、间距等

中文–"手札体简"——
保科豊巳 - 黑色之光

中文–"方正粗俊黑简体"——
保科丰巳-黑色之光

90cm

60cm

根据海报尺寸，充满海报的尺寸为 60cm×90cm

英文-"Arial"——

HOSHINA,Toyomi - Light of Darkness

英文-"ＭＳ Ｐゴシック"——
字号：126pt；字间距：0；行距：175pt

HOSHINA,Toyomi - Light of Darkness

确定英文标题字体、字号、间距等

英文-"Impact"——
HOSHINA,Toyomi - Light of Darkness

英文-"ChunkFive Roman"——
HOSHINA,Toyomi - Light of Darkness

英文-"Arial - Bold"——
HOSHINA,Toyomi - Light of Darkness

MS PGothic 是日文无衬线字体，其风格简洁、无过多装饰，横竖笔画的粗细在视觉上近乎相等，笔形呈现方头方尾的特点，黑白分布均匀。这些特性使该字体非常醒目，便于阅读。鉴于本次展览的艺术家来自日本，所以特别适宜选用这款日文字体作为主视觉海报的标题字体。

中文字体："苹方-简"；字号：30pt；字间距：0；行距：40pt

开幕时间：2016.9.23（周五） 15:00

发布会暨开幕式地点：南京艺术学院美术馆西门大厅

展览时间：2016 年 9 月 23 日—10 月 20 日

展览地点：南京艺术学院美术馆 0 号、4 号展厅

英文字体："游ゴシック体"；字号：30pt；字间距：0；行距：40pt

Opening: 15:00, 23/09/2016 (Fri)

Opening：West Gate Hall, AMNUA

Dates: 23/09/2016 - 20/10/2016

Venue:Zero Space, Hall 4, AMNUA

5. 选择配色

由于已选定作品图片，整体色调基本得以确定。接下来，围绕作品图片提取出适配的色调。标题字体选用黑色，能够更突出地展现标题。

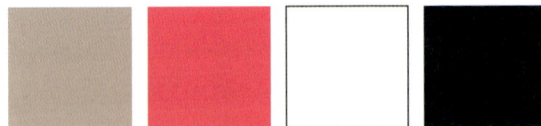

6. 版式设计分析

画面呈现出向中心汇聚的透视趋势，顶部的圆形元素与作品之间形成了强烈的互动关系，而作品自身的构图极具视觉冲击力。

保科豊巳
HOSHINA,Toyomi
黑色之光
Light of Darkness

开幕时间：2016.9.23（周五） 15:00
发布会暨开幕式地点：南京艺术学院美术馆西门大厅
展览时间：2016年9月23日—10月20日
展览地点：南京艺术学院美术馆0号、4号展厅
Opening: 15:00, 23/09/2016 (Fri)
Opening：West Gate Hall, AMNUA
Dates: 23/09/2016 - 20/10/2016
Venue:Zero Space, Hall 4, AMNUA

AMNUA
南京艺术学院｜美术馆

文字在画面上、下两个区域呈垂直分布态势，上方区域用于呈现重点标题文字信息，下方区域则用于展示展览相关信息。

7. 海报设计过程

1. 确定版心尺寸及位置。

2. 选取画面中的重要元素放入版心位置。

3. 组合装饰元素与海报画面。

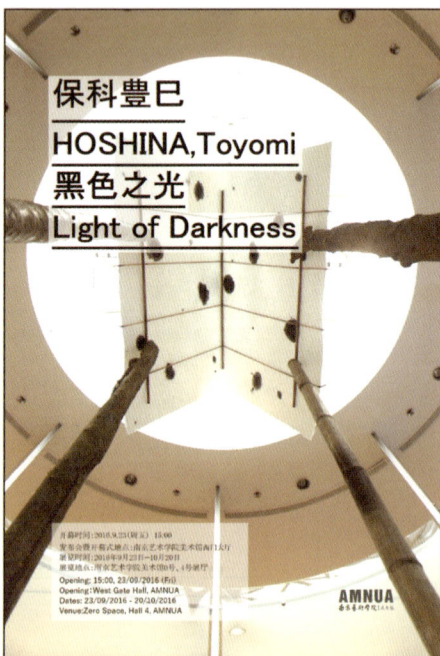

保科豊巳
HOSHINA,Toyomi
黑色之光
Light of Darkness

AMNUA

4. 加入展览信息，并调整细节。

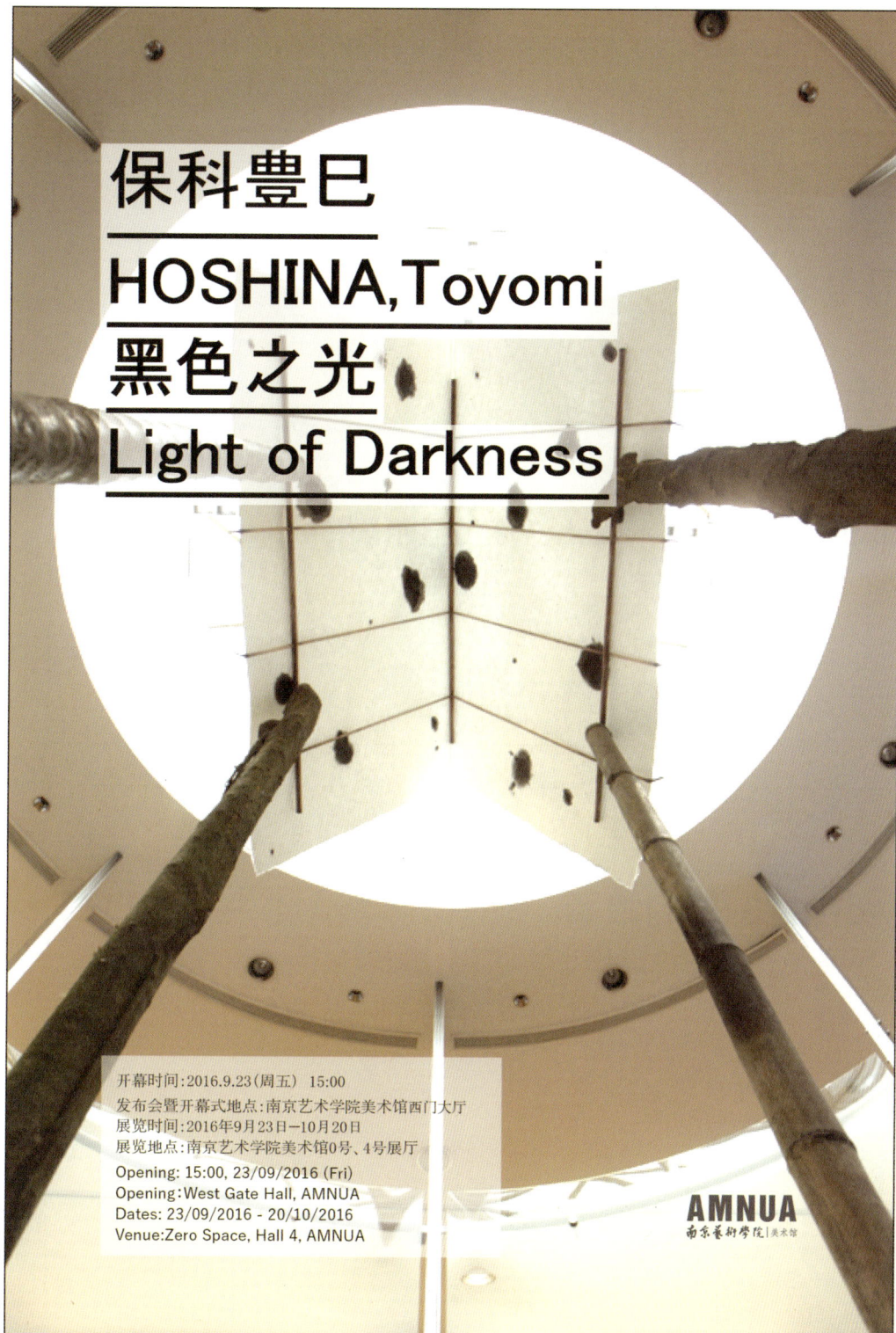

保科豊巳

HOSHINA, Toyomi

黑色之光
Light of Darkness

开幕时间：2016.9.23（周五） 15:00
发布会暨开幕式地点：南京艺术学院美术馆西门大厅
展览时间：2016年9月23日—10月20日
展览地点：南京艺术学院美术馆0号、4号展厅

Opening: 15:00, 23/09/2016 (Fri)
Opening: West Gate Hall, AMNUA
Dates: 23/09/2016 - 20/10/2016
Venue: Zero Space, Hall 4, AMNUA

AMNUA
南京艺术学院｜美术馆

海报最终完成效果。

5.4.2 展签设计

展签宛如每件作品的名片，其上通常会介绍作品名称、创作材料、创作年份等信息。基于此，展签设计以信息传达为核心，采用简洁的文字排版方式，选用透明胶片材质，并运用激光黑白打印技术。

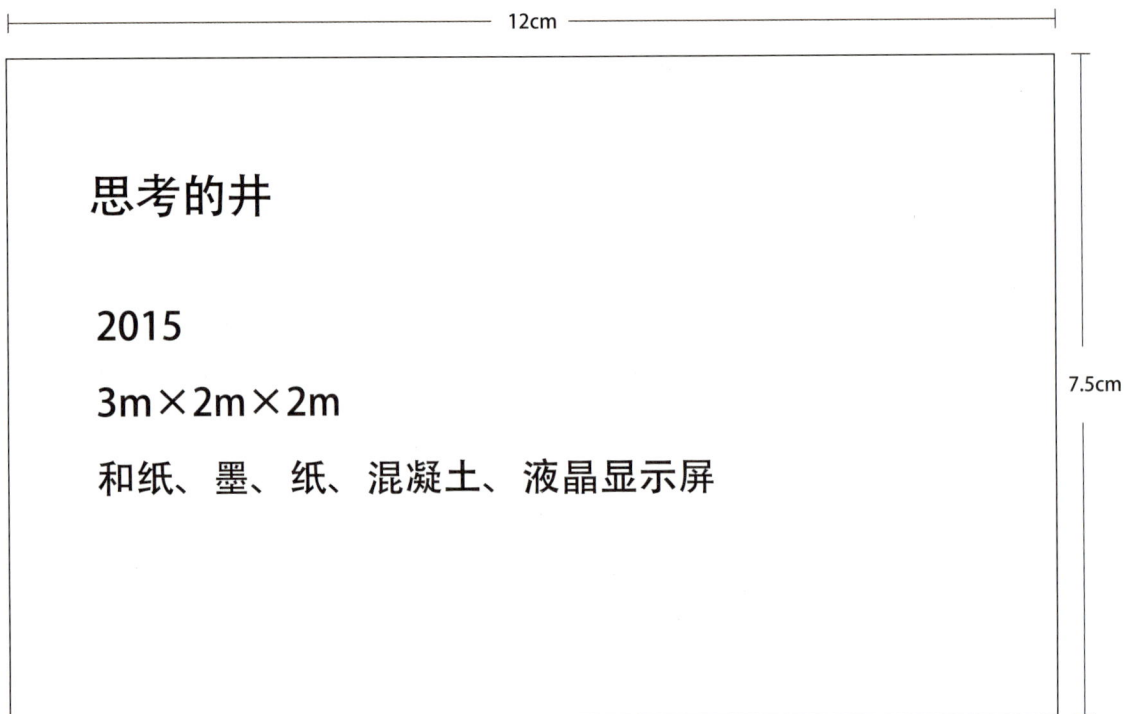

12cm

思考的井

2015

3m×2m×2m

和纸、墨、纸、混凝土、液晶显示屏

7.5cm

work1-3 墨的故事

2015

14m×1.8m

墨，纸、木

那天，为什么？天空突然降下了黑色的雨 I

2015
F80号
混合素材

蔚蓝天空中的那一片小小苍穹 **2**

2009
50×70cm

可以看到流向天空的泉水的楼梯

2005
12m×3m×9m
写真作品

5.4.3 导览折页设计

作为导览手册，需要简明扼要地传达展览信息以及具有代表性的作品介绍，使观者能够大致了解展览概况。在设计方面，采用与主视觉海报字体、色彩、构成元素相一致的元素作为素材。图文排列力求简洁，摒弃花哨形式，以朴实大气的风格呈现，方便观者阅读。

正文字体选择了"苹方 - 简"。

主视觉色彩选择了海报图像的主色调。

最终采用经典的三折页形式进行制作呈现，其尺寸为 45cm×23cm。选用 300g/m² 的铜版亚光纸，色彩模式设定为 CMYK，分辨率设置为 300dpi，出血值设为 3mm。

放入 7 张精选作品及作品介绍信息。

正文字体选择了"苹方 - 简"。

艺术家简历

保科豊巳
HOSHINA,Toyomi

15cm 15cm 23cm

保科豊巳
HOSHINA,Toyomi
黑色之光
Light of Darkness

开幕时间:2016.9.23(周五) 15:00
发布会暨开幕式地点:南京艺术学院美术馆西门大厅
展览时间:2016年9月23日–10月20日
展览地点:南京艺术学院美术馆6号, 4号展厅

Opening: 15:00, 23/09/2016 (Fri)
Opening: West Gate Hall, AMNUA
Dates: 23/09/2016 - 20/10/2016
Venue:Zero Space, Hall 4, AMNUA

AMNUA
南京艺术学院美术馆

思考的异
和纸、墨、混凝土、摄像装置
4m×3m×2m
2015年

23cm

45cm

5.4.4 艺术布设计

标题字体依旧沿用主视觉海报所
使用的"ＭＳＰゴシック"字体。
正文中文字体选用苹方 - 常规体，
英文字体同样选用与之适配的常
规风格字体

最终呈现选用户外艺术布进行
喷绘，色彩模式设定为 CMYK，
分辨率设置为 72dpi，尺寸为
150cm×450cm，采用两幅拼接
悬挂的方式。

色彩沿用了主视觉海报的配色。

保科豊巳
HOSHINA,Toyomi
黑色之光
Light of Darkness

450cm

150cm

开幕时间：2016.9.23（周五） 15:00
发布会暨开幕式地点：南京艺术学院美术馆西门大厅
展览地点：南京艺术学院美术馆0号、4号展厅
Opening: 15:00, 23/09/2016 (Fri)
Opening：West Gate Hall, AMNUA
Dates: 23/09/2016 - 20/10/2016
Venue：Zero Space, Hall 4, AMNUA

5.4.5 户外大型喷绘设计

中英文标题字体依然沿用了主视觉海报中的字体，并配合下画线元素。

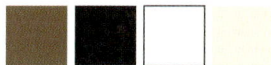

色彩沿用了主视觉海报的配色。

主视觉图像依旧采用海报上的作品图片。

户外大型喷绘最终输出要求如下：采用 CMYK 色彩模式，分辨率为 30~72dpi，选用户外广告喷绘布。四周各设置 5cm 出血，尺寸向内 5cm 范围内尽量不要安排重要信息等内容。

220cm

540cm

保科豊巳
HOSHINA,Toyomi
黑色之光
Light of Darkness

开幕时间：2016.9.23（周五）　15:00
发布会暨开幕式地点：南京艺术学院美术馆西门大厅
展览时间：2016年9月23日—10月20日
展览地点：南京艺术学院美术馆0号、4号展厅
Opening: 15:00, 23/09/2016 (Fri)
Opening: West Gate Hall, AMNUA
Dates: 23/09/2016 - 20/10/2016
Venue:Zero Space, Hall 4, AMNUA

艺术总监：李小山
策展人：陈　瑞
展览协调：乐丽君、李　伟
展览呈现：曲　俊、徐轩露、王庭杰
视觉传达：张　鑫、陈　正
公共教育：宣文陵、徐乐
宣传推广：刘　婷、罗曦、张安平
展览统筹：毛春海、王　韵、文　夏
翻译：杨汝娜、高　雅

AMNUA
南京艺术学院|美术馆

5.4.6 展架设计

80cm

180cm

中英文标题字体依然沿用了主视觉海报中的
"ＭＳＰゴシック"字体，并配合下画线元素。

保科豊巳
HOSHINA,Toyomi
黑色之光
Light of Darkness

色彩依旧沿用了主视觉海报的配色。

展架最终输出要求如下：采用 CMYK 色彩
模式，分辨率设置为 72~150dpi，选用背胶
海报纸。四周各保留 3mm 出血，画面边缘
5cm 范围内不要安排重要信息内容。

开幕时间：2016.9.23（周五）　15:00
发布会暨开幕式地点：南京艺术学院美术馆西门大厅
展览时间：2016年9月23日—10月20日
展览地点：南京艺术学院美术馆0号、4号展厅
Opening：15:00, 23/09/2016 (Fri)
Opening：West Gate Hall, AMNUA
Dates：23/09/2016 - 20/10/2016
Venue:Zero Space, Hall 4, AMNUA

艺术总监：李小山
策展人：陈瑞
展览协调：乐丽君、李伟
展览呈现：曲俊、徐轩露、王庭杰
视觉传达：张鑫、陈正
公共教育：宣文陵、徐乐
宣传推广：刘婷、罗曦、张安平
展览统筹：毛春海、王韵、文夏
翻译：杨汝姗、高雅

正文信息选用了苹
方 - 常规体。

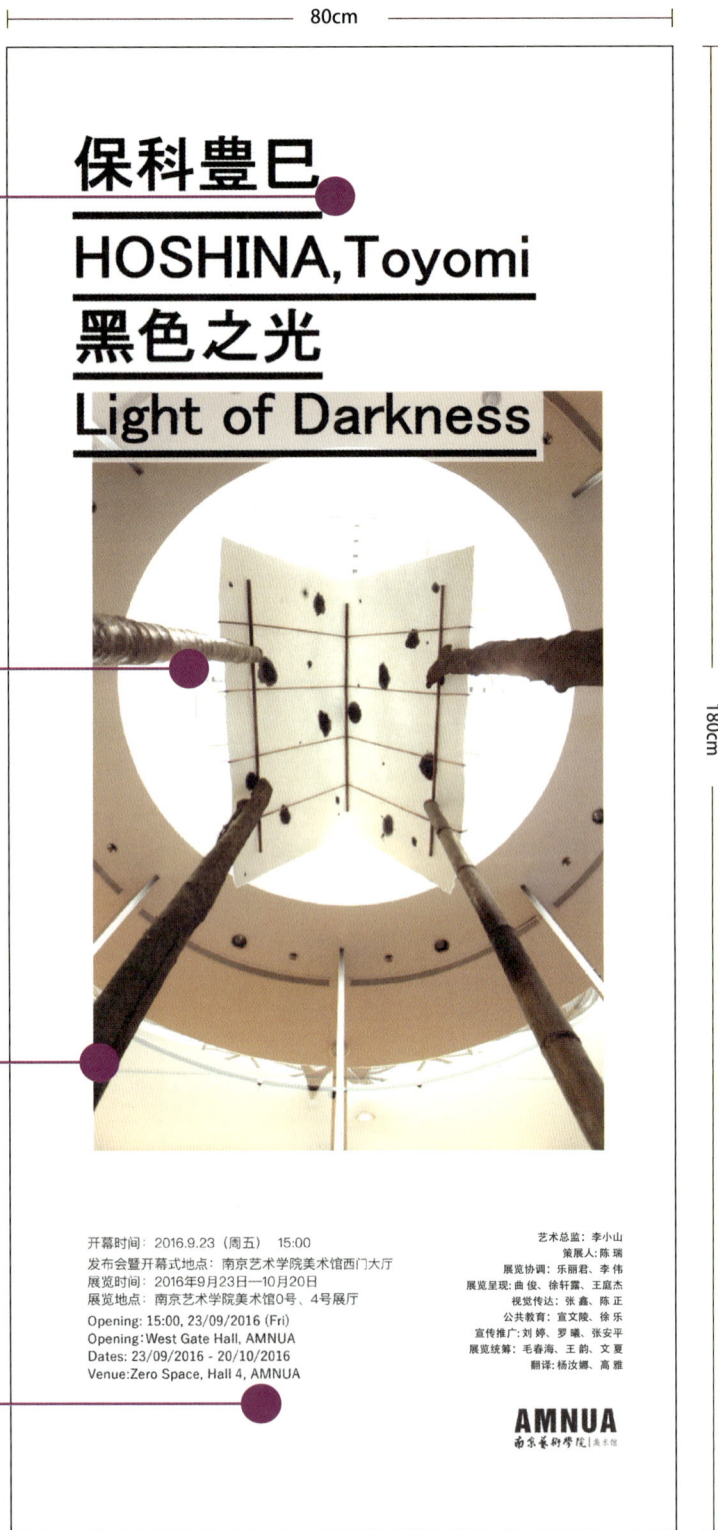

AMNUA
南京艺术学院 | 美术馆

5.4.7 官方网站首页、公教网站首页设计

正文信息选用了苹方 - 常规体。

中英文标题字体依然沿用了主视觉海报中的"ＭＳ Ｐゴシック"字体，并配合下画线元素。

输出时色彩模式使用 RGB，分辨率为 300dpi。

色彩依旧沿用了主视觉海报的配色。

中英文标题字体依然沿用了主视觉海报中的"ＭＳ Ｐゴシック"字体，并配合下画线元素。

正文信息选用了苹方 - 常规体。

输出时色彩模式使用 RGB，分辨率为 300dpi。

色彩依旧沿用了主视觉海报的配色。

5.5 案例解析："三十年·沈勤"作品回顾展

展览背景

在很长一段时间里，沈勤这个名字在大众印象中并不鲜明。他是一位水墨画家，早在 20 世纪 80 年代便已崭露头角，其画作广受好评。然而，在随后的岁月里，他仿佛若隐若现。用他自己的话来说，他几乎在石家庄"隐居"了 30 年。沈勤本是南京的画家，却在石家庄"隐居"，这看似有些奇特。但奇特之事发生在一位画家身上，其实是再正常不过的。（李小山文）

前期沟通与设计要求

本次展览由南京艺术学院美术馆主办，出品人为李小山馆长，策展人为林书传。此次展览是沈勤老师近 30 年作品的回顾展，展览的视觉设计要求及方向如下。

(1) 设计一套涵盖海报、大型喷绘、展签、邀请函在内的完整视觉系统。

(2) 充分彰显艺术家的个人特色。

(3) 视觉设计既要蕴含传统水墨的风格韵味，也要体现当代水墨画的视觉特征。

艺术家作品与场地信息

本次展览精选了艺术家的 20 件作品，展厅选定为 4 号展厅。

收集创作资料与构思设计方向

在深入了解艺术家及其作品的背景后，设计师（本书作者）实地察看了展厅的入口位置，随后向策展团队提出提供展览作品高精度图片的要求，以此作为设计的基本素材。

在具体设计过程中，将海报作为主视觉核心，把大型喷绘、展签、邀请函等视为延展内容。因此，首要任务是确定主视觉海报的设计方案。一旦海报设计方案确定，其他延展内容的设计相对而言就会更加顺畅。

根据与主办方的前期沟通及相关要求，设计师确定了主视觉图像必须包含的三个关键词：田、园、村，这三个关键词也与艺术家 3 个系列的作品相呼应。

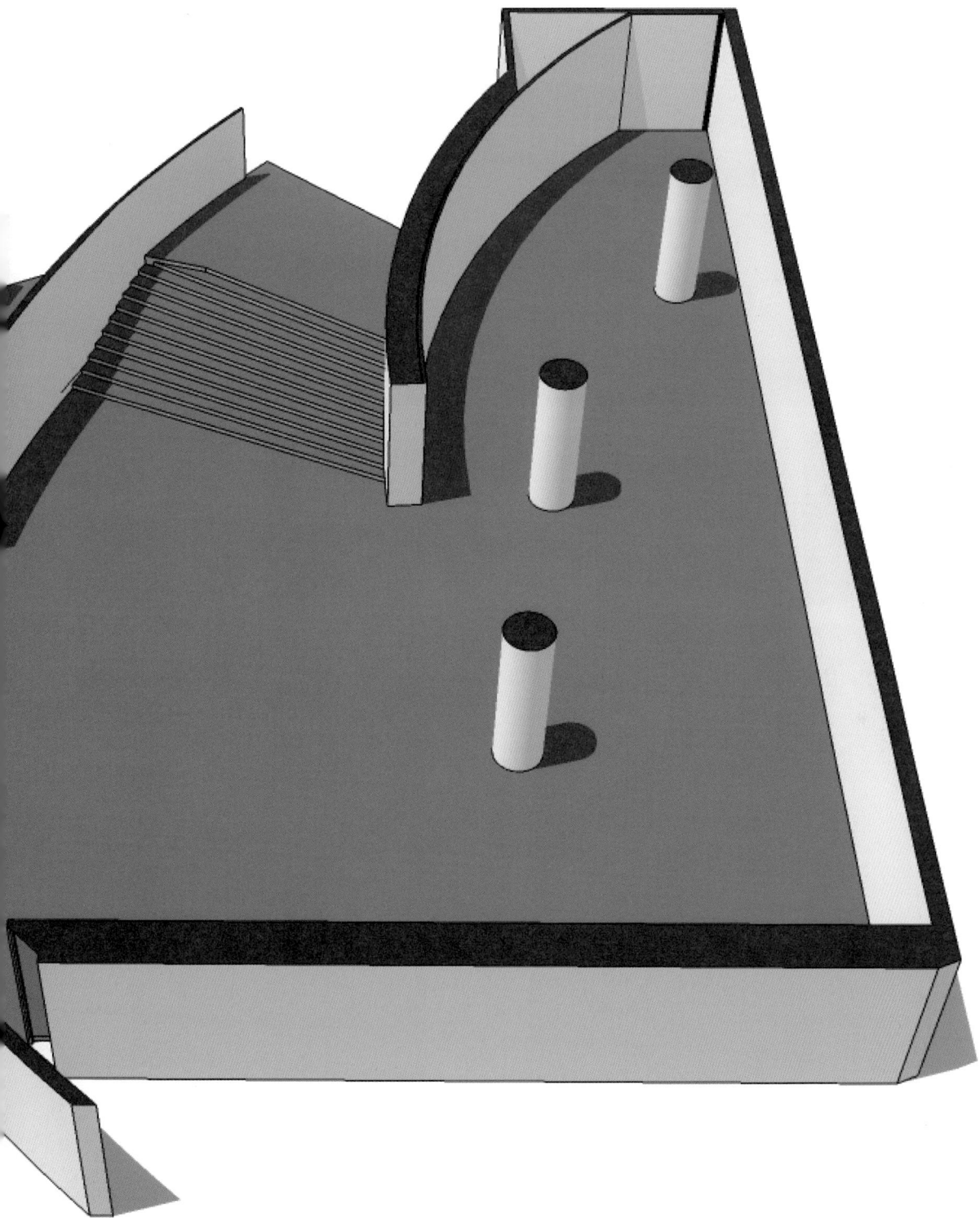

南京艺术学院美术馆 4 号展厅轴测图

5.5.1 主海报设计

1. 选择作品

2. 确定海报尺寸、版心尺寸

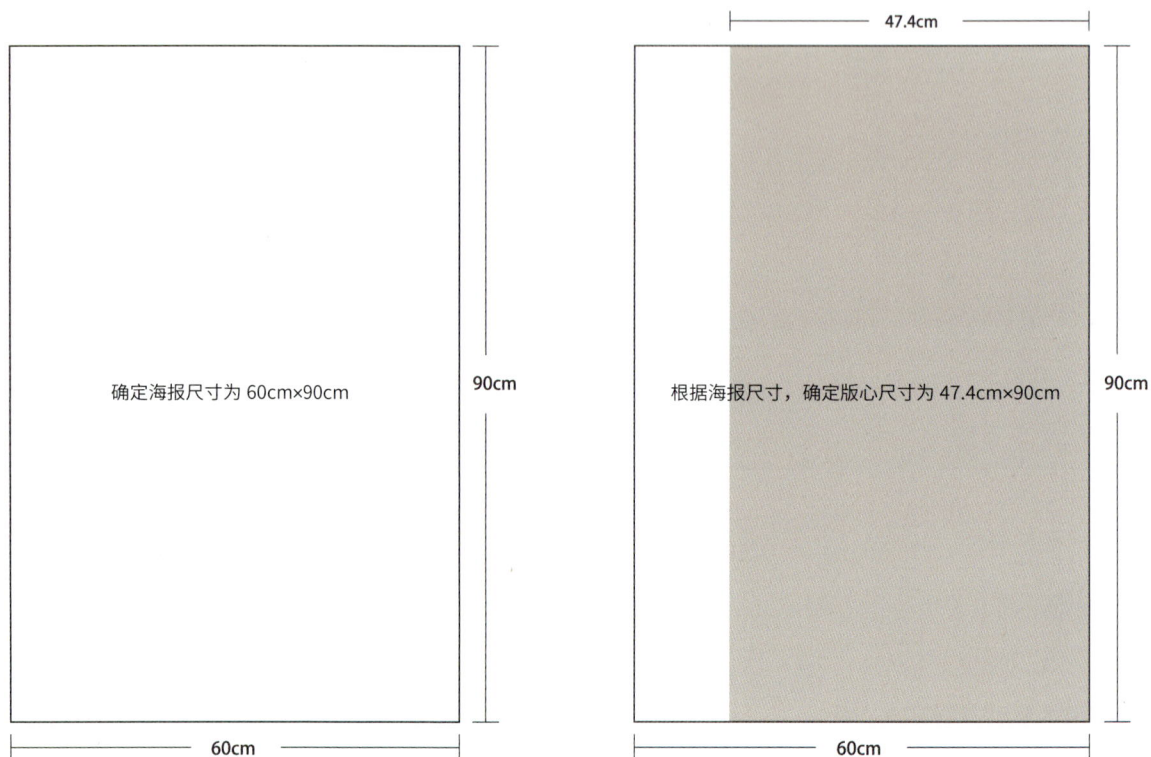

确定海报尺寸为 60cm×90cm

90cm

60cm

47.4cm

根据海报尺寸，确定版心尺寸为 47.4cm×90cm

90cm

60cm

3. 根据版心尺寸，截取画面元素

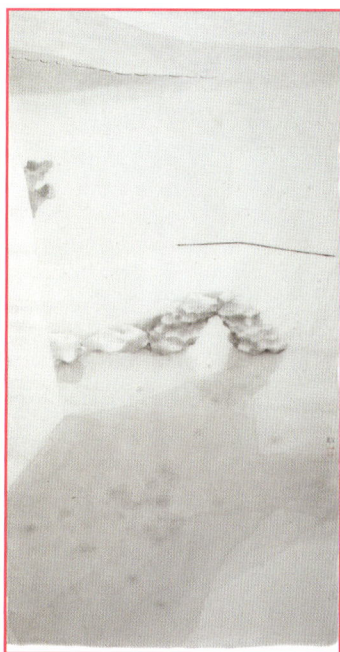

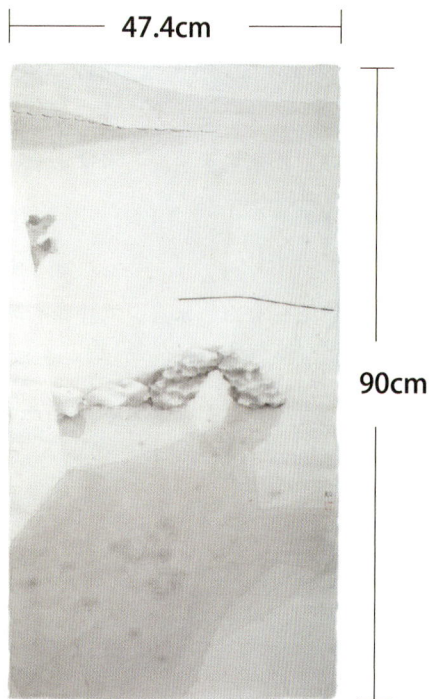

47.4cm

90cm

4. 选择标题字体

中文 ─『艺术家手写书法』─ 叁拾年 沈勤

中文 ─『方正瘦金书简体』─ 叁拾年 沈勤

中文 ─『方正博方雅刊宋』─ 叁拾年 沈勤

中文 ─『方正清刻本悦宋简体』─ 叁拾年 沈勤

5. 确定正文字体、字间距和行距

中文字体："宋体 - 简"；字号：20pt；字间距：0；行距：24pt

展览时间：二〇一六年十二月二十四日至二〇一七年一月十日

展览地点：南京艺术学院美术馆 4 号展厅

艺术总监：李小山

策展人：林书传

展览团队：徐轩露、张鑫、刘婷、吴琼、李溪

中文字体："宋 - 简"；字号：63pt；字间距：0；行距：147pt

二〇一六

十二

二十四

6. 选择配色

由于此次展览作品均以黑白灰渐变作为主色调，海报所选主视觉图片的颜色同样以黑白灰为主。为达到醒目、突出的视觉效果，并强化展览主题，本次展览主视觉颜色选定为黑白灰三色，并巧妙搭配第 4 种颜色（如作为点缀色，可以根据实际设计需求选择如金色、红色等具有视觉冲击力且与主题契合的颜色）来丰富画面层次。

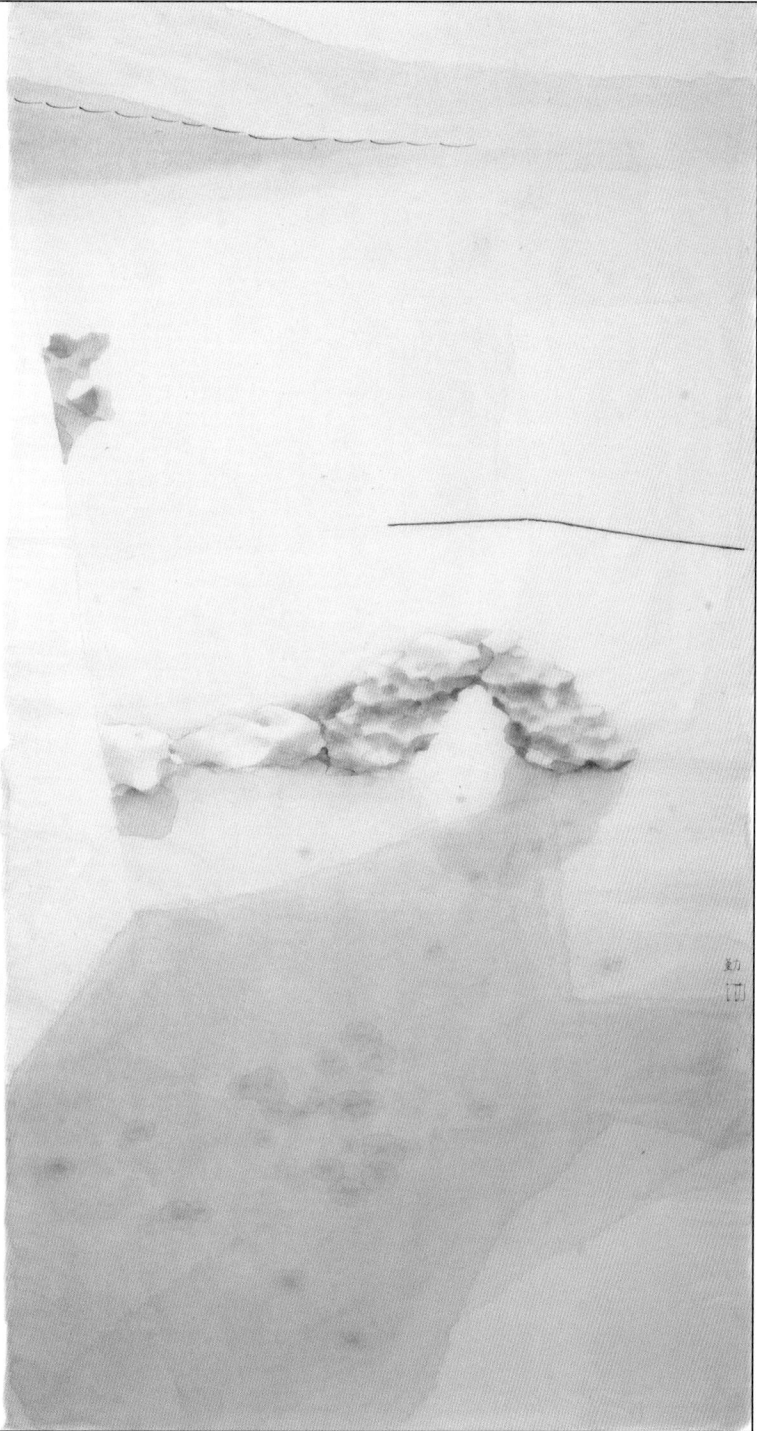

参拾年沈勤

二〇一六

十二

二十四

AMNUA
南京艺术学院｜美术馆

7. 版式设计分析

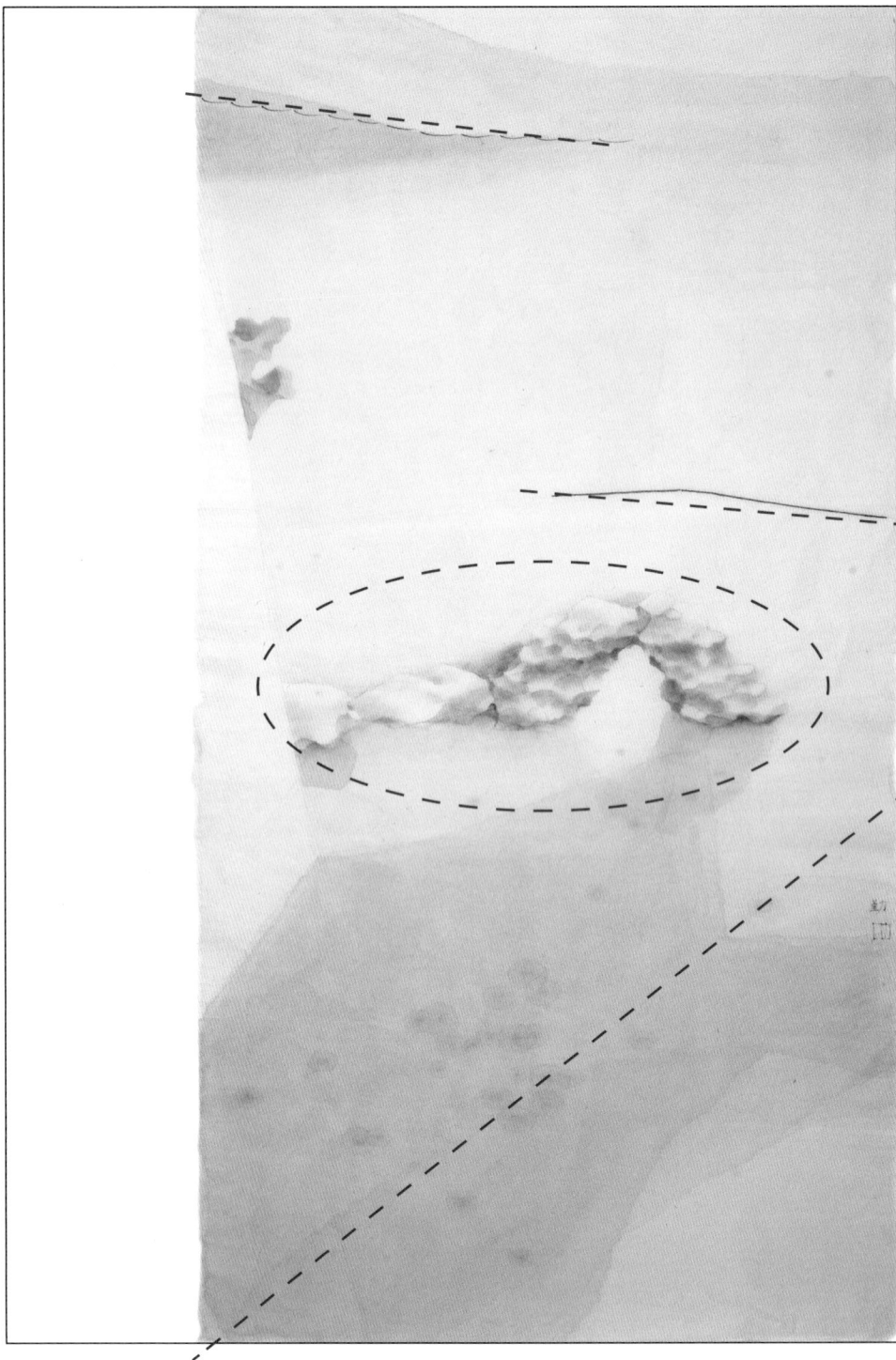

矩形元素于版心画面的左右两侧进行排列，一主一次，营造出强烈的视觉张力。

叁拾年 沈勤

二〇一六
廿二

二十四

AMNUA
南京艺术学院美术馆

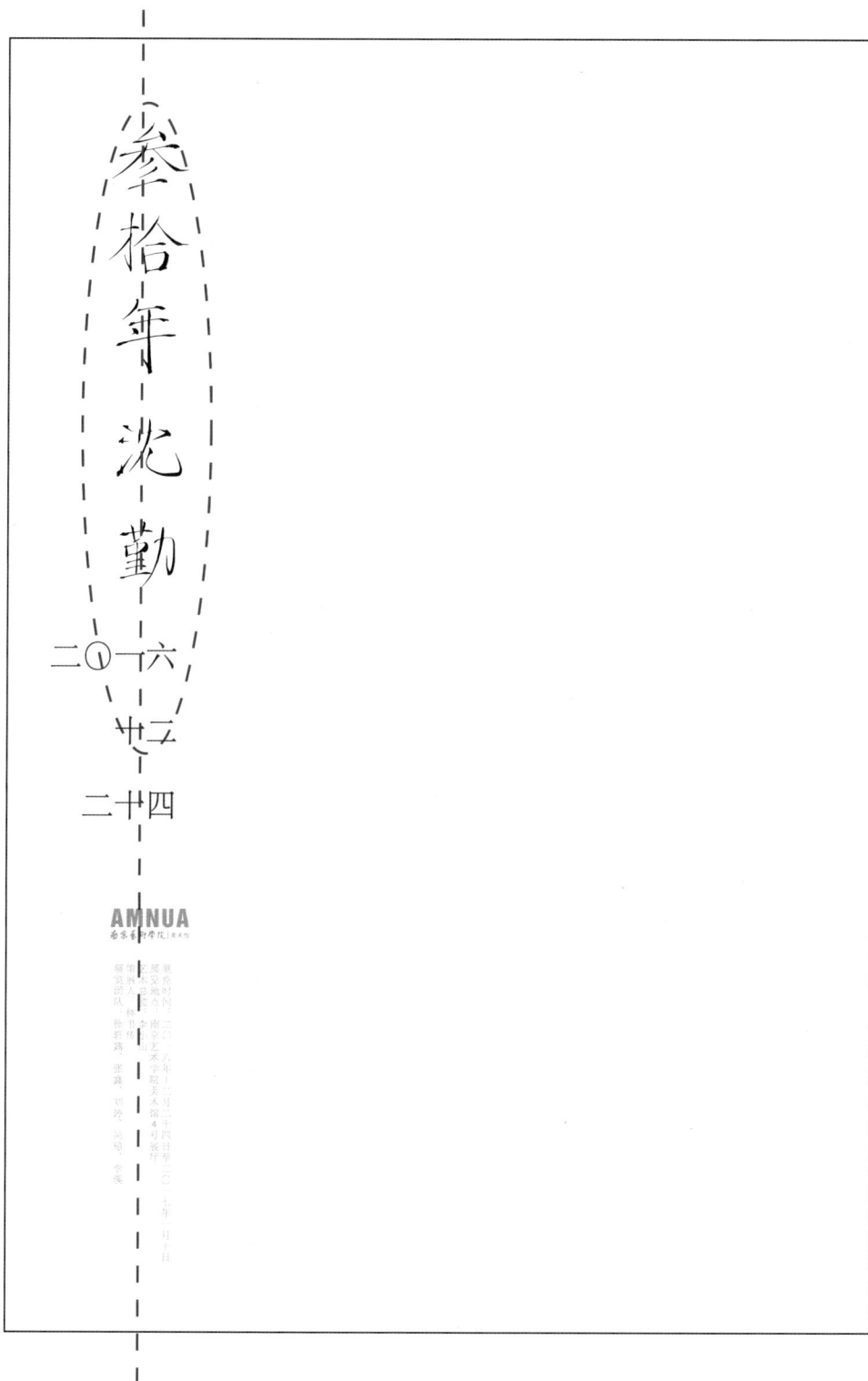

依据画面导视线的走向，对展览文字信息进行有序组织与排列。

8. 海报设计过程

1. 确定版心尺寸及位置。

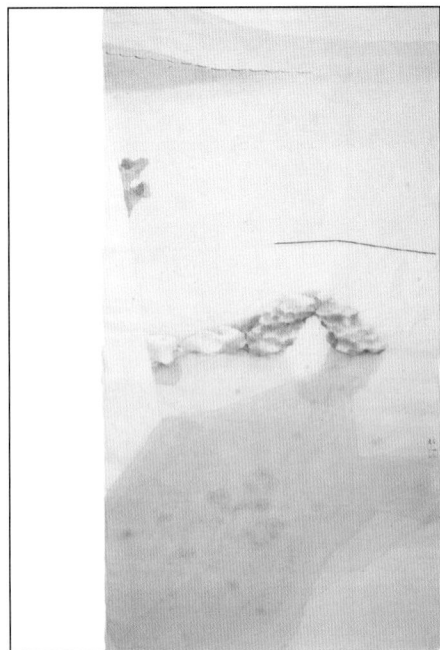

2. 选取画面中的重要元素,并放入版心位置。

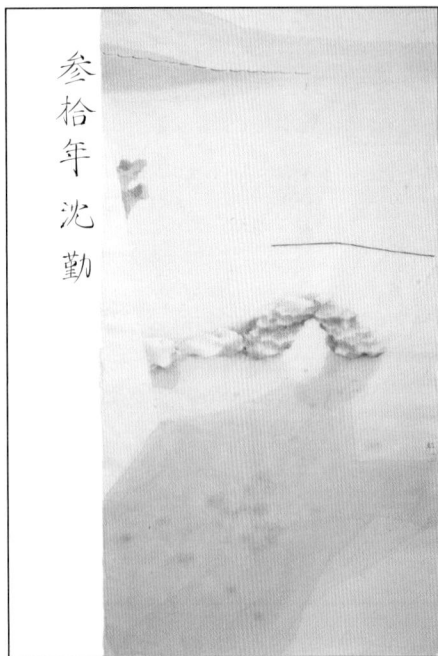

3. 加入主标题元素。

4. 加入展览信息,并调整细节。

海报最终完成效果。

5.5.2 展签设计

展签宛如每件作品的名片，其上通常会呈现作品名称、艺术家姓名、创作材料、创作年份等信息。所以，展签的设计应以清晰传达信息为主要目的。

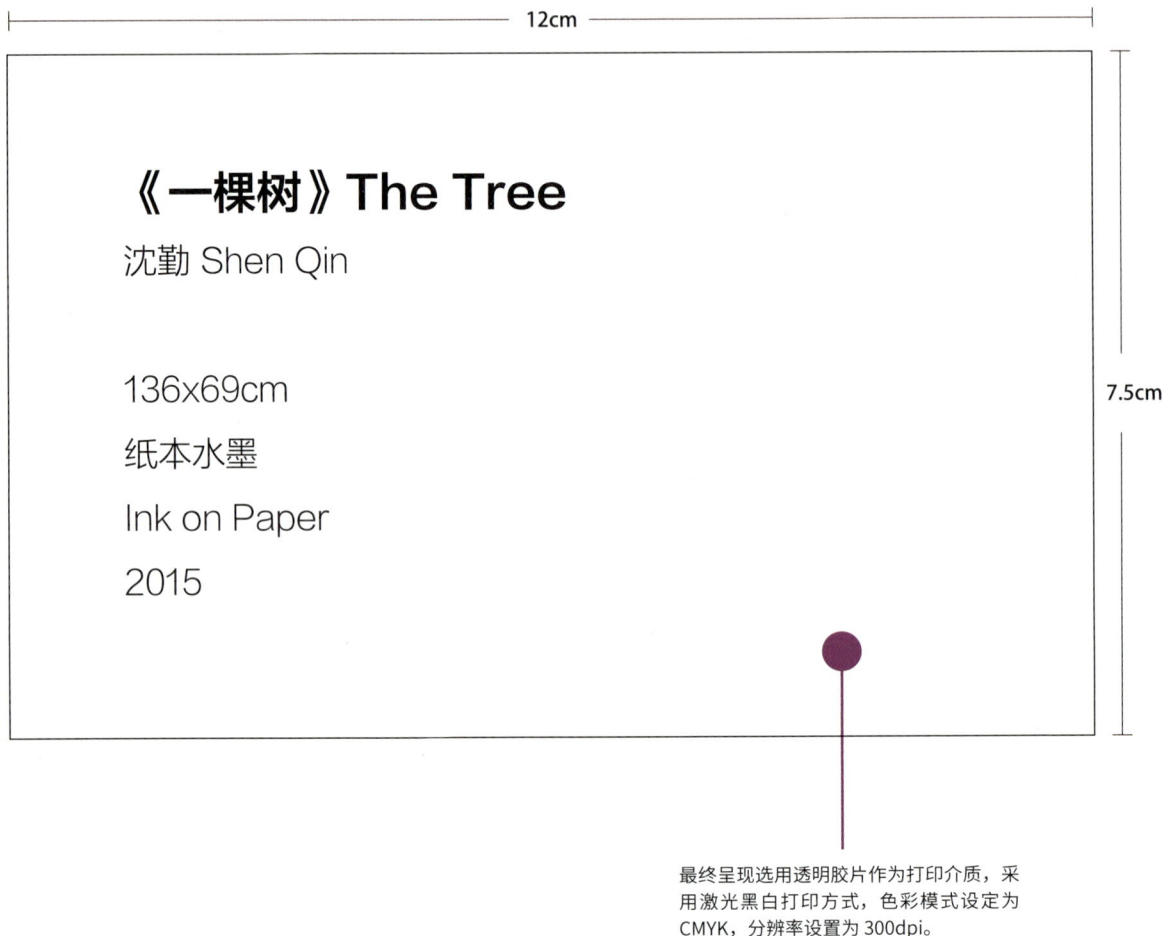

12cm

《一棵树》The Tree

沈勤 Shen Qin

136x69cm

纸本水墨

Ink on Paper

2015

7.5cm

最终呈现选用透明胶片作为打印介质，采用激光黑白打印方式，色彩模式设定为CMYK，分辨率设置为300dpi。

5.5.3 户外大型喷绘设计

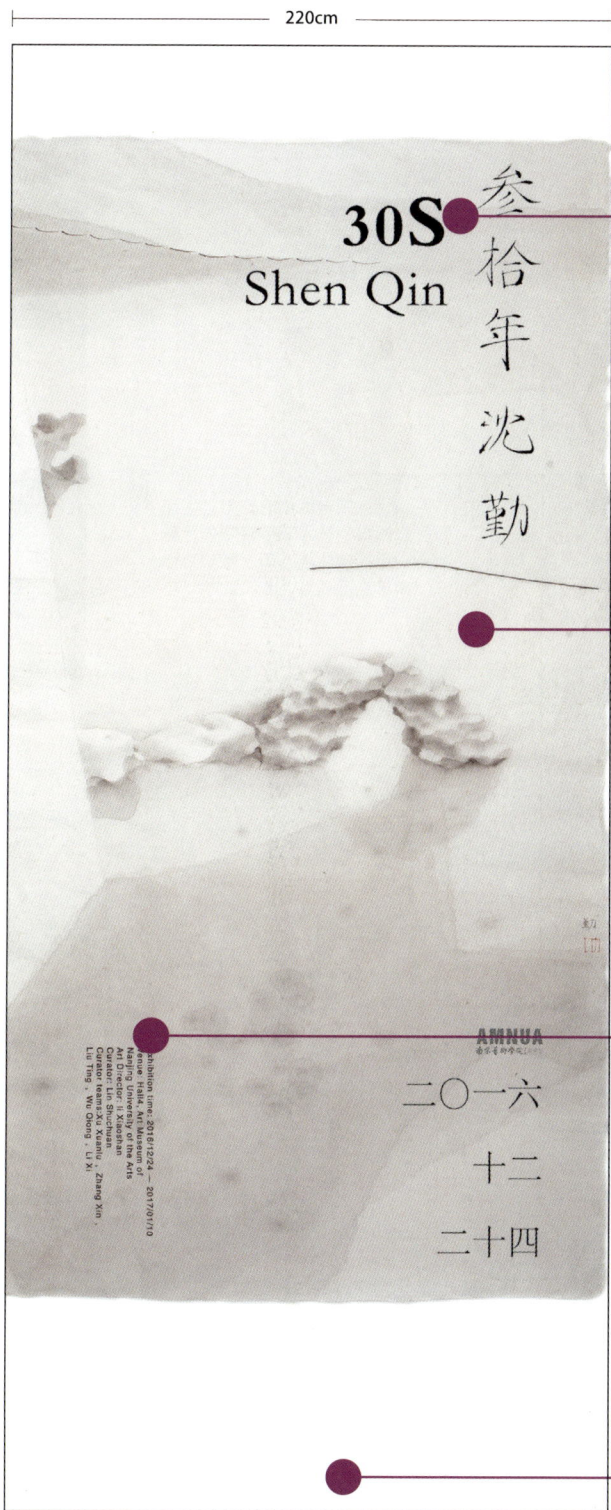

中文标题字体依旧沿用了主视觉海报中的艺术家手写字体；英文标题字体选用了微软简标宋与方正清刻本悦宋简体。

色彩依旧沿用主视觉所采用的黑白灰配色方案。

时间信息采用方正清刻本悦宋简体字体呈现，正文信息运用苹方 - 简体字体展示。

户外大型喷绘的最终输出方案如下：采用 CMYK 色彩模式，分辨率为 72dpi。选用户外广告喷绘布进行制作，画面四周各预留 5cm 出血位，在尺寸向内 5cm 的范围内，尽量避免设置重要信息等内容。

5.5.4 展架设计

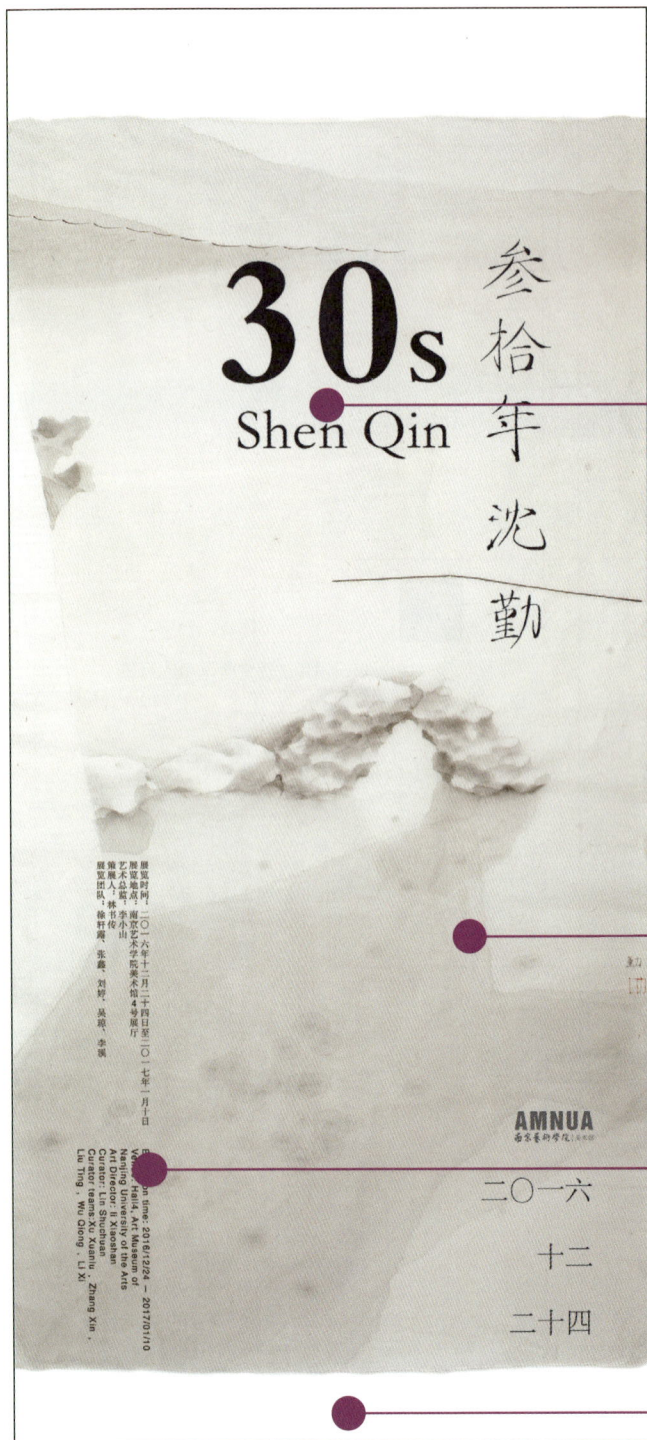

中文标题字体依旧沿用了主视觉海报中艺术家手写字体；英文标题字体则选用了微软简标宋与方正清刻本悦宋简体。

色彩依旧沿用主视觉所运用的黑白灰经典配色方案，以保持整体视觉风格的一致性。

中文信息采用宋体-简体字体进行呈现；英文信息则运用苹方-简体字体来展示。

展架的最终输出方案如下：采用CMYK色彩模式，分辨率为150dpi，选用背胶海报纸进行打印。画面四周各预留3mm出血位，在尺寸向内5cm的范围内，尽量避免设置重要信息等内容。

5.5.5 网站首页设计

1000px

430px

标题字体采用艺术家手写字体，以彰显独特风格；英文和时间信息则选用宋体 - 简体进行呈现，确保信息清晰易读。

输出时，色彩模式设定为 RGB，分辨率设置为 300dpi，以保障输出图像的色彩还原度和清晰度。

色彩依旧沿用主视觉所采用的黑白灰经典配色，以此维持整体视觉风格的高度统一与协调。

5.6 案例解析："美丽书——中德当代书籍设计展"

展览背景

"世界最美的书"堪称当下全球最为重要且备受瞩目的书籍设计评选活动之一，其历史已近百年。该活动由德国图书艺术基金会主办，每年于德国莱比锡书展期间评选并颁发相应奖项，参评作品为各国选送的本国"最美的书"。

本次展览汇聚了中德两国书籍设计的杰出作品，共分为 3 个独立单元进行展示。第一单元为"视角——德国最美的书 2016—2017"，此单元将呈现 2016 年与 2017 年荣获德国国家级图书装帧设计最高荣誉——"德国最美的书"称号的 50 本德国书籍；第二单元是"设籍——南京书籍设计邀请展"，邀请了 7 位南京籍设计师参展，他们作为书籍设计领域的中青年骨干力量，不仅在中国设计与艺术界颇具影响力，还活跃于世界书籍设计舞台，多人曾斩获"世界最美的书"殊荣；第三单元为"书图·同归——中德插图设计邀请展"，主要聚焦于插图艺术与书籍设计之间的关联，该单元邀请了中德两国曾从事插图艺术的艺术家，涵盖插画师、版画家以及设计师。此外，此单元还将展出由德国 Kunstanstifter 绘本出版社提供的 20 本绘本，这些作品均曾荣获德国乃至世界级的设计奖项。（陈瑞文）

前期沟通 / 设计要求

本次展览由南京艺术学院美术馆主办，艺术总监为李小山馆长，策展人为陈瑞。他们直接与设计师（本书作者）沟通，明确了展览的视觉设计要求与方向。

(1) 依据瀚清堂设计的主视觉海报，衍生设计灯箱、展签、画册、展架等全套视觉系统。

(2) 充分彰显展览各板块的特色。

(3) 充分体现设计师的个人风格特征。

艺术家作品 / 场地信息

展览共分为 3 个单元，精心挑选了 169 件设计作品，展厅位于南京艺术学院美术馆 1 号展厅。

收集创作资料，构思设计方向

在深入了解艺术家及作品背景、实地考察展厅入口位置后，设计师向策展团队提出提供展览作品高精度图片作为基本素材的要求。在展览设计过程中，需要将设计融入展览整体，为展览服务，避免为设计而设计，以免喧宾夺主。

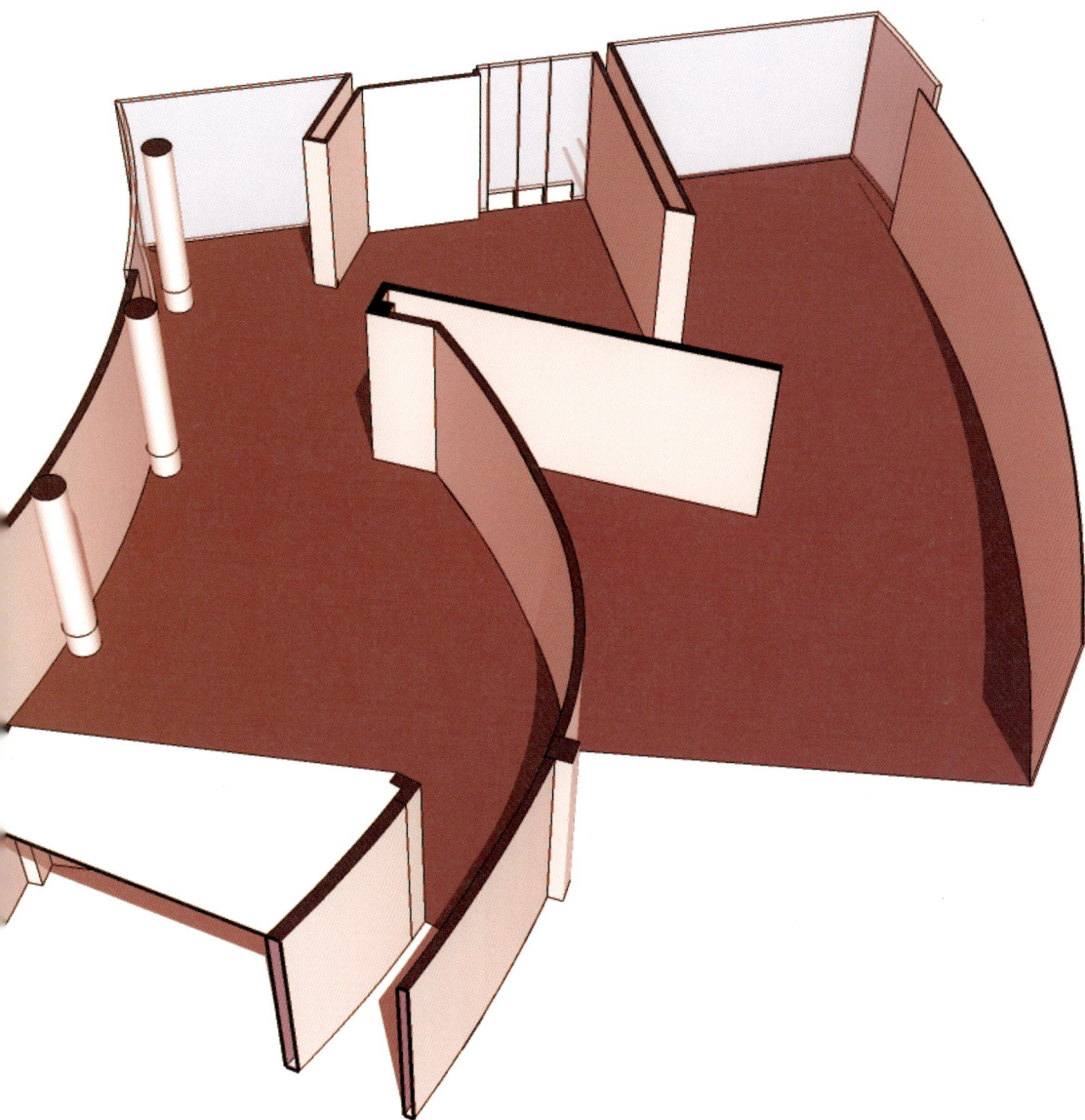

南京艺术学院美术馆 1 号展厅轴测图

5.6.1 主海报设计

展览海报由瀚清堂设计有限公司精心设计。

中标题字体采用了苹方字体，而德文标题则选用了 Helvetica - Bold 字体。

正文中的中文信息均采用了兰亭黑 - 简 纤黑字体。

正文中的英文和德文信息，均采用了 Helvetica - Bold 字体。

配色选择

主视觉以大面积的彩色矩形为主要构成元素，色彩鲜明活泼，整体设计极具视觉冲击力与艺术感染力。

海报运用矩形色块元素对画面进行分割与重构，9 个矩形宛如扁平化的书籍堆叠摆放，巧妙地呼应了展览主题，使设计既富有形式感又具备深刻的内涵。

美丽书
中德当代书籍设计展

PERSPEKTIVEN
DIE SCHÖNSTEN
DEUTSCHEN BÜCHER
2016 / 2017
KLEINODIEN
BUCHDESIGN AUS NANJING
BUCH-BILDER
BUCHILLUSTRATION
IN CHINA UND DEUTSCHLAND

DAS SCHÖNE BUCH
AKTUELLE BUCHGESTALTUNG
AUS CHINA UND DEUTSCHLAND

视角
德国最美的书　2016 / 2017
设籍
南京书籍设计邀请展
书图同归
中德插图设计邀请展

Teilnehmende Künstler

Cai Gao
Jiang Song
Li Zhang
Liang Chuan
Liu Chang
Pan Yanrong
Qu Minmin & Jiang Qian
Wang Xiaoyue
Wu Yimeng
Yao Hong
Zhao Qing
Zhou Chen
Zhou Weiwei
Zhou Yiqing
Zhou You
Zhu Yingchun

参展艺术家

蔡　皋
姜　淞
李　瑾
梁　川
刘　畅
潘始荣
曲闵民＆蒋茜
王小月
吴祎萌
姚　红
赵　清
周　晨
周伟伟
周一清
周　尤
朱赢椿

开幕
2018.04.20 周五 15:00
展期
2018.04.20 - 2018.05.03
地点
南京艺术学院美术馆一号展厅
（南京虎踞北路15号）
语言
中德文
免费入场

Eröffnung: Fr., 20.04.2018, 15 Uhr
Dauer: 20.04.2018 - 03.05.2018
Ort: Halle 1, AMNUA-Museum
(Hujubei Road Nr. 15, Nanjing)
Sprache: Chinesisch, Deutsch
Eintritt frei

Veranstalter
Goethe-Institut China
School of Fine Arts NUA
AMNUA-Museum

Co-Veranstalter
Dept. for Illustration /School of Fine Arts NUA

Unterstützt von
Hangingtong Design
Suiyuan Book Design
Studio Wu

Künstlerische Leitung
Li Xiaochen

Kurator
Chen Rui

Beratung
Yao Hong
Zhao Qing
Zhu Yingchun

主办
歌德学院（中国）
南京艺术学院美术学院
南京艺术学院美术馆

协办
南京艺术学院美术学院插画系

支持单位
邯缸堂

南图书院
Studio Wu 工作室

艺术总监
李小山

策展人
陈 瑞

顾问
姚 红
赵 清
朱赢椿

Teilnehmende Institutionen
Stiftung Buchkunst
Kunststiftar, Verlag für Illustration
Hein Yi Publications, Taipei

参展单位
德国书艺术基金会
德国Kunststiftar/伯乐出版社
伯源莱生出版社

GOETHE INSTITUT AMNUA

70cm

100cm

5.6.2 活动单元海报设计

本次展览活动的各单元海报均由瀚清堂设计有限公司设计，彰显卓越的设计水准与品质。

中文标题选用了苹方字体，其简洁大方的字形展现出独特的现代美感；德文标题则采用了 Helvetica - Bold 字体，刚劲有力的线条凸显出稳重与大气，二者搭配相得益彰。

正文中的英文与德文信息，统一采用了 Helvetica - Bold 字体，该字体线条粗壮、风格简洁，能确保文字在不同语境下都具备良好的可读性与辨识度。

正文中的中文信息均采用了兰亭黑 - 简 纤黑字体，此字体笔画纤细却不失清晰，风格简洁现代，能有效提升文本的视觉呈现效果与阅读体验。

海报巧妙运用了书籍的轮廓线条进行装饰，通过这一独特设计手法，精准且有力地突出了展览主题，使观者在欣赏海报的瞬间便能捕捉到展览的核心要点。

配色选择

以绿色作为主色调，搭配橙色线条进行装饰，白色中文字体与黑色外文字体相得益彰，使信息呈现层次清晰、明确，视觉效果简洁而高效。

PERSPEKTIVEN

DIE SCHÖNSTEN

DEUTSCHEN

BÜCHER

2016 / 2017

视角

德国最美的书 2016 / 2017

美丽书

中德当代书籍设计展

DAS SCHÖNE BUCH
AKTUELLE BUCHGESTALTUNG
AUS CHINA UND DEUTSCHLAND

Aussteller
Goethe-Institut China
Teilnehmende Institutionen
Stiftung Buchkunst

展览提供
歌德学院（中国）
参展机构
德国图书艺术基金会

开幕
2018.04.20 周五 15:00
展期
2018.04.20 – 2018.05.03
地点
南京艺术学院美术馆一号展厅
（南京虎踞北路15号）
语言
中德文
免费入场

Eröffnung: Fr., 20.04.2018, 15 Uhr
Dauer: 20.04.2018 – 03.05.2018
Ort: Halle 1, AMNUA-Museum
(Hujubei Road Nr. 15, Nanjing)
Sprache: Chinesisch, Deutsch
Eintritt frei

Veranstalter
Goethe-Institut China
School of Arts NUA
AMNUA-Museum

Co-Veranstalter
Dept. for Illustration /School of Fine Arts NUA

Unterstützt von
Hanqingtang Design
Suiyuan Book Design
Studio Wu

Künstlerische Leitung
Li Xiaoshan

Kurator
Chen Rui

Beratung
Yao Hong
Zhao Qing
Zhu Yingchun

主办
歌德学院（中国）
南京艺术学院美术学院
南京艺术学院美术馆
承办
南京艺术学院美术学院插画系
特别支持
瀚清堂
随缘书坊
Studio Wu 雾
艺术总监
李小山
策展人
陈鲁
统筹
姚红
赵清
朱赢椿

100cm

70cm

GOETHE INSTITUT   AMNUA

中文标题选用了苹方字体，其简洁现代的字形结构，展现出专业、大气的视觉风格；德文标题则采用 Helvetica - Bold 字体，刚劲有力的笔画线条，凸显出稳重与权威感，二者搭配相得益彰，精准契合展览主题的表达需求。

正文中的英文与德文信息，统一采用了 Helvetica - Bold 字体。该字体笔画粗壮、风格硬朗，具有极高的辨识度，能确保在不同展示环境下，文字信息都能清晰、准确地传达给观者，有效提升了海报的信息传达效率。

正文中的中文信息均采用了兰亭黑 - 简 纤黑字体。此字体笔画纤细却不失力度，结构简洁而富有现代感，能够在保证清晰易读的前提下，为海报增添一份精致与优雅，使信息呈现更加专业、规范。

海报运用了书籍的轮廓图形进行装饰，这一设计手法与单元系列海报保持高度一致，不仅增强了海报之间的整体性与连贯性，还能让观者在浏览过程中快速建立起对系列海报的认知关联，进一步强化了品牌形象与主题表达。

配色选择

画面以大面积灰色为基调，沉稳而内敛；搭配绿色的装饰图形，为整体增添了一抹生机与活力。字体采用黑白两色，与灰色和绿色相互映衬，色彩搭配协调稳重，同时又不失活泼灵动之感，营造出和谐统一的视觉效果。

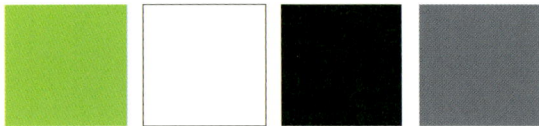

KLEINODIEN

BUCHDESIGN

AUS

NANJING

美丽书
中德当代书籍设计展

DAS SCHÖNE BUCH
AKTUELLE BUCHGESTALTUNG
AUS CHINA UND DEUTSCHLAND

设籍
南京书籍设计邀请展

Teilnehmende Künstler
Jiang Song
Pan Yanrong
Qu Minmin & Jiang Qian
Zhao Qing

Zhou Chen
Zhou Weiwei
Zhu Yingchun

参展艺术家
姜 嵩

潘焰荣
曲闵民&蒋 茜
赵 清
周 晨

周伟伟
朱赢椿

开幕
2018.04.20 周五 15:00
展期
2018.04.20 – 2018.05.03
地点
南京艺术学院美术馆一号展厅
（南京虎踞北路15号）
语言
中德文
免费入场

Eröffnung: Fr., 20.04.2018, 15 Uhr
Dauer: 20.04.2018 – 03.05.2018
Ort: Halle 1, AMNUA-Museum
(Hujubei Road Nr. 15, Nanjing)
Sprache: Chinesisch, Deutsch
Eintritt frei

Veranstalter
Goethe-Institut China
School of Fine Arts NUA
AMNUA-Museum

Co-Veranstalter
Dept. for Illustration /School of Fine Arts NUA

Unterstützt von
Hanqigtang Design
Suiyuan Book Design
Studio Wu

Künstlerische Leitung
Li Xiaozhan

Kurator
Chen Rui

Beratung
Yao Hong
Zhao Qing
Zhu Yngchun

100cm

70cm

中文标题选用了苹方字体，其规整的字形、清晰的笔画，展现出简洁大气的专业风格，符合现代设计的审美趋势；德文标题采用 Helvetica - Bold 字体，该字体线条粗壮、风格硬朗，具有强大的视觉冲击力，二者搭配既保证了风格的协调性，又能有效突出标题信息，精准契合展览主题的表达需求。

正文中的英文与德文信息，统一采用了 Helvetica - Bold 字体。该字体以其粗壮的笔画、清晰的轮廓和强烈的视觉冲击力著称，能确保在不同展示环境下，文字信息都能以高辨识度的姿态呈现，极大提升了海报的信息传达准确性和有效性。

海报运用了书籍的轮廓装饰线条，这一设计既与单元系列海报在风格上保持高度统一，展现出系列海报的整体性与连贯性，又在此基础上进行了巧妙变化，通过线条的粗细、疏密、色彩等方面的调整，增添了独特的视觉层次和变化，使海报在遵循整体风格的同时，又不失个性与创意，进一步强化了展览主题的表达。

正文中的中文信息均采用了兰亭黑 - 简 纤黑字体。该字体笔画纤细精致，结构严谨规范，在保持清晰易读的基础上，为海报增添了一份简约而高雅的气质，符合现代设计对于信息呈现的专业要求，有助于观者准确、高效地获取内容。

配色选择

海报以大面积的橙色作为主色调，其鲜艳活泼的色彩特性瞬间抓住观众眼球；搭配绿色的装饰线条，为画面增添了生机与灵动之感。字体采用黑白两色，简洁明快，与橙、绿两色形成鲜明对比，既突出了文字信息，又丰富了画面的色彩层次。整体色彩搭配明亮且富有张力，与单元系列海报在色彩风格上相互呼应，共同营造出统一而和谐的视觉氛围，有助于强化品牌形象和展览主题的表达。

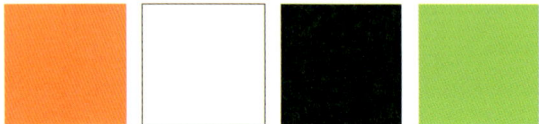

100cm

70cm

5.6.3 展签设计

对作品信息进行分级处理，以清晰、有条理的方式简洁明了地传达关键内容，有助于观者快速理解作品的核心要点和层次结构，提升信息获取的效率与准确性。

中文字体选用 HarmonyOS Sans SC Bold 和 Helvetica-Bold。

外文字体选用苹方 - 简体。

最终呈现采用硫酸纸打印，色彩模式为 CMYK，分辨率为 300dpi。

木马史诗
作者：李小山
插图：周一清

Das Schaukelpferd
Text: LI Xiaoshan
Illustration: ZHOU Yiqing

温·婉——中国古代女性文物大展
姜嵩

Wen Wan – Katalog zur Ausstellung Chinesischer Frauen in der Antike
JIANG Song

梅事儿
周晨

Pflaumen-Geschichten
ZHOU Chen

爱丽丝梦游
作者：刘易
出版社：格

Alice im W
Lewis Caro
Gerstenber

桃花坞新年
潘焰荣

60 Jahre T
PAN Yanr

面朝大海 春
赵清

Haizi: Faci
ZHAO Qing

14cm

8.5cm

丝镜中奇遇记

出版社，希尔德斯海姆

Alice hinter den Spiegeln

esheim

里昂的汉字
吴祎萌
kunstanstifter 绘本出版社，曼海姆

Yaotaos Zeichen
Yi Meng Wu
kunstanstifter verlag, Mannheim

ujahrsbilder

乐舞敦煌
曲闵民 & 蒋茜

Musik und Tanz in Dunhuang
QU Minmin&JIANG Qian

8.5cm

th Spring Blossoms

虫子书
朱赢椿

Bugs' Book
ZHU Yingchun

8.5cm

5.6.4 灯箱、展架设计

户外展示灯箱承担着简明扼要传达展览信息的重要任务，因此在设计上沿用了主视觉海报的视觉元素，选取与主视觉海报在字体、色彩、构成元素等方面保持一致的素材。在图文排列上，遵循简洁至上的原则，摒弃复杂花哨的设计手法，以朴实大气的布局方式，确保信息能够清晰、直观地呈现给受众，有效提升信息传达的效率与效果。

中文标题字体采用苹方字体；德文标题则采用 Helvetica-Bold 字体。

正文的英文、德文信息都采用了 Helvetica-Bold 字体。

主视觉由大面积的彩色矩形组成，色彩明快，设计感强。

正文的中文信息采用兰亭黑 - 简 纤黑字体。

灯箱最终输出采用 CMYK 色彩模式，分辨率设置为 150dpi，选用适用于广告大型喷绘的喷绘布材质。为确保画面在裁切过程中不出现内容缺失等问题，四周各预留 3mm 出血位。

灯箱

80cm

180cm

展架最终输出采用 CMYK 色彩模式，分辨率设定为 150dpi，选用背胶海报纸作为输出材质。为保障画面在裁切时内容完整无缺，四周各预留 3mm 出血区域。

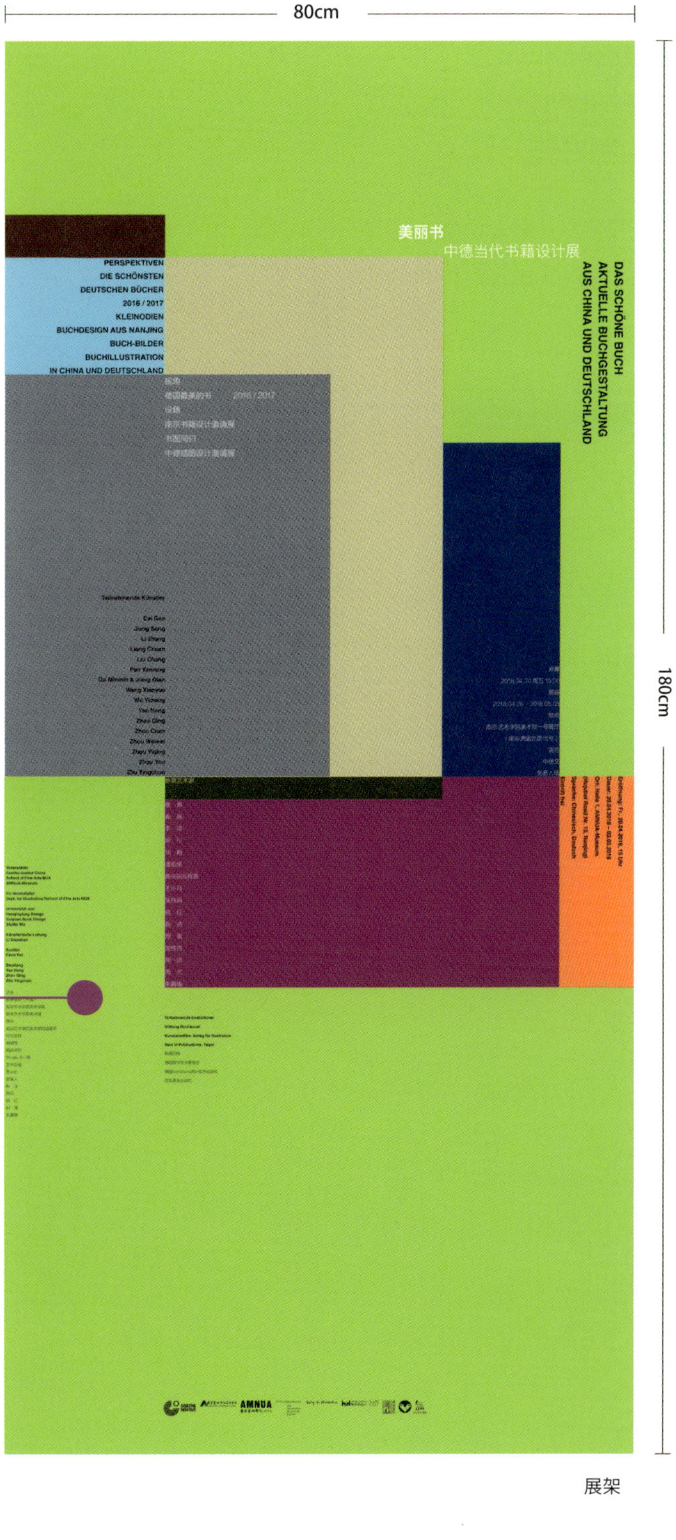

展架

85cm

175cm

PERSPEKTIVEN

DIE SCHÖNSTEN

DEUTSCHEN

BÜCHER

2016 / 2017

美丽书
中德当代书籍设计展

视角
德国最美的书 2016 / 2017

DAS SCHÖNE BUCH
AKTUELLE BUCHGESTALTUNG
AUS CHINA UND DEUTSCHLAND

Aussteller
Goethe-Institut China
Teilnehmende Institutionen
Stiftung Buchkunst

主办
歌德学院（中德）
参展机构
德国图书艺术基金会

2018.04.20 周五 15:00

2018.04.20 - 2018.05.03

南京艺术学院美术馆一号展厅了
（湖北路虎街15号）

Veranstalter
Goethe-Institut China
School of Fine Arts NUA
AMNUA-Museum

Co-Veranstalter
Dept. for Illustration /School of Fine Arts NUA

Unterstützt von
Hengingtang Design
Suriyun Book Design
Studio Wu

Künstlerische Leitung
Li Xiaoshan

Kurator
Chen Rui

Beratung
Yao Hong
Zhao Qing
Zhu Yingzhun

Eröffnung: Fr., 30.04.2018, 15 Uhr
Dauer: 20.04.2018 - 03.05.2018
Ort: Halle 1, AMNUA-Museum
(Hujubei Road Nr. 15, Nanjing)
Sprache: Chinesisch, Deutsch
Eintritt frei

主办
歌德学院（中国）
南京艺术学院美术馆
南京艺术学院美术馆
承办
南京艺术学院美术学院插画系
技术支持
瀚清堂
素设书坊
Studio Wu 铺
艺术总监
李小山
策划人
陈 瑞
协助
姚 红
赵 清
朱赢椿

以绿色作为主色调，其清新自然的特质营造出舒适、和谐的视觉氛围；搭配橙色的线条装饰，为画面增添了活力与亮点，形成鲜明的色彩对比。中文采用白色字体，简洁明快，与绿色背景相互映衬；外文使用黑色字体，沉稳大气，进一步强化了信息的层次感。整体色彩与字体搭配相得益彰，使信息层次清晰明确，便于观者快速捕捉关键内容。

80cm

180cm

PERSPEKTIVEN

DIE SCHÖNSTEN

DEUTSCHEN

BÜCHER

2016 / 2017

视角
德国最美的书 2016 / 2017

美丽书
中德当代书籍设计展

DAS SCHÖNE BUCH
AKTUELLE BUCHGESTALTUNG
AUS CHINA UND DEUTSCHLAND

Aussteller
Goethe-Institut China
Teilnehmende Institutionen
Stiftung Buchkunst

联合提供
歌德学院（中国）
参展机构
德国图书艺术基金会

2018.04.20 周五 15:00
2018.04.20 – 2018.05.03

Veranstalter
Goethe-Institut China
School of Fine Arts NUA
AMNUA-Museum

Co-Veranstalter
Dept. for Illustration /School of Fine Arts NUA

Unterstützt von
Hanqingyang Design
Suiyuan Book Design
Studio Wu

Künstlerische Leitung
Li Xiaoshan

Kurator
Chen Rui

Beratung
Yao Hong
Zhao Qing
Zhu Yingchun

Eröffnung: Fr., 20.04.2018, 15 Uhr
Dauer: 20.04.2018 – 03.05.2018
Ort: Halle 1, AMNUA-Museum
(Huijubei Road Nr. 15, Nanjing)
Sprache: Chinesisch, Deutsch
Eintritt frei

主办
歌德学院（中国）
南京艺术学院美术学院
美术馆
承办
南京艺术学院美术学院插画系
艺术总监
李小山
策展人
陈 瑞
顾问
姚 红
赵 清
朱赢椿

展架

85cm

175cm

KLEINODIEN

BUCHDESIGN

AUS

NANJING

美丽书
中德当代书籍设计展

DAS SCHÖNE BUCH
AKTUELLE BUCHGESTALTUNG
AUS CHINA UND DEUTSCHLAND

设籍
南京书籍设计邀请展

Teilnehmende Künstler
Jiang Song
Pan Yanrong
Qu Minmin & Jiang Qian
Zhao Qing

Zhou Chen
Zhou Weiwei
Zhu Yingchun
景泰艺术家
蒋 嵩

潘炎荣
曲闵民&蒋 茜
赵 清
周 晨

2018.04.20 周五 15:00

2018.04.20 - 2018.05.03

南京艺术学院美术馆一号展厅
（南京虎踞北路15号）

语言
中德文

免费入场

周伟伟
朱嬴椿

Veranstalter
Goethe-Institut China
School of Fine Arts NUA
AMNUA-Museum

Co-Veranstalter
Dept. for Illustration /School of Fine Arts NUA

Unterstützt von
Hanginglang Design
Suiyuan Book Design
Studio Wu

Künstlerische Leitung
Li Xiaoshan

Kurator
Chen Rui

Beratung
Yao Hong
Zhao Qing
Zhu Yingchun

Eröffnung: Fr, 20.04.2018, 15 Uhr
Dauer: 20.04.2018 - 02.05.2018
Ort: Halle 1, AMNUA-Museum
(Hujubei Road Nr. 15, Nanjing)
Sprache: Chinesisch, Deutsch
Eintritt frei

主办
院缘学院（中国）
南京艺术学院美术学院
南京艺术学院美术馆
协办
南京艺术学院美术学院插画系
特别支持
微茫堂
随园书坊
Studio Wu 吴
艺术总监
李小山
策展人
陈 瑞
顾问
姚 红
赵 清
朱嬴椿

灯箱

画面以大面积灰色作为主基调，灰色所蕴含的沉稳、内敛特质为整体营造出一种低调而大气的氛围。搭配绿色的装饰图形，绿色象征着生机与活力，为画面注入了清新之感，打破了灰色的单调。字体采用黑白两色，黑色字体庄重醒目，白色字体简洁明快，二者与灰色和绿色相互映衬，色彩搭配协调稳重，同时又不失活泼灵动，使画面在视觉上达到平衡与和谐。

展架

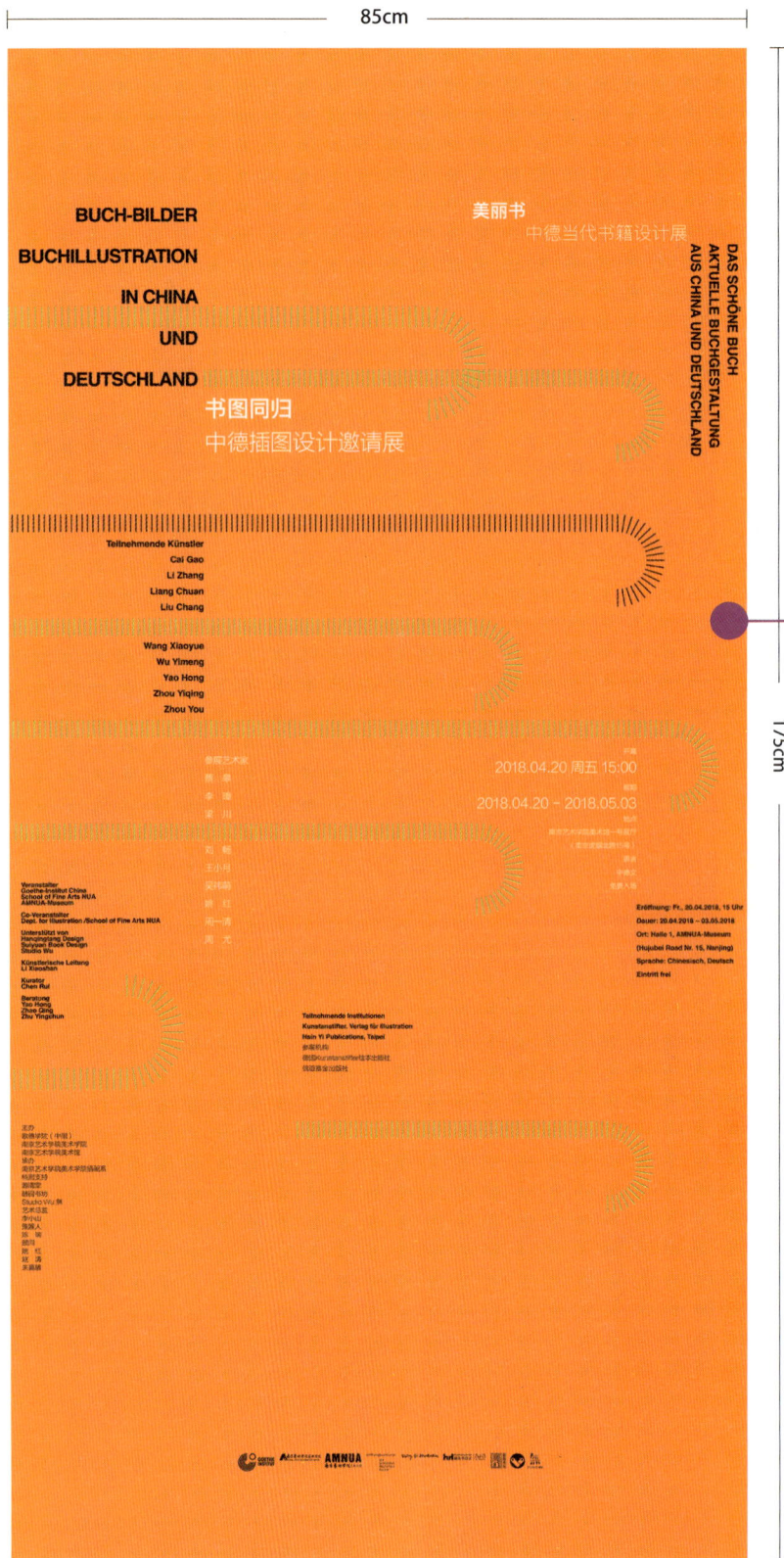

85cm

175cm

BUCH-BILDER

BUCHILLUSTRATION

IN CHINA

UND

DEUTSCHLAND

书图同归
中德插图设计邀请展

美丽书
中德当代书籍设计展

DAS SCHÖNE BUCH
AKTUELLE BUCHGESTALTUNG
AUS CHINA UND DEUTSCHLAND

Teilnehmende Künstler
Cai Gao
Li Zhang
Liang Chuan
Liu Chang

Wang Xiaoyue
Wu Yimeng
Yao Hong
Zhou Yiqing
Zhou You

参展艺术家
蔡皋
李璋
梁川
刘畅
王小月
吴苡萌
姚红
周一清
周又

2018.04.20 周五 15:00

2018.04.20 - 2018.05.03

Veranstalter
Goethe-Institut China
School of Fine Arts HUA
AMNUA-Museum

Co-Veranstalter
Dept. for Illustration /School of Fine Arts HUA

Unterstützt von
Hanghngtong Design
Suiyuan Book Design
Studio Wu

Künstlerische Leitung
Li Xiaoshan

Kurator
Chen Rui

Beratong
Yao Hong
Zhou Qing
Zhu Yingshun

Eröffnung: Fr., 20.04.2018, 15 Uhr

Dauer: 20.04.2018 - 03.05.2018

Ort: Halle 1, AMNUA-Museum
(Hujubei Road Nr. 15, Nanjing)

Sprache: Chinesisch, Deutsch

Eintritt frei

Teilnehmende Institutionen
Kunststiftung: Verlag für Illustration
Hsin Yi Publications, Taipei

参展机构
德国Kunststiftung绘本出版社
信谊基业出版社

主办
歌德学院（中国）
南京艺术学院美术学院
南京艺术学院美术馆

承办
南京艺术学院美术学院插画系

协助支持
翰烟堂
随缘书坊
Studio Wu 吴

艺术总监
李小山

策展人
陈瑞

顾问
姚红
周青
朱赢椿

灯箱

画面以大面积橙色作为主色调，橙色本身具有极高的辨识度，传递出活力、热情与积极向上的情感，能瞬间吸引观者的注意力。搭配绿色的装饰线条，绿色代表着生机与希望，与橙色相互映衬，形成鲜明而和谐的色彩对比，进一步丰富了画面的视觉层次。字体采用黑白两色，黑色字体庄重沉稳，白色字体简洁明快，二者与橙色和绿色巧妙搭配，使整体色彩明亮且富有张力。

|← 80cm →|

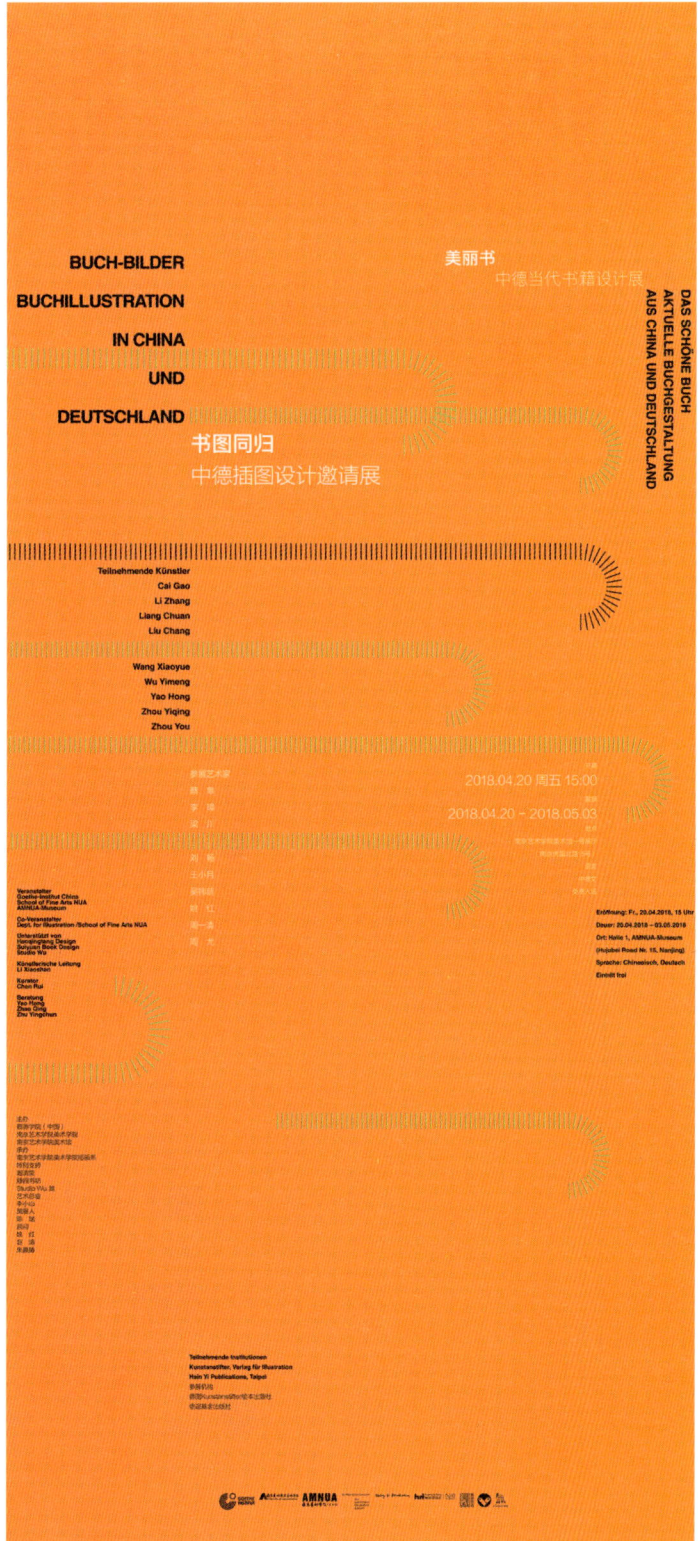

BUCH-BILDER

BUCHILLUSTRATION

IN CHINA

UND

DEUTSCHLAND

美丽书
中德当代书籍设计展

DAS SCHÖNE BUCH
AKTUELLE BUCHGESTALTUNG
AUS CHINA UND DEUTSCHLAND

书图同归
中德插图设计邀请展

Teilnehmende Künstler
Cai Gao
Li Zhang
Liang Chuan
Liu Chang

Wang Xiaoyue
Wu Yimeng
Yao Hong
Zhou Yiqing
Zhou You

2018.04.20 周五 15:00
2018.04.20 – 2018.05.03

Veranstalter
Goethe-Institut China
School of Fine Arts HUA
AMHUA-Museum

Co-Veranstalter
Dept. for Illustration /School of Fine Arts HUA

Unterstützt von
Hengmingteng Design
Suhuabe Book Design
Studio Wu

Künstlerische Leitung
Li Xiaochen

Kurator
Chen Rui

Beratung
Yao Hong
Zhao Qing
Zhu Yingchun

Eröffnung: Fr., 20.04.2018, 15 Uhr
Dauer: 20.04.2018 – 03.05.2018
Ort: Halle 1, AMHUA-Museum
(Hubhei Road Nr. 15, Nanjing)
Sprache: Chinesisch, Deutsch
Eintritt frei

Teilnehmende Institutionen
Kunstanstifter, Verlag für Illustration
Hain Yi Publications, Taipei

展架

5.6.5 画册设计

这本画册对本次展览作品的详细信息进行了全面且细致的介绍，内容涵盖作品的创作背景、艺术特色、技法运用等多个方面，为观者深入了解展览作品提供了丰富且专业的参考。

本画册未进行单独的封面设计，封面与封底直接采用和内页相同的纸张材质，以保持整体风格的一致性与协调性，同时也有助于控制制作成本。

文件输出循以下规范：分辨率设置为300dpi，该分辨率能确保输出文件具备高精度的图像质量，满足各类印刷需求；颜色模式采用灰度，灰度模式可呈现不同深浅的灰色调，营造出简洁而富有质感的视觉效果；为保证裁切精度和避免内容缺失，需要设置3mm出血；纸张选用 $120g/m^2$ 的艺术环保纸，此纸张兼具艺术美感和环保特性，能为印刷品增添独特的质感与格调。

封底加入活动方 Logo。

9cm

美丽书

中德当代书籍设计展

Das schöne Buch

Aktuelle Buchgestaltung aus

China und Deutschland

中文标题字体选择方正兰亭粗黑简体，德文字体 则 选 择：Goethe FF Clan。

字体下方使用黑色矩形元素，使主题更加突出。

29cm

视角——德国最美的书2016 / 2017
Perspektiven – Die Schönsten Deutschen Bücher 2016 / 2017

设籍——南京书籍设计邀请展
Kleinodien – Buchdesign aus Nanjing

书图·同归——中德插图设计邀请展
Buch-Bilder – Buchillustration in China und Deutschland

中文字体选择方正兰亭粗黑简体，德文字体选择 Goethe FF Clan。

依据内页所选用的纸张规格以及画册的总页数，提前精准测量出书脊的厚度，并据此在设计中合理预留相应的空间，以确保画册在装订成型后，书脊部分的设计能够完整呈现，整体外观协调美观。

设籍
南京书籍设计邀请展
Kleinodien
Buchdesign aus
Nanjing

美丽书——中德当代书籍设计展
Das schöne Buch — Aktuelle Buchgestaltung
aus China und Deutschland

设籍——南京书籍设计邀请展

展览"美丽书——中德当代书籍设计展"的子单元
参展艺术家：曲闵民 & 蒋茜，赵清，周晨，周伟伟，朱赢椿

"设籍——江苏书籍设计邀请展"是一个针对当代书籍倾向设计而创办的展览，本次展览邀请曲闵民，蒋茜，
赵清，周晨，周伟伟，朱赢椿七位（组）长期在南京从事专业书籍创作的中青年设计师。需要说明的是，虽然他们工作于
江苏，但是他们都是"国际级"的书籍设计师，都在"世界最美的书"等全球设计赛台摘得桂冠。从另一个角度看，南京的书
籍设计同样也是一个"现象级"的议题，那就是为什么在一个"小众"的艺术门类出现了相当数量和相对水平的人物？希望本
次展览能到对此有所梳理和呈现。

《乐教新说》

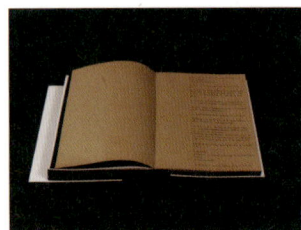

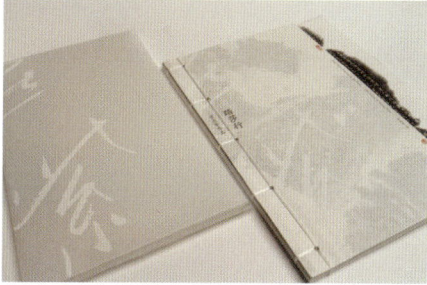
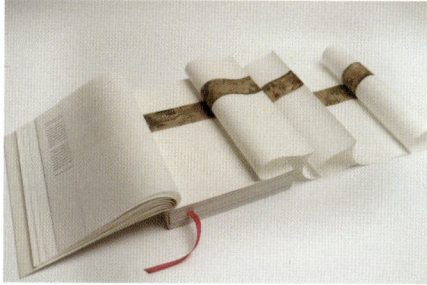

5.6.6 艺术布设计

150cm

中文标题字体采用苹方字体。德文标题则采用
Helvetica-Bold 字体。

正文英文、德文信息采用 Helvetica-Bold 字体。

正文中的中文信息采用兰亭黑 - 简 纤黑字体。

500cm

主视觉设计以大面积彩色矩形作为核心构成元素，这些矩
形色彩搭配明快且富有张力，通过巧妙的组合与布局，营
造出强烈的视觉冲击力和独特的设计感，能够有效吸引受
众的注意力并传达出积极、活泼的视觉氛围。

艺术布的最终输出遵循以下专业规范：色彩模式采用 CMYK
模式，确保艺术布画面色彩与设计稿高度一致；分辨率设
置为 72dpi，此分辨率适用于户外大型艺术布输出场景；
输出材质选用户外艺术布，能够适应户外复杂环境；此外，
为避免裁切过程中出现内容缺失或白边等问题，画面四周
各需预留 5cm 出血区域。

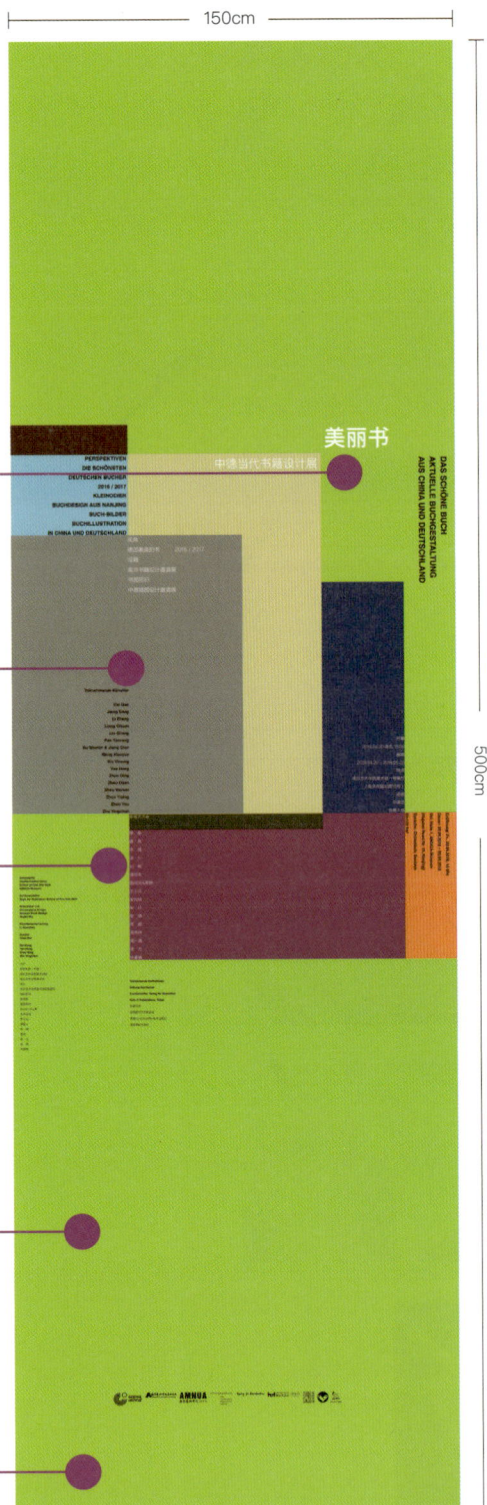

5.6.7 户外大型喷绘设计

中文标题字体采用苹方字体。德文标题则采用 Helvetica-Bold 字体。

正文英文、德文信息采用 Helvetica-Bold 字体。

正文中的中文信息采用兰亭黑 - 简 纤黑字体。

主视觉以大面积彩色矩形为主要构成元素，通过精心调配的色彩组合，呈现出明快的视觉效果。矩形的形态与色彩搭配经过严谨设计，在遵循美学原则的基础上，充分展现出强烈的设计感。这种设计手法不仅能够吸引观者的注意力，还能有效地传达品牌或活动的核心信息，提升整体的视觉传播效果。

户外大型喷绘的最终输出遵循以下专业规范：色彩模式采用 CMYK 模式，确保艺术布画面色彩与设计稿高度一致；分辨率设置为 72dpi，此分辨率适用于户外大型艺术布输出场景；输出材质选用户外艺术布，能够适应户外复杂环境；此外，为避免裁切过程中出现内容缺失或白边等问题，画面四周各需预留 5cm 出血区域。

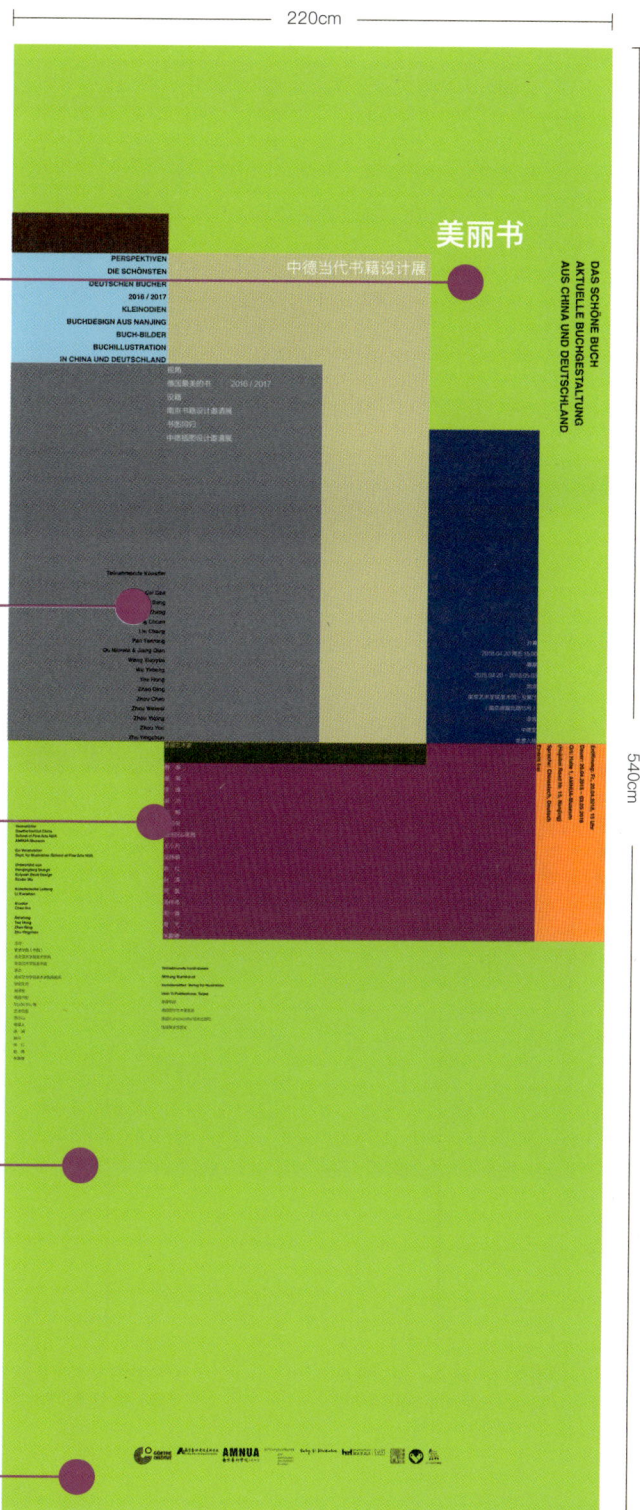

5.6.8 官方网站首页设计

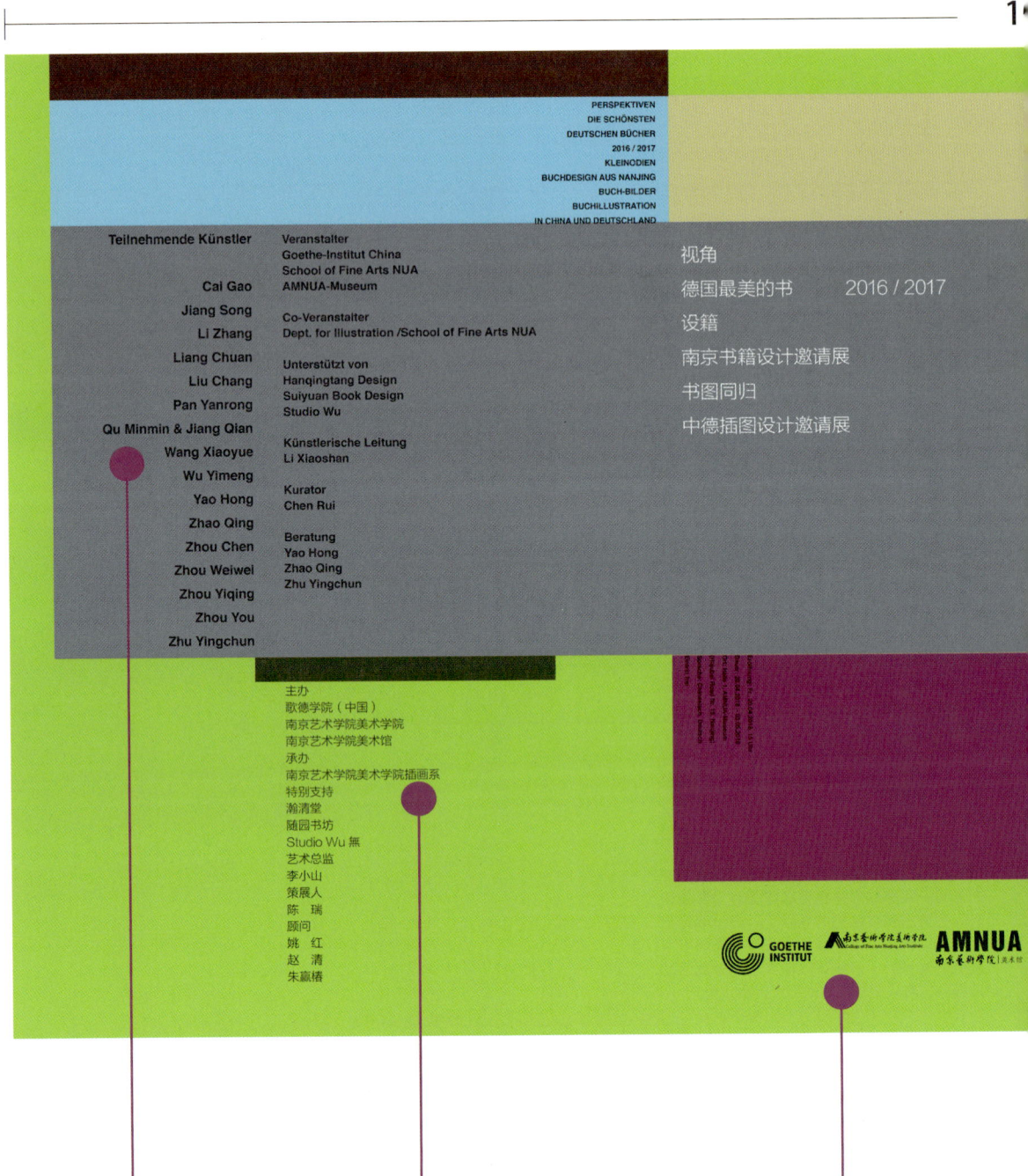

PERSPEKTIVEN
DIE SCHÖNSTEN
DEUTSCHEN BÜCHER
2016 / 2017
KLEINODIEN
BUCHDESIGN AUS NANJING
BUCH-BILDER
BUCHILLUSTRATION
IN CHINA UND DEUTSCHLAND

Teilnehmende Künstler

Cai Gao
Jiang Song
Li Zhang
Liang Chuan
Liu Chang
Pan Yanrong
Qu Minmin & Jiang Qian
Wang Xiaoyue
Wu Yimeng
Yao Hong
Zhao Qing
Zhou Chen
Zhou Weiwei
Zhou Yiqing
Zhou You
Zhu Yingchun

Veranstalter
Goethe-Institut China
School of Fine Arts NUA
AMNUA-Museum

Co-Veranstalter
Dept. for Illustration /School of Fine Arts NUA

Unterstützt von
Hanqingtang Design
Suiyuan Book Design
Studio Wu

Künstlerische Leitung
Li Xiaoshan

Kurator
Chen Rui

Beratung
Yao Hong
Zhao Qing
Zhu Yingchun

视角
德国最美的书　　2016 / 2017
设籍
南京书籍设计邀请展
书图同归
中德插图设计邀请展

主办
歌德学院（中国）
南京艺术学院美术学院
南京艺术学院美术馆
承办
南京艺术学院美术学院插画系
特别支持
瀚清堂
随园书坊
Studio Wu 無
艺术总监
李小山
策展人
陈　瑞
顾问
姚　红
赵　清
朱赢椿

GOETHE INSTITUT　南京艺术学院美术学院　AMNUA 南京艺术学院 美术馆

正文中的英文、德文信息
采用 Helvetica-Bold 字体。

正文中的中文信息采用
兰亭黑 - 简 纤黑字体。

输出时色彩模式采用 RGB，
分辨率为 300dpi。

美丽书

中德当代书籍设计展

参展艺术家

蔡皋
姜嵩
李瑾
梁川
刘畅
潘泊荣
曲闵民&蒋茜
王小月
吴炜萌
姚红
赵清
周晨
周伟伟
周一清
周尤
朱嬴椿

Teilnehmende Institutionen

Stiftung Buchkunst

Kunstanstifter. Verlag für Illustration

Hsin Yi Publications, Taipei

参展机构

德国图书艺术基金会

德国Kunstanstifter绘本出版社

信谊基金出版社

469px

中文标题字体采用苹方字体；德文标题则采用 Helvetica-Bold 字体。

主视觉由大面积的彩色矩形组成，色彩明快，设计感强。

06

设计后期输出

后期输出指的是设计师依据客户要求完成设计后，开展的最终产品准备环节，也就是把设计制作成可交付的文件格式。这一环节通常涉及制作高质量的文件，例如用于印刷的制品文件，或者适用于网络图像、视频等多种用途的文件。

后期输出在设计中占据着至关重要的地位，它是将设计完整呈现给客户的流程，也是设计师从创意构思迈向成品交付的最后一步。它能让设计师把设计转化为合适的文件类型，以适配正确的印刷设备。正确的后期输出还能有效减少印刷过程中可能出现的问题，例如颜色偏差、图像失真等。

后期输出对于设计师而言，具有以下几方面的重要意义。

(1) 确保设计质量：在完成后期输出之前，设计师需要对设计进行全面检查与修改，确保设计质量达到最优水平。

(2) 契合客户需求：在后期输出前，设计师可以依据客户最终确定的要求，对设计进行相应调整。

(3) 满足印刷要求：在后期输出前，设计师还能根据印刷厂的具体要求和准备情况，对设计做出调整。

(4) 提升客户满意度：通过确保后期输出的最终成果，更好地满足客户需求，进而提高客户的满意度。

确保设计质量

提升客户
满意度

契合客户需求

满足印刷要求

6.1 提高过稿率的技巧

过稿率指的是设计师所完成的设计作品中，获得客户认可、通过的比例。过稿率能够体现设计师的设计水平，以及其与客户沟通交流的能力。

我们可以通过以下 5 个方法来提高过稿率。

(1) 保持学习热情，持续掌握新技术，紧跟时尚潮流趋势。

(2) 善于剖析客户需求，提前做好充分准备，做到胸有成竹。

(3) 合理规划作品的制作流程，兼顾时间把控与质量保障。

(4) 注重作品细节处理，精心雕琢，追求尽善尽美。

(5) 这也是在技术层面之外极为关键的一点，即加强与客户的沟通，及时反馈进展，力求让客户满意。

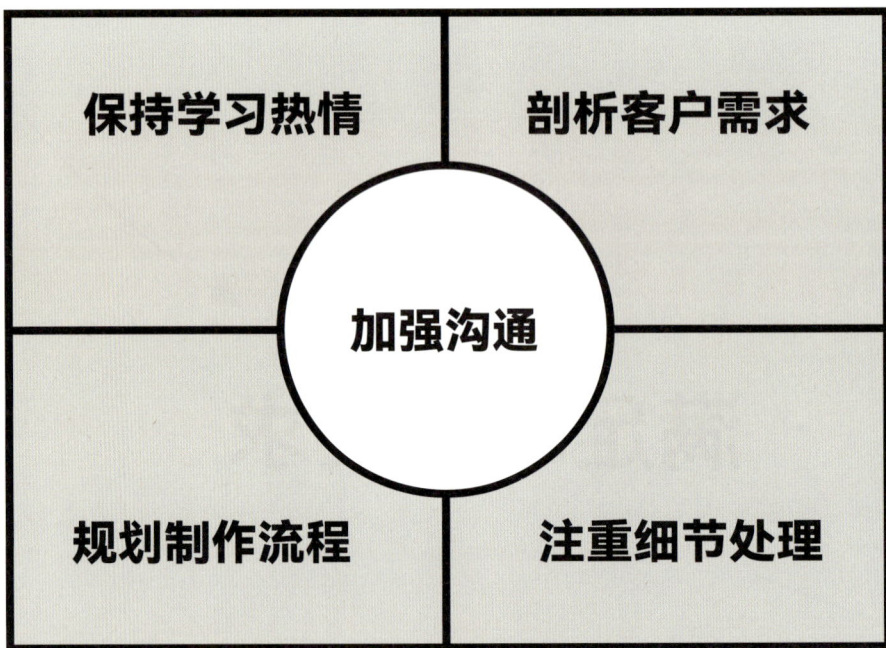

6.1.1 注意提案图的颜色模式

作为设计师，首先需要明确"提案"与"提案图"的含义。

提案指的是设计师向客户呈交的设计方案。其内容通常涵盖设计理念、设计思路、设计修改方法、设计功能等方面，还包括设计价格等具体细节。

提案图则是设计师在为客户拟定设计方案时，绘制的概念图或示意图，用于表达设计思想，供客户查看并确认。它有助于客户更精准地理解设计师的设计思路，提升沟通效率，降低沟通成本。

那么，如何正确设置提案图的颜色模式呢？以下是 4 点建议。

(1) 选择恰当的色彩模式：设计师在制作提案图时，关键在于挑选合适的色彩模式。一般而言，可以选择 CMYK 色彩模式或 RGB 色彩模式。

(2) 合理运用色彩：在运用色彩时，设计师应注意避免使用过多色彩。色彩过多会使提案图显得杂乱无章，还易产生视觉冲突，进而影响提案图的整体效果。

(3) 统一色彩搭配：运用色彩时，设计师需要注重采用统一的色彩搭配，以保证提案图整体更加协调美观。

(4) 避免色彩转换：制作提案图时，设计师应尽量避免进行色彩转换，因为色彩转换可能导致提案图出现色差，从而影响最终呈现效果。

选择恰当的色彩模式　　　　　　　　　　　　　**合理运用色彩**

统一色彩搭配　　　　　　　　　　　　　　　　**避免色彩转换**

6.1.2 注意提案图的尺寸和分辨率

在向客户提案时，如何正确把握提案图的尺寸和分辨率呢？以下是一些建议。

(1) 依据客户需求确定尺寸与分辨率：深入了解客户的需求，以此确定最终的提案图尺寸和分辨率。

(2) 适配客户设备调整参数：根据客户所使用的设备，相应调整提案图的尺寸和分辨率，确保提案图能在客户的设备上正常显示。

(3) 结合使用频率优化设置：考虑客户对提案图的使用频率，合理调整尺寸和分辨率，保障提案图能在客户设备上稳定运行。

(4) 严格契合客户要求：严格按照客户的要求，确保提案图的尺寸和分辨率既符合规定，又能满足客户的期望。

(5) 调整至最优确保质量：将提案图的尺寸和分辨率调整至最优状态，以保证提案图的质量达到最佳。通常情况下，若采用屏幕呈现方式，一般使用 16:9 的比例，分辨率设置为 3840×2160，范围在 72~150dpi；若采用纸质打印方式，则根据实际需要确定尺寸，分辨率设置为 300dpi。

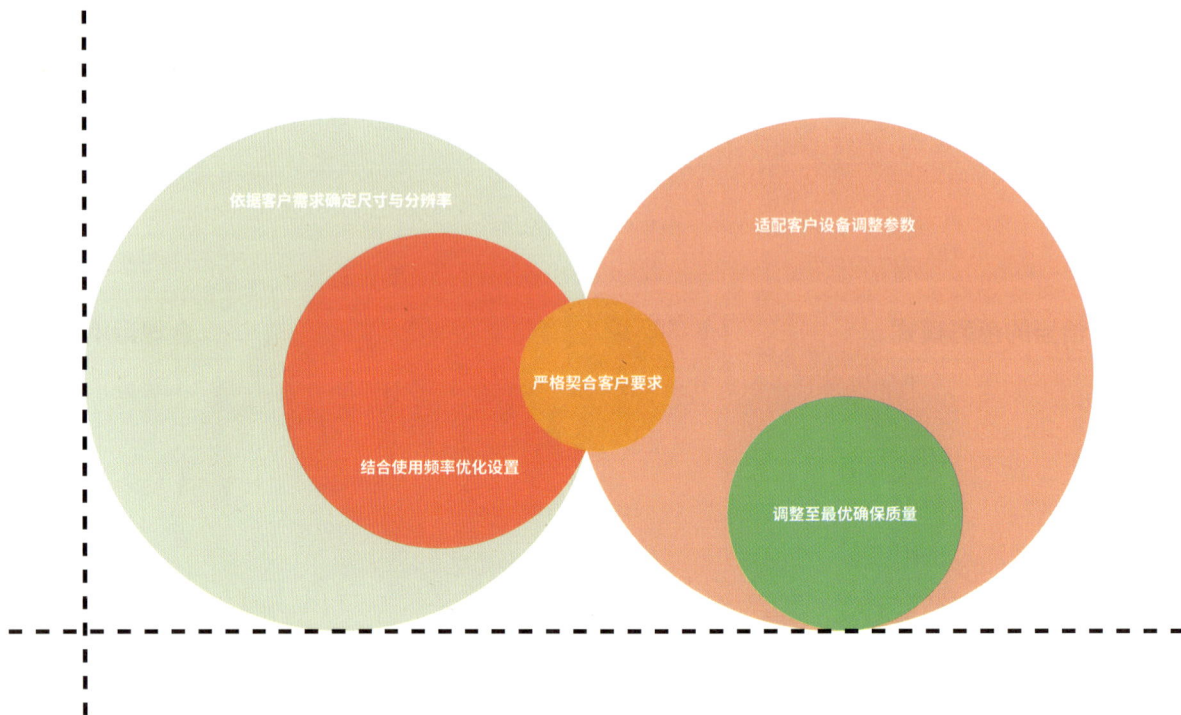

6.1.3 提案技巧

在向客户提案时，我们需要掌握以下五大提案技巧。

(1) 精准把握客户期望：在提交提案前，务必确保清晰理解客户的期望。若存在疑问，应及时与客户沟通，避免后续出现偏差。

(2) 深入了解客户受众：提案不仅要契合客户的需求，更关键的是要考虑客户所面向的受众群体。要充分了解这些受众的审美和喜好，确保提案能够符合他们的口味。

(3) 撰写清晰有条理的提案：将提案内容细分为明确的段落，依据重要性进行排序。提供清晰的背景信息和目标阐述，同时涵盖所有与提案相关的关键信息，如报价、时间表、设计概念等，让客户能够全面了解提案内容。

(4) 凸显设计独特优势：提出别具一格的设计概念，运用新颖的策略展示设计的独特魅力。通过突出设计的差异化优势，让客户更易于理解和接受提案。

(5) 着重强调服务质量：在提案中详细介绍设计服务，包括服务质量标准、具体服务内容以及额外服务项目等。让客户对设计服务有充分的了解和信心，从而安心将设计项目托付给你。

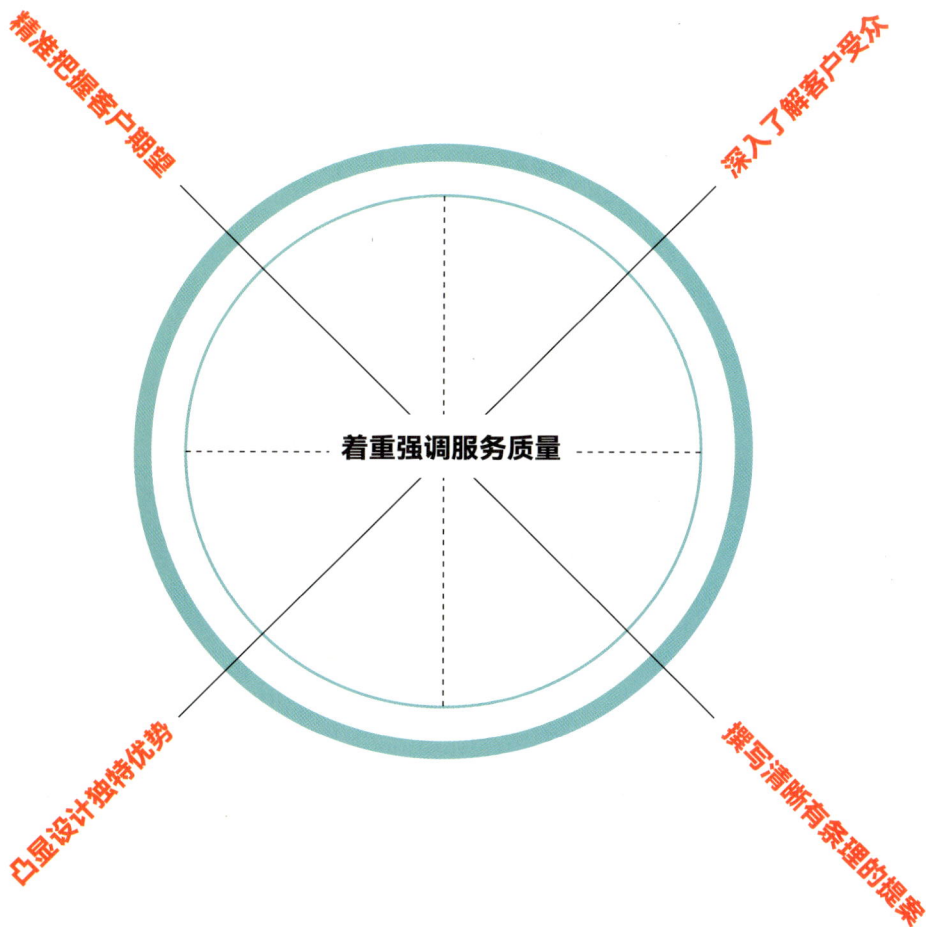

6.2 沟通的重要性

沟通对于设计师而言至关重要，它是客户理解与接纳提案的基石。设计师需要以清晰、精准的方式阐述自身想法，确保客户能够领会并认可提案内容。此外，良好的沟通有助于设计师更深入地洞察客户需求，从而更精准地满足客户的期望。若沟通不畅，客户可能会拒绝提案，这无疑会给设计师带来损失。

在提案流程中，设计师需掌握以下 5 个沟通技巧。

(1) 提供清晰的概述：需要清晰明了地阐述设计案例，详细解释其主要功能，以及说明该设计如何助力客户应对面临的挑战。

(2) 展示典型案例：依据客户需求，展示具有代表性的案例，阐释这些案例怎样有效解决客户的问题。

(3) 加强客户沟通：在展示案例的过程中，与客户积极互动，认真倾听客户需求，深入了解客户期望在设计中实现的目标。

(4) 解答客户疑问：尽可能全面地回答客户提出的问题，让客户对设计有更深入的了解，进而更易于接受提案。

(5) 灵活调整方案：持续向客户反馈设计进展，根据客户的需求与反馈，灵活调整设计方案，以充分满足客户需求。

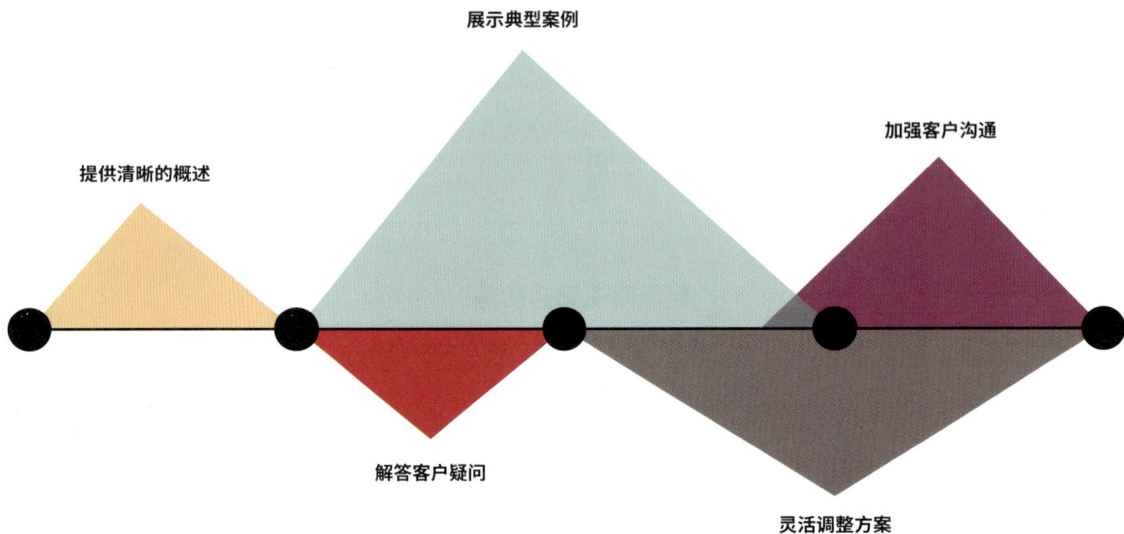

6.3 与客户沟通并解决问题

在提案过程中，客户沟通与问题解决是设计师必须聚焦的两大关键要点。有效的客户沟通有助于设计师精准把握客户需求，并切实满足这些需求；而出色的问题解决能力则能让设计师更充分地施展自身创造力，进而更出色地完成提案，提高过稿率。

那么，在向客户提案时，具体该如何与客户沟通并解决问题呢？

1. 客户沟通

(1) 清晰传达设计思路：向客户清晰、准确地阐述设计思路，详细说明设计的内容、目的，同时充分考量并传达客户的需求与期望。

(2) 认真倾听并友好交流：仔细聆听客户的意见和建议，针对客户的疑虑、担忧等，及时与客户进行友好沟通，予以解答。

2. 问题解决

(1) 提供多元建议：向客户提出多种不同的设计方案建议，协助客户挑选出最契合自身需求的设计方案。

(2) 定制改进方案：依据客户的具体需求，提出针对性的改进方案，力求让客户满意。

(3) 尊重并解决问题：充分尊重客户的意见，积极解决客户反馈的问题，持续优化设计，直至客户完全满意。

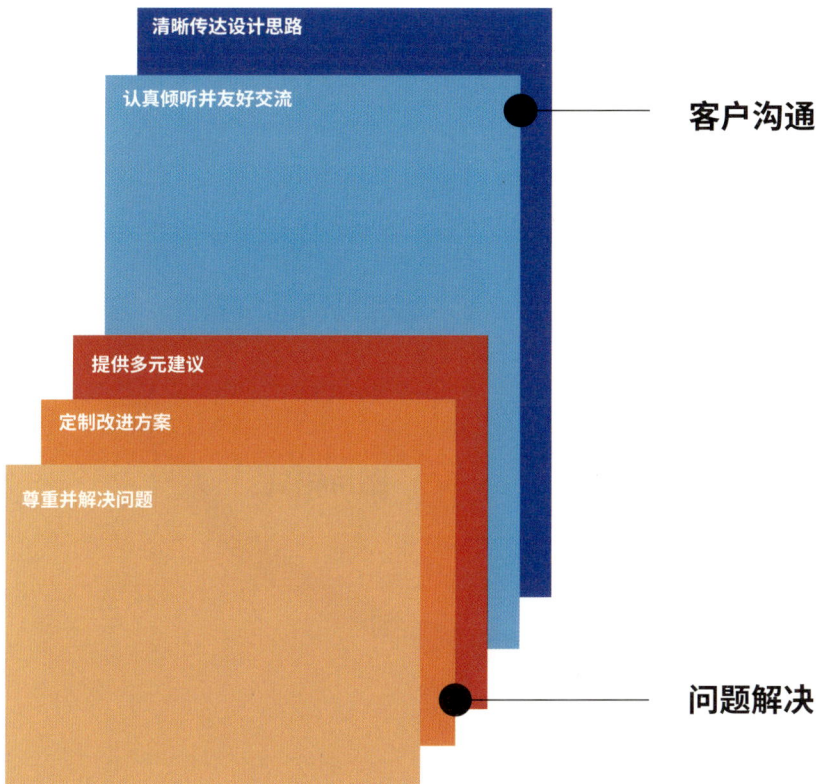

6.4 完稿输出注意事项

完稿输出五大注意事项。

(1) 把控设计文件分辨率：输出文件的分辨率需要与设计时采用的分辨率保持一致，以此确保文件分辨率的精准性。

(2) 合理选择图片格式：图片格式宜选用 JPG、PNG 或其他体积较小且清晰度较高的格式，从而保障文件既具备小巧性，又能保证清晰度。

(3) 确认文件版本最新：在输出完稿前，务必确认文件为最新版本，以此保证输出的文件为最新内容。

(4) 精准调整文件大小：文件大小需要手动进行精细调整，确保文件大小适宜上传与查阅。

(5) 确保文件专业规范：输出的文件应符合专业规范，进而保证文件具有良好的可读性与可查看性。

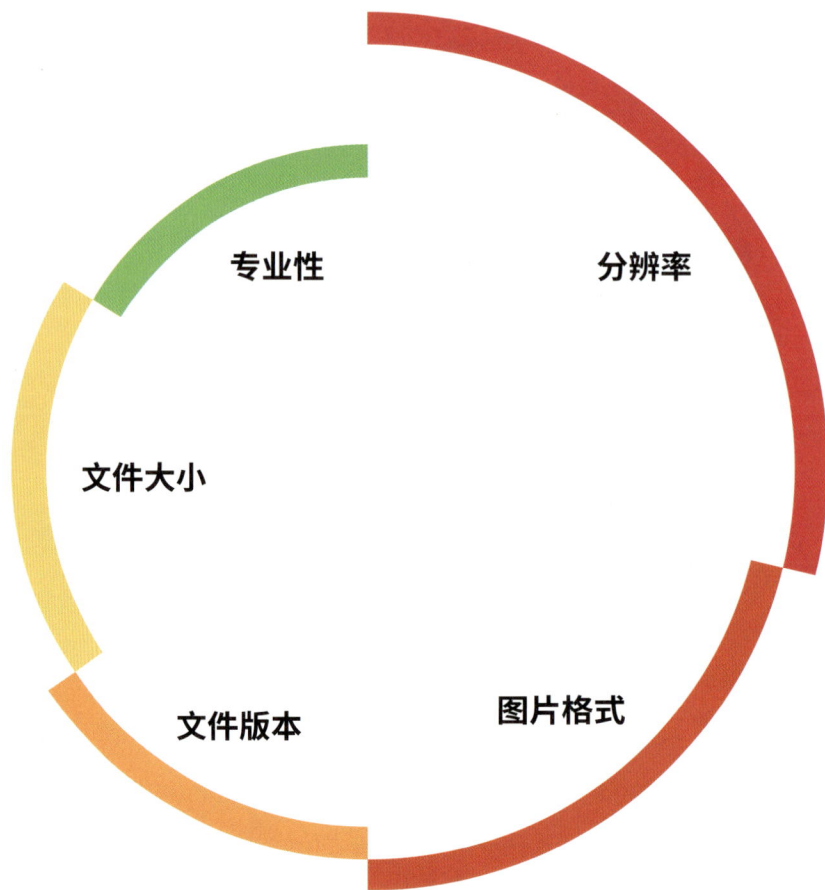

6.5 印前知识

作为设计师，在设计作品印刷前，必须充分了解以下六点印前知识。

(1) 印刷版面设计：需要熟悉印刷版面设计原则，掌握文字、图形、色彩、空间等元素的组合排版技巧，让作品呈现更加美观大方的视觉效果。

(2) 印刷文件准备：要熟知普通印刷文件的准备要求，熟练掌握各类文件编辑软件，能够迅速且精准地制作文件，确保文件的准确性。

(3) 标准印刷材料：应熟悉各种常用印刷材料，如纸张、塑料膜、烫金膜、贴纸等，同时了解这些材料的物理和化学性能，选用合适的材料，以提升作品的美观度。

(4) 印刷工艺：需要熟悉多种印刷工艺，如凹印、凸印，以及数码印刷、丝网印刷、平版印刷，还有四色印刷、六色印刷、八色印刷等，了解每种印刷工艺的优势和特点，以便根据设计需求合理选择。

(5) 印刷机械：要熟悉常用的印刷机械，如印刷机、折页机、烫金机等，掌握印刷机械的操作方法，从而使作品更加精致。

(6) 文件输出：需要确定印刷文件的输出格式，如 PDF、AI、CDR 等，以便更好地进行传输和处理。

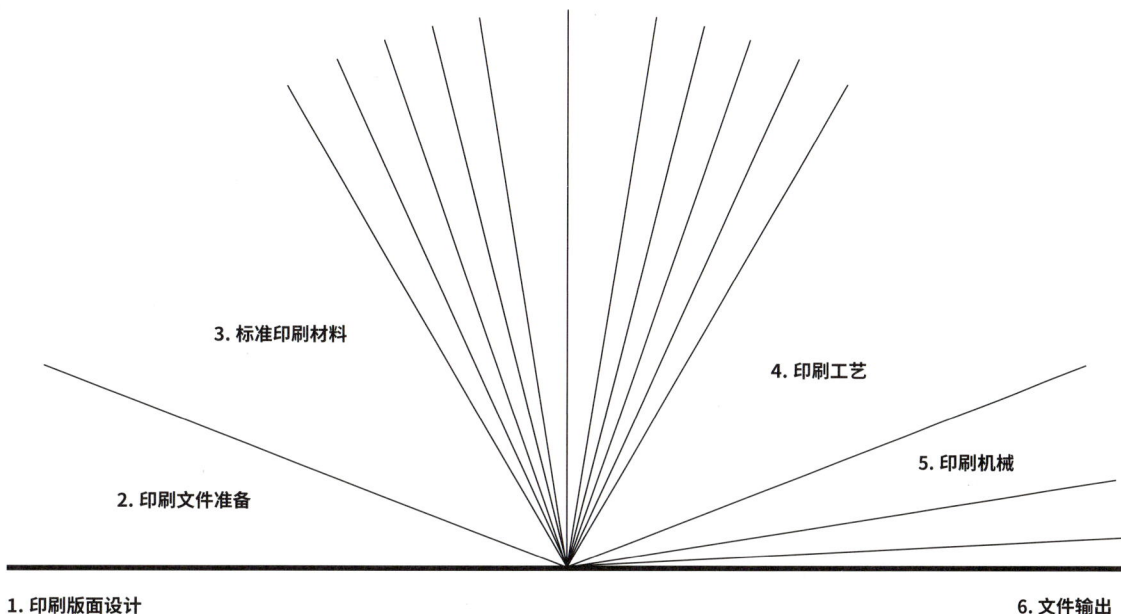

6.5.1 位图与矢量图

1. 位图

位图图像（Bitmap）是一种用于存储图像数据的格式，它由一组按位排列的颜色和灰度值构成特定的数据结构。位图是设计师常用的图像类型之一，能够用于创建图形、照片、图标以及文字等元素，进而打造出各种形式的设计作品。

位图的一个重要特性在于，它可以在不同分辨率的设备上呈现，且不会出现变形情况。得益于其多像素的特性，位图能够创建出极为精细的设计效果，无论是精美的照片、精致的图标，还是流畅的文字排版，都能轻松实现。设计师可以便捷地将位图技术应用于网页设计、印刷品制作、广告物品设计以及视频制作等多个领域。

2. 矢量图

矢量图是一种图形文件，它以点、线和曲线的形式呈现，具备无限放大而不失真的特性。正因如此，矢量图对于设计师而言极具实用价值。

矢量图能够用于制作各类复杂的图形，像模型、标志和符号等。设计师可以借助矢量图绘制出所需图形，并且能轻松对其进行修改。矢量图还具备在不同格式和尺寸间轻松转换的优势，所以可用于制作多种不同尺寸的图形，例如海报、标志以及网页图像。

此外，矢量图能够在不同设备上实现查看、打印和共享，这是因为它能在不同分辨率下始终保持高质量。因此，矢量图可广泛应用于在不同设备和媒体上展示设计作品。

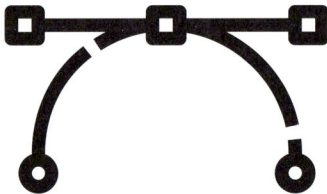

6.5.2 成品尺寸、颜色模式和分辨率

常用成品尺寸与单位如下。

成品名称	常用尺寸	颜色模式	分辨率（dpi）
打印海报	60cm×90cm	CMYK	250
印刷海报	585cm×880cm	CMYK	300
X 展架	80cm×180cm	CMYK	200
席卡	20cm×19.8cm	CMYK	300
前言	80cm×110cm	CMYK	200
展签	10cm 左右	CMYK	300
大型喷绘航架	410cm×870cm	CMYK	72
大厅艺术布	115cm×520cm	CMYK	72
西门竖喷	210cm×530cm	CMYK	72
微博首页	540px×260px	RGB	72
网站首页	458px×156px	RGB	72
研讨会 PPT 投影	1280px×800px	RGB	72
数字展厅图	1000 px×376 px	RGB	72
内页封面图（海报）	600 px×900px	RGB	72

6.5.3 屏幕分辨率与输出分辨率

1. 屏幕分辨率

屏幕分辨率是指计算机显示屏上像素点的密集程度，具体而言，就是每英寸屏幕所容纳的像素数量，其单位为 px（像素）。一般而言，分辨率越高，屏幕所展示的图像就越为清晰细腻。

2. 输出分辨率

输出分辨率指的是设计师所创作图像呈现的清晰程度，它表示的是图片每英寸所包含的像素数量。输出分辨率取决于待显示图像的尺寸以及用于显示的设备。较高的输出分辨率意味着图像更为清晰、精细。

分辨率通常以"点 / 英寸"（dpi，dot per inch）来表示。通常情况下，对于打印机而言，一般分辨率指的是打印机的最大分辨率，激光打印机的分辨率大多在 600dpi 以上。而在日常打印中，300 dpi 即可满足需求。